全国高职高专工程测量技术专业系列教材

数字测图

SHUZI CETU

第2版

主　编　卢满堂
副主编　许加东　郝海森
　　　　陶红星　高小六
主　审　王金玲

中国电力出版社
CHINA ELECTRIC POWER PRESS

内 容 提 要

本教材是为适应全国高职高专工程测量技术专业教学需要而编写的。教材根据职业教育的特点，注重实用性和通用性，内有大量生产中的实例，供学生学习时参考。

全书共有8章，包括：数字测图概述、数字测图的准备工作、野外数据采集、内业成图、数字图的质量检查与验收、CASS电子平板作业简介、地形图数字化和数字地形图技术的应用，并附有数字测图综合实训指导书和数字测图技术设计书样例。

本书可作为高职高专测绘工程专业的教材，也可作为各类工程专业的测量学基础教材。对于从事测绘工作的技术人员，可作为自学的参考用书。

图书在版编目（CIP）数据

数字测图/卢满堂主编. —2版.—北京：中国电力出版社，2011.8（2023.8重印）
全国高职高专工程测量技术专业规划教材
ISBN 978-7-5123-1933-2

Ⅰ.①数… Ⅱ.①卢… Ⅲ.①数字化制图-高等职业教育-教材 Ⅳ.①P283.7

中国版本图书馆CIP数据核字（2011）第140958号

中国电力出版社出版发行
北京市东城区北京站西街19号 100005 http：//www.cepp.sgcc.com.cn
责任编辑：王晓蕾 责任印制：杨晓东 责任校对：李 亚
中国电力出版社有限公司印刷·各地新华书店经售
2007年8月第1版 2011年8月第2版·2023年8月第14次印刷
787mm×1092mm 1/16·12.75印张·309千字
定价：29.80元

前　言

《数字测图》第一版到2011年2月已印刷7次，受到广大读者的好评，取得了良好的社会效益。为了更好地适应高职高专数字测图教学的新要求，进一步精选教学内容，将先进的科学技术和新颖的工程实例引入教材，对本书进行了修订。

本书的编写和修订依据有《1∶500　1∶1000　1∶2000地形图数字化规范》(GB/T 17160—2008)、《1∶500　1∶1000　1∶2000外业数字测图技术规程》(GB/T 14912—2005)、《国家基本比例尺地图图式　第1部分：1∶500　1∶1000　1∶2000地形图图式》(GB/T 20257.1—2007)、《工程测量规范》(GB 50026—2007)、《测绘技术设计规定》(CH/T 1004—2005)、《数字测绘成果质量检查与验收)(CB/T 18316—2008)等。

本次修订的部分内容是结合工程实际进行的，增加了数字测图的准备工作和数字测图的质量检查与验收，充实了数字测图综合实训指导书，尤其在附录中补充了数字测图技术设计书样例，详细介绍了技术设计书的内容与格式，可以为读者以后的工作提供参考。

本书具有较强的系统性、实用性、先进性和通用性，以能力为本体，以需为准、够用为度，着力体现高职高专教育的特点，力求满足高职高专培养高级"岗位性"人才的需求，重点培养学生处理工程实际问题能力。

参加本次修订的人员有：许加东(第1章、附录A、附录B)，郝海森(第2章、第5章)，陶红星(第3章)，卢满堂(第4章)，黎晶晶(第6章)，崔建彪(第7章)，高小六(第8章)。全书由卢满堂主编和统稿，许加东、郝海森、陶红星、高小六为副主编，湖北水利水电职业技术学院王金玲主审。

本书在编写和修订过程中引用了有关单位的测绘成果，得到了山西省测绘协会许运良理事、南方测绘公司宁国杰经理的指导和帮助，山西水利职业技术学院测绘工程系全体老师也对本书的编写与修订提供了宝贵意见，在此一并致谢！

限于作者水平、经验及时间，书中难免会有不妥之处，敬请专家、同行和读者斧正。

编　者

第 1 版前言

随着光电技术的应用和计算机的普及与发展，测绘技术方法和手段也发生了根本性的转变，特别是全站型电子速测仪、RTK 等先进测量仪器的广泛应用，使数字测图技术得到了突飞猛进的发展，新技术、新方法、新设备的大量涌现，使数字测图的知识内涵不断深化。为适应高职高专工程测量专业数字测图课程的需要，我们编写了该教材。

本教材遵循高职高专教学特点，在反映新技术、优化知识结构、突出应用能力、强化技能训练等方面都做了大量工作。特别是一线测绘单位为本教材提供了数字测图中的案例分析，更加突出了教材的实用性。

本教材的编写依据有《1∶500　1∶1000　1∶2000 地形图数字化规范》（GB/T 17160—1997)、《1∶500　1∶1000　1∶2000 外业数字测图技术规程》（GB/T 14912—2005)、《1∶500　1∶1000　1∶2000 地形图图式》（GB/T 7929—1995）等。这些规范和标准以及绘图软件随着时间的推移在不断地修改、补充和完善。所以本教材中的各种指标和参数一般不能作为工程中的规范直接应用。

参加教材编写人员不仅有多年的教学经验，也有丰富的测绘实践经验。编写人员及分工：王启亮（第 1 章、附录），陶红星（第 2 章），卢满堂（第 3 章），黎晶晶（第 4 章），崔建彪（第 5 章），高小六（第 6 章）。全书由卢满堂主编和统稿，王启亮、高小六、陶红星、崔建彪副主编，太原理工大学刘洪福教授和葛永慧教授主审。

本教材在编写过程中得到了山西省测绘协会许运良理事、南方测绘公司宁国杰经理的指导和帮助，山西水利职业技术学院测绘教研室全体老师也对本教材的编写提供了宝贵意见，在此一并致谢！

由于作者水平有限，加之时间仓促，希望使用本书的广大师生和技术人员，对书中存在的缺点和错误给以批评指正。

编　者

目　录

第1章 数字测图概述

本章主要介绍了数字测图的基本知识，包括数字测图概念、数字测图系统等。数字测图的作业过程和作业模式是本章的重点内容。本章还阐述了数字测图的特点和学习本课程的目的、方法及要求。

1.1 数字测图及系统构成

1.1.1 数字测图的概念

20世纪是人类科学技术发展的世纪，电子技术、计算机技术、通信技术的飞速发展，导致了人类生存与生活方式的改变，而且，也越来越清晰地向人类预示着一个新时代——信息时代的到来。信息时代的特征就是数字化，也可以反过来说，数字化技术是信息时代的平台。数字化是实现信息采集、存储、处理、传输和再现的关键。随着电子技术和计算机技术日新月异的发展，测绘行业也发生了一次根本性的技术变革。20世纪80年代产生的电子速测仪、电子数据终端使野外数据采集摆脱了许多不利因素的影响，精度大大提高，并且向自动化方向发展。计算机技术的发展又使内业机助制图成为可能，并形成了一套从野外数据采集到内业制图全过程、一体化的测量制图系统，人们通常称该系统为数字测图或机助成图系统。

1.1.2 数字测图的基本思想

传统的地形测图（白纸测图）实质上是将测得的观测值（数值）用图解的方法转化为图形。这一转化过程几乎都是在野外实现的，即使是原图的室内整饰一般也要在测区驻地完成，因此劳动强度较大。在信息剧增、建设日新月异的今天，一纸之图已难承载诸多图形信息，变更、修改也极不方便，实在难以适应当前经济建设的需要。

数字测图就是要实现丰富的地形信息和地理信息数字化、作业过程的自动化或半自动化。它希望尽可能缩短野外测图时间，减轻野外劳动强度，而将大部分作业内容安排到室内去完成。与此同时，将大量手工作业转化为电子计算机控制下的机械操作，这样不仅能减轻劳动强度，而且还会提高成图的精度。

数字测图的基本思想是将地面上的地形和地理要素（或称模拟量）转换为数字量，然后由电子计算机对其进行处理，得到内容丰富的电子地图，需要时由图形输出设备（如显示器、绘图仪）输出地形图或各种专题图图形。将模拟量转换为数字这一过程通常称为数据采集。目前，数据采集方法主要有野外地面数据采集法、航片数据采集法、原图数字化法。数字测图的基本过程如图1-1所示。数字测图就是通过采集有关的绘图信息并记录在数据终端（或直接传输给便携机），然后在室内通过数据接口将采集的数据传输给电子计算机，并由计算机对数据进行处理，再经过人机交互的屏幕编辑，形成绘图数据文件。最后由计算机控制绘图仪自动绘制所需的地形图，最终由磁盘、磁带等贮存介质保存电子地图。数字测图的生产成品虽仍然是以提供图解地形图为主，但它却是以数字形式保存着地形模型及地理信息。

1.1.3 数字测图系统

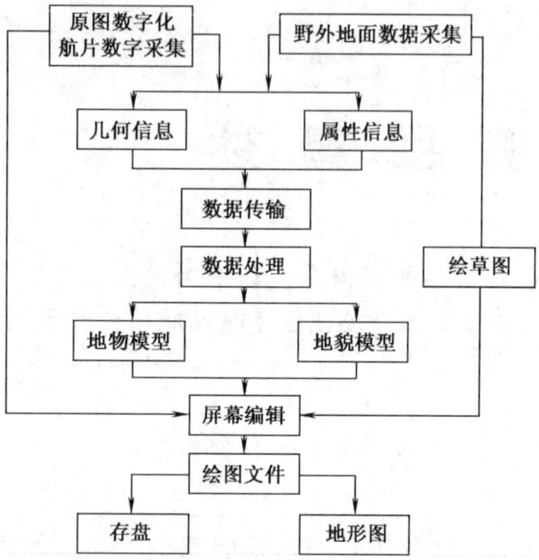

图1-1　数字测图的基本过程

数字测图系统是以计算机为核心，在外连输入、输出设备硬件和软件的支持下，对地形空间数据进行采集、输入、成图、处理、绘图、输出、管理的测绘系统。数字测图系统主要由数据输入、数据处理和数据输出3部分组成，如图1-2所示。

围绕这三部分，由于硬件配置、工作方式、数据输出方法、输出成果内容的不同，可产生多种数字测图系统。按输入方法不同可区分为：原图数字化数字成图系统、航测数字成图系统、野外数字测图系统和综合采样（集）数字测图系统。按硬件配置可区分为：全站仪配合电子手簿测图系统、电子平板测图系统等。按输出成果内容可区分为：大比例尺数字测图系统、地形地籍测图系统、地下管线测图系统、房地产测量管理系统、城市规划成图管理系统等。不同的时期，不同的应用部门，如水利、物探、石油等科研院校，也研制了众多的自动成图系统。

目前，大多数数字化测图系统内容丰富，具有多种数据采集方法，具有多种功能和多种应用范围，能输出多种图形和数据资料，其结构如图1-3所示。数字测图系统需要由一系列硬件和软件组成。用于野外采集数据的硬件设备有全站式或半站式电子速测仪；用于室内输入的设备有数字化仪、扫描仪、解析测图仪等；电子手簿、PC卡用于记录数据；用于室内输出的设备主要有磁盘显示器、打印机和数控绘图仪等；便携机或微机是数字测图系统的硬件控制设备，既用于数据处理又用于数据采集和成果输出。最基本的软件设备有系统软件和应用软件。应用软件主要包括测量计算软件、数据采集和传输软件、数据处理软件、图形编辑软件、等高线自动绘制软件、绘图软件及信息应用软件等。

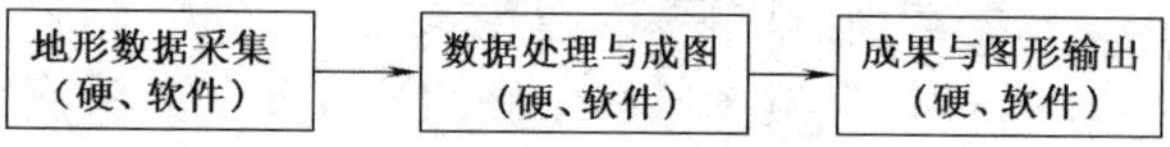

图1-2　数字测图系统

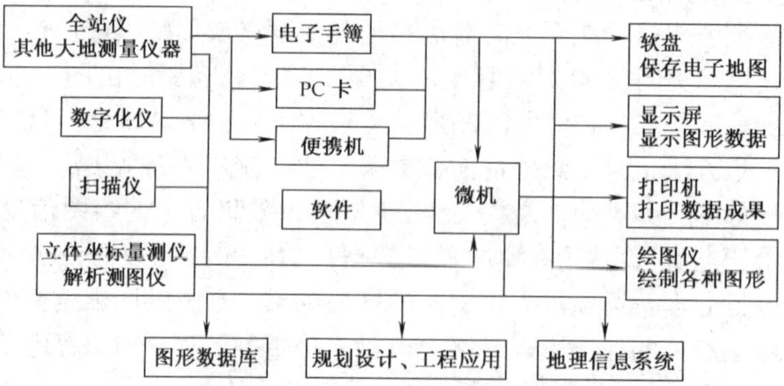

图1-3　广义数字测图系统

1.1.4 地图图形的描述

一切地图图形都可以分解为点、线、面三种图形要素，其中点是最基本的图形要素。这是因为一组有序的点可连成线，而线可以围成面。但要准确地表示地图图形上点、线、面的具体内容，还要借助一些特殊符号、注记符号。独立地物可以由定位点及其符号表示，线状地物、面状地物由各种线划、符号或注记表示，等高线由高程值表达其意义。

测量的基本工作是测定点位。传统方法是用仪器测得点的三维坐标，或者测得水平角、竖直角及距离来确定点位，然后绘图员按坐标（或角度与距离）将点展绘到图纸上。跑尺员根据实际地形向绘图员报告测的是什么点（如房角点），这个（房角）点应该与哪个（房角）点连接等，绘图员则当场依据展绘的点位按图式符号将地物（房屋）描绘出来。就这样一点一点地测和绘，一幅地形图也就形成了。

数字测图是经过计算机软件自动处理（自动计算、自动识别、自动连接、自动调用图式符号等），自动绘出所测的地形图。因此，数字测图时必须采集绘图信息，它包括点的定位信息、连接信息和属性信息。

定位信息也称点位信息，是用仪器在外业测量中测得的，最终以 X，Y，Z（H）表示的三维坐标。点号在测图系统中是唯一的，根据它可以提取点位坐标。

连接信息是指测点的连接关系，它包括连接点号和连接线型，据此可将相关的点连接成一个地物。上述两种信息合称为图形信息，又称为几何信息，以此可以绘制房屋、道路、河流、地类界、等高线等图形。

属性信息又称为非几何信息，包括定性信息和定量信息。属性的定性信息用来描述地图图形要素的分类或对地图图形要素进行标名，一般用拟定的特征码（或称地形编码）和文字表示。有了特征码就知道它是什么点，对应的图式是什么。属性的定量信息是说明地图要素的性质、特征或强度的，例如面积、楼层、人口、产量、流速等，一般用数字表示。

进行数字测图时不仅要测定地形点的位置（坐标），还要知道是什么点，是道路还是房屋，当场记下该测点的编码和连接信息。成图时，利用测图系统中的图式符号库，只要知道编码，就可以从库中调出与该编码对应的图式符号成图。

1.1.5 地图图形的数据格式

地图图形要素按照数据获取和成图方法的不同，可区分为矢量数据和栅格数据两种数据格式。矢量数据是图形的离散点坐标（X，Y）的有序集合，栅格数据是图形像元值按矩阵形式的集合，对应的图形表示法如图1-4所示。由野外采集的数据、解析测图仪获得的数据和手扶跟踪数字化仪采集的数据是矢量数据；由扫描仪和遥感获得的数据是栅格数据。据估计，一幅1：1000的一般密度的平面图只有几千个点的坐标对，一幅1：10 000的地形图矢量数据多则可达几十万甚至上百万个的坐标对。矢量数据量与比例尺、地物密度有关。而一幅（50cm×50cm）的栅格数据，随栅格单元（像元）的连长（一般小于0.02cm）而不同，通常达上亿个像元点。故一幅地图图形的栅格数据量一般情况下要比矢量数据量大得

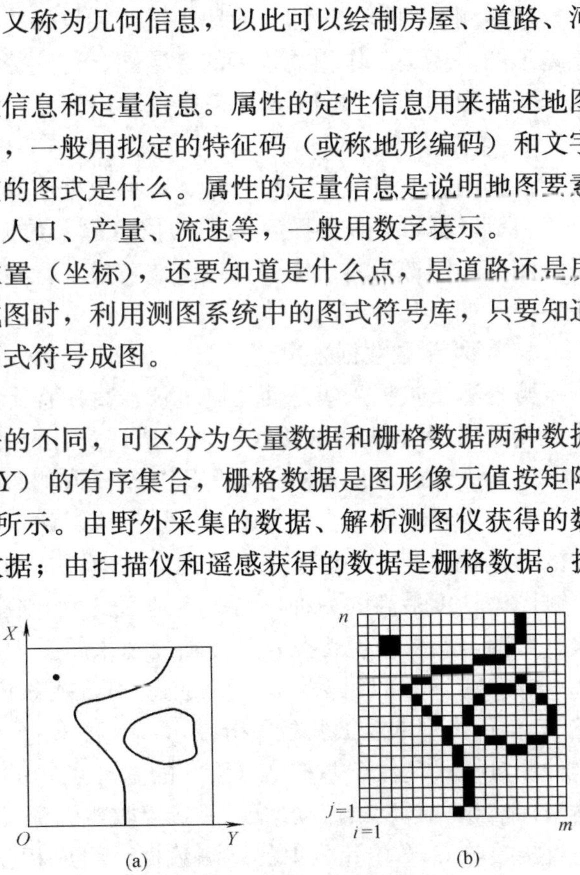

图1-4 地图图形的数据格式
（a）矢量数据结构；（b）栅格数据格式

多。矢量数据结构是人们最熟悉的图形表达形式，从测定地形特征点位置到线划地形图中各类地物的表示以及设计用图，都是利用矢量数据。计算机辅助设计（CAD）、图形处理及网络分析，也都是利用矢量数据和矢量算法。因此，数字测图通常采用矢量数据结构和画矢量图。若采集的数据是栅格数据，必须将其转换为矢量数据。由计算机控制输出的矢量图形不仅美观，而且更新方便，应用非常广泛。

1.1.6 数字测图需要解决的问题

（1）使采集的图形信息和属性信息为计算机所识别。

（2）由计算机按照一定的要求对这些信息进行一系列的处理。

（3）将经过处理的数据和文字信息转换成图形，由屏幕输出或绘图仪输出各种所需图形。

（4）按照一定的要求自动实现图形数据的应用问题。

自动绘制地图图形是数字测图的首要任务，但这只是最基本的任务。数字测图还要解决电子地图的应用问题，尤其要使数字测图成果满足地理信息系统（GIS）的需要。数字测图的最终目的是实现测图、设计和管理一体化、自动化。

1.2 数字测图的作业过程

数字测图的作业过程与使用的设备和软件、数据源及图形输出的目的有关，但不论是测绘地形图，还是制作种类繁多的专题图、行业管理用图，只要是测绘数字图，都必须包括数据采集、数据处理和图形输出三个基本阶段。

1.2.1 数据采集

地形图、航空航天遥感像片、图形数据或影像数据、统计资料、野外测量数据或地理调查资料等，都可以作为数字测图的信息源。数据资料可以通过键盘或转储的方法输入计算机，图形和图像资料一定要通过图数转换装置转换成计算机能够识别和处理的数据。数据采集主要有如下几种方法。

1. 野外测量数据采集

野外测量数据采集是使用测量仪器直接在野外进行数据采集。根据所用仪器的不同分为大地测量仪器法和GPS接收机采集法。

（1）大地测量仪器法。就是用全站仪或测距仪、经纬仪等大地测量仪器进行实地测量，并将野外采集的数据自动传输到电子手簿、磁卡或便携机，现场自动记录。由于目前测量仪器的测量精度高，而电子记录又能如实地记录和处理，无精度损失，所以地面数字测图是数字测图中精度最高的一种，是城市地区的大比例尺（特别是1∶500）测图中主要的测图方法。目前全站仪已经普及，并且功能越来越强大，已经成为野外数据采集的主要仪器。

（2）GPS接收机采集法。是通过GPS接收机采集野外碎部点的信息数据。特别是20世纪90年代出现的载波相位差分技术，又称RTK（Real Time Kinemtic）实时动态定位技术，这种测量模式是位于基准站（已知的基准点）的GPS接收机通过数据链将其观测值及基准站坐标信息一起发给流动站的GPS接收机。流动站不仅接收来自参考站（基准站）的数据，还直接接收GPS卫星发射的观测数据，组成相位差分观测值，并实时处理，能够实时提供测点在指定坐标系的三维坐标成果，在20km测程内可达到厘米级的测量精度。实时差分观测时间短，移动站与基准站不用通视，并能实时给出定位坐标，所以是外业数据采集的主要手段之一。目前，随着 RTK 技术的不断完善，制造工艺不断创新，价格更加低廉，质量和体积更加轻小，已越来越多地被应用在开阔地区的地面数字测图中。

2. 原图数字化采集

为了充分利用已有的测绘成果，可以利用原图（已测绘的模拟图）在室内采集数据。这种数据采集方法常称为原图数字化。原图数字化通常有两种方法：数字化仪数字化和扫描仪数字化。

(1) 用数字化仪可对原图的地形特征点逐点进行数据采集（与野外测图类似），对曲线采用手扶跟踪数字化。用数字化仪数字化得到的数字化图的精度一般低于原图，加上使用数字化仪数字化时，作业员的眼睛易疲劳，效率低，这种数字化法逐渐被扫描矢量数字化取代。

(2) 用扫描仪数字化时，仪器沿 x 方向扫描，沿 y 方向走纸，图在扫描仪上走一遍，就将图形（含图像）数字化。扫描数字化速度很快（一幅图不超过几分钟），但此时获得的是栅格数据。1995 年以前将栅格数据转化为矢量数据效率很低（比手扶跟踪数字化慢）。此后，我国研制出几套实用的矢量化软件，使矢量化的速度大幅度提高。目前，我国主要采用扫描矢量化来数字化原图，再对原图进行修测，可较快地得到数字图。

3. 航片数字采集

就是利用测区的航空摄影测量获得的立体像对，在解析测图仪上或在经过改装的立体量测仪上采集地形特征点，自动转换成为数字信息。这种方法工作量小，是我国测绘基本图的主要方法。但由于精度原因，在大比例尺（如 1∶500）测图中受到一定限制，今后该法将逐渐被在计算机上直接显示立体的全数字摄影测量系统所取代。

1.2.2　数据处理

实际上，数字测图的全过程都是在进行数据处理，但这里讲的数据处理阶段是指在数据采集以后到图形输出之前对图形数据的各种处理。数据处理主要包括数据传输、数据预处理、数据转换、数据计算、图形生成、图形编辑与整饰、图形信息的管理与应用等。数据预处理包括坐标变换、各种数据资料的匹配、测图比例尺的统一、不同结构数据的转换等。数据转换内容很多，如将野外采集到的带简码的数据文件或无码数据文件转换为带绘图编码的数据文件，供自动绘图使用；将 Auto CAD 的图形数据文件转换为 GIS 的交换文件等。数据计算主要是针对地貌关系的。当数据输入到计算机后，为建立数字地面模型绘制等高线，需要进行插值模型建立、插值计算、等高线光滑处理三个过程的工作。在计算过程中，需要给计算机输入必要的数据，如插值等高距、光滑的拟合步距等。必要时需对插值模型进行修改，其余的工作都由计算机自动完成。数据计算还包括对房屋类呈直角拐弯的地物进行误差调整，消除非直角化误差等。

经过数据处理后，可产生平面图形数据文件和数字地面模型文件。要想得到一幅规范的地形图，还要对数据处理后产生的“原始”图形进行修改、编辑、整理；还需要加上汉字注记、高程注记，并填充各种面状地物符号；还要进行测区图形拼接、图形分幅和图廓整饰等。数据处理还包括对图形信息的全息保存、管理、使用等。

数据处理是数字测图的关键阶段。在数据处理时，既有对图形数据进行交互处理，也有批处理。数字测图系统的优劣取决于数据处理的功能。

1.2.3 图形输出

经过数据处理以后，即可得到数字地图，也就是形成一个图形文件，由磁盘或磁带作永久性保存。也可以将数字地图转换成地理信息系统所需要的图形格式，用于建立和更新GIS图形数据库。输出图形是数字测图的主要目的，通过对图的控制，可以编制和输出各种专题地图（包括平面图、地籍图、地形图、管网图、带状图、规划图等），以满足不同用户的需要。可采用矢量绘图仪、栅格绘图仪、图形显示器、缩微系统等绘制或显示地形图图形。为了使用方便，往往需要用绘图仪或打印机将图形或数据资料输出。在用绘图仪输出图形时，还可按层来控制线划的粗细或颜色，绘制美观、实用的图形。如果以产生出版原图为目的，可采用带有光学绘图头或刻针（刀）的平台矢量绘图仪，它们可以产生带有线划、符号、文字等高质量的地图图形。

1.3 数字测图的作业模式

由于软件设计作者思路不同、使用的设备不同，数字测图有不同的作业模式。归纳起来可区分为两大作业模式，即数字测记模式（简称测记式）和电子平板测绘模式（简称电子平板）。数字测记模式就是用全站仪（或普通测量仪器）在野外测量地形特征点的点位，用电子手簿（或PC卡）记录测点的几何信息及其属性信息，或配合草图到室内将测量数据由电子手簿传输到计算机，经人机交互编辑成图。测记式外业设备轻便，操作方便，野外作业时间短。由于是“盲式”作业，对于较复杂的地形，通常要绘制草图。电子平板测绘模式就是“全站仪＋便携机＋相应测图软件”实施外业测图的模式。这种模式使用便携机的屏幕模拟测板在野外直接测图，可及时发现并纠正测量错误，外业工作完成，图也就出来了，实现了内外业一体化。

从实际作业来看，数字测图的作业模式是多种多样的。不同软件支配不同的作业模式，一种软件也可支配多种测图模式。由于用户的设备不同、要求不同、作业习惯不同，细分目前我国数字测图作业模式大致有如下几种：

（1）“全站仪＋电子手簿”测图模式。

（2）“普通经纬仪＋电子手簿”测图模式。

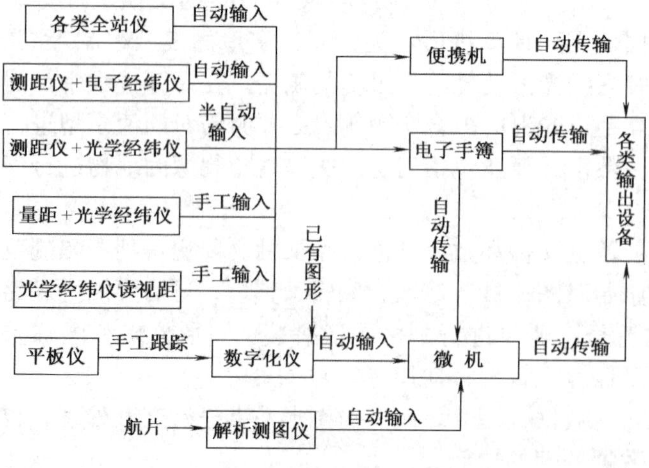

图1-5 数字测图的几种作业模式

（3）“平板仪测图＋数字化仪”数字测图模式。

（4）旧图数字化成图模式。

（5）测站电子平板测图模式。

（6）镜站遥控电子平板测图模式。

（7）航测像片量测成图模式。

各种作业模式的硬件连接方式和数据传输方式如图1-5所示。

第一种作业模式是测记式，为绝大部分软件所支持。该模式使用电子手簿自动记录观测数据，作业自动化程度较高，可以较大地提高外业工作的效率。但采用这种作业模式的主要问题是地物属性和连接关系的采集。由于全站仪的采用，测站和镜站的距离可以拉得很远，因而测站上就很难看到所测点的属性与其他点的连接关系。属性和连接关系输入不正确，会给后期的图形编辑工作带来极大的困难。解决的方法之一是使用对讲机加强测站与立镜（尺）点之间的联系，以保证测点编码（简码）输入的正确性。另一种解决方法是，测站电子手簿只记录定位数据（坐标和高程），在内业编辑时用“引导文件”导入属性和连接关系。这样，既保证了数据的可靠性，又大幅度地提高了测站工作的效率，可以说是一种较理想的作业模式。

第二种作业模式适合暂时还没有条件购买全站仪的用户，它采用手工键入观测数据到电子手簿，其他与第一种作业模式相同。由于用手工键入数据，其数据的可靠性和工作效率显然都存在一定的问题。所以，目前已基本无人采用。

第三种作业模式也几乎被所有的数字测图软件所支持。该模式的基本做法是先用平板测图方法测出白纸图，可不清绘，然后在室内用数字化仪将白纸图转为数字地图。就我国的基本国情和目前测绘行业的现状（设备条件、技术力量）而言，平板测图仍然被大部分测绘单位所钟爱，而某些工程项目却又需要数字地图（例如用计算机作城市规划等），这时可采用这种折中的作业模式。然而，这种作业模式所得到的数字地图的精度较低，特别是用于地籍管理等精度要求较高的工作时，精度问题就突出了。对于测绘数字地籍图，可以用第一种作业模式测量界址点，用平板仪测绘房屋、道路等平面图（不清绘），再用数字化仪将平面图数字化加绘到界址点展点图（数字图）上，即可得到实用的数字地籍图。

第四种作业模式是我国早期（20 世纪 80 年代末 90 年代初）的数字测图的主要作业模式。由于大多数城市都有精度较高、现势性较好的地形图，要制作多功能的数字地图时，这些地形图是很好的数据源。1987～1997 年主要用手扶跟踪数字化仪数字化旧图。近年来随着扫描矢量化软件的成熟，扫描仪逐渐取代数字化仪数字化旧图。先用扫描仪扫描得到栅格图形，再用扫描矢量化软件将栅格图形转换成矢量图形。这一扫描矢量化作业模式，不仅速度快，劳动强度小，而且精度几乎没有损失。

第五种作业模式即电子平板，它的基本思想是用计算机屏幕来模拟图板，用软件中内置的功能来模拟铅笔、直线笔、曲线笔，完成曲线光滑、符号绘制、线型生成等工作。具体作业时，将便携机移至野外，现测现画，不需要作业人员记忆和输入数据编码。这种模式的突出特点是现场完成绝大部分工作，因而不易漏测，在测图时观念上也不需大的改变。这种作业模式对设备要求较高，起码要求每个作业小组配备一台档次较高的便携机，但在作业环境较差（如有风沙）的情况下，便携机容易损坏。由于点位数据和连接关系都在测站采集，当测站、镜站距离较远时，属性和连接关系的录入比较困难。这种作业模式适合条件较好的测绘单位，用于房屋密集的城镇地区的测区工作。

第六种作业模式将现代化通信手段与电子平板结合起来，从根本上改变了传统的测图作业概念。该模式由持便携式电脑的作业员在跑点现场指挥立镜员跑点，并发出指令遥控驱动全站仪观测（自动跟踪或人工照准），观测结果通过无线传输到便携机，并在屏幕上自动展点。作业员根据展点即测即绘，现场成图。这种由镜站指挥测站，不仅能够“走到、看到、绘到”，不易漏测；而且能够同步地“测、量、绘、注”，提高了成图质量。镜站遥控电子平板作业可形成单人测图系统，只要一名测绘员在镜站立对中杆，遥控测站上带伺服马达的全站仪瞄准镜站反光镜，并将测站上测得的三维坐标用无线电传输入电子平板仪并展点和注记高程，绘图员迅速实时地把展点的空间关系在电子平板上描述（表示）出来。这种作业模式现已实现无编码作业，测绘准确，效率高，代表未来的野外测图发展方向。但该测图模式由于需要数据传输的通信设备，需高档便携机及带伺服马达的全站仪（非单人测图时可用一般的全站仪），设备较贵。

第七种作业模式的基本方法是：用解析测图仪或经过改造的立体坐标量测仪量测像片点的坐标，并将量测结果传送至计算机，形成数字化测图软件能支持的数据文件。经验证明，这种作业模式能极大地减少外业工作量，对于平坦地区的数字化测图显然是一种可行的方法。然而，由于受航测方法本身的局限和精度方面的限制，这种作业模式对于大比例尺成图来说其应用范围会受到一定的限制。该作业模式会逐渐被全数字摄像测量所取代。

1.4 数字测图的特点

数字测图的特点主要表现在以下几个方面。

1. 测图作业实现自动化和智能化

传统测图作业方式主要是建立在野外落后的测量手段、复杂的测量程式、沉重的经济负担和内业大量低效的手工计算及作图方式之上，几乎所有的过程基本上都由人工参与完成。数字测图则使手工作业向自动化、系统化作业方向发展，数据采集、记录、计算、处理、制图等几个作业单元有机结合实现内外业一体化，整个作业过程由计算机自动处理，传统意义上的内、外业界线已不再明显。到目前为止，电脑型全站仪配合丰富的应用软件，向全能型和智能化方向发展。

2. 测图的精度高

传统的测图技术以光学仪器和视距测量方法为基础，地物点平面位置的误差受解析图根点的测量误差、展绘误差，测定地物点的视距误差、方向误差，地形图上地物点的刺点误差等综合影响；而且控制测量采用从整体到局部、逐级布设的方式，等级和环节过多，使最终成果造成了一定的精度损失，在不同程度上限制了地形图的精度。数字测图则不然。当采用内外业一体化成图模式作业时，全部碎部点均用全站仪测量，避免了传统测图方法中影响地形图精度的各种中间环节，控制层次也相对减少，所以数字测图的精度明显高于白纸测图。

3. 测图作业劳动强度小

传统测图作业时，地形原图必须在野外绘制，工作繁琐，效率低下，费时费力。而当采用全站仪观测碎部点时，观测范围不受视距的限制，碎部点观测可以在很大范围内进行，从而减少了搬站工作量。另外，电子测量仪器配合电子记录手簿使用，可省却记录工作，快捷、方便、准确，在不同程度上减轻了测绘工作者的劳动强度。

4. 图形实现数字化

用计算机存储单元保存的数字地形图，存储了图中具有特定含义的数字、文字、符号等各类数据信息，可方便地传输、处理和供多用户共享。数字图形不仅可以自动提取点位坐标、两点距离、方位以及地块面积等，还可以供工程、规划、计算机辅助设计和供地理信息系统建库使用。数字地形图的管理节省空间，操作方便。

5. 便于地形图内容的更新与修补

数字测图的成果是以点的定位信息和图形信息存入计算机的。一般数字测图软件都具有“图形编辑”功能，例如“增加”、“删除”、“修改”等，其调用、显示和进行图形处理都十分方便，而且这些功能都能充分满足地形图修测和补测的要求。当实地有变化时，只需输入变化信息的坐标、代码，经过编辑处理，很快便可以得到更新的图形，从而可以确保成果的可靠性和现势性。因此利用这些功能进行原有数字地形图的更新十分方便。

6. 避免图纸伸缩引起各种误差

表示在纸质图纸上的地形图信息随着时间的推移，当图纸出现变形时就会产生变形误差。而数字测图的成果以数字信息存储，避免了对图纸的依赖性。

7. 可以多种形式输出成果

计算机与显示器、打印机联机时，可以显示或打印各种需要的资料信息；与绘图仪联机，可以绘制出各种比例尺的地形图、专题图，以满足不同用户的需要。

8. 便于成果的深加工利用

数字测图分层存放，可使地面信息无限增加，不受图面负载量的限制。同时便于成果的深加工利用，拓宽测绘工作的服务面，开拓市场。例如测图软件中将房屋、电力线、铁路、植被、道路、水系、地貌等均存于不同的层中，通过关闭层、打开层等操作来提取相关信息，便可方便地得到所需的测区各类专题图、综合图，如路网图、电网图、管线图、地貌图等。

9. 便于保存与管理

数字测图的最终产品是以数字形式存贮于计算机的存贮介质上，仅占很少的空间。一般情况下，一张 1.4MB 的小磁盘能存放 2～8 幅地形图，一张 650MB 的光盘能存放 1000 多幅地形图。这与传统测图技术得到的纸质地形图相比是极其优越的。另外，数字测图产品也没有纸质地形图产品保存过程中的霉烂、变形等问题。数字地图产品易于复制，这不仅给保存的安全性提供了可靠的保证，管理起来也十分方便，目前，已有不少专用软件实现数字图形的计算机管理。

10. 易于发布和实现远程传输

对于传统意义上的地形图，实时发布和异地远程传输是难以实现的。然而，对于数字地形图产品，随着网络技术和通信技术的不断发展，以及网上图形发布系统的逐步完善，通过计算机网络实现地形图产品的实时发布和异地远程传输已经成为可能。

11. 可作为 GIS 的重要信息源

地理信息系统（GIS）以其方便的信息查询检索功能、空间分析功能以及辅助决策功能，在国民经济、办公自动化及人们日常生活中都有广泛的应用。然而，要建立一个 GIS，花在数据采集上的时间和精力约占整个工作的 80%。GIS 要发挥辅助决策的功能，需要现势性强的地理信息资料。数字测图能提供现势性强的地理基础信息，经过一定的格式转换，其成果即可直接进入 GIS 的数据库，并能以最快的速度更新 GIS 数据库中的内容。一个好的数字测图系统应该是 GIS 的一个子系统。

以上较详细地介绍了数字测图技术的优点。然而，任何事物都是一分为二的，数字测图技术在带来优越性的同时，也不可避免地存在一些缺陷，主要是费用、人员和系统可靠性等方面的问题。在费用方面，一个不容争议的事实是数字测图比传统测图的费用高，这主要体现在设备（包括软件）费用和人力成本两个方面。数字测图技术对测绘工作者的素质提出了新的要求，最基本的要求是必须具备操作基本测绘仪器、操作计算机和使用应用软件的能力。另外，如同运行在计算机上的其他系统一样，数字测图系统的可靠性也受到诸多因素的限制，问题的关键还在于，数字测图系统中的一些相对微小的缺陷也可能需要训练有素的专家才能解决。这些问题和缺陷都是目前数字测图实践中难以回避的。当然，随着数字测图技术与设备的不断完善以及测绘工作者技术水平的不断提高，这些问题肯定会逐步得到解决。

1.5 本课程的内容与学习要求

1.5.1 本课程的特点和主要内容

1. 本课程的特点

数字测图是测绘工程专业一门重要的专业技术基础课。书中介绍了数字测图的基本理论、原则和方法，其中重点突出了数字测图的实际作业方法。数字测图包括地面数字测图、老图数字化和数字摄影测量等方法，而每一种方法都包含有地形数据的采集、数据处理和成图、成果和图形输出等作业过程。由于数字测图采用的硬件和软件的差别，其数据采集的方法也不相同。地面数字测图的地形数据采集主要利用全站仪、GPS等测量仪器在野外获取，地图数字化和数字摄影测量等方法的地形数据采集主要是在室内利用手扶数字化仪、扫描数字化仪等在纸质地形图、航测像片、遥感像片上采集数据。同样，由于采用的硬件和软件的差别，数据处理和成图方法、成果和图形输出的形式都有差别。为了掌握数字测图操作的全部过程，本书仅重点介绍地面数字测图和地图数字化，而对航空摄影测量和遥感成图只简单地介绍其基本概念。

2. 本课程的主要内容

本书以数字测图的外、内业工作为主线，阐述了数字测图和地图数字化的基本原理、基本理论以及应用。内容包括数字测图的基本方法、数字测图系统、数字测图的作业过程、数字地形图野外数据采集、运用南方测绘仪器公司的CASS6.0成图软件进行内业编辑成图、威远图SV300R2002测图的标准化软件和清华山维EPSW2003全息测绘系统成图软件、地形图数字化、航空摄影测量及遥感成图简介、数字地形图的应用等。

地面数字测图是利用全站仪及其他测量仪器在野外进行数字化地形数据采集，在成图软件的支持下，通过计算机加工处理获得数字地形图的方法。其实质是一种全解析机助测图方法。地面数字测图的成果是可供计算机处理、远距离传输、多方共享的以数字形式存储的计算机存储介质上的数字地形图，或通过数控绘图仪输出的以图纸为载体的地形图。

数字测图使地形图测绘实现了数字化、自动化，改变了传统的手工作业模式。地面数字测图与传统的图解法测图相比，具有自动化程度高、精度高、不受图幅限制、便于使用管理等特点。数字地形信息也是建立地理信息系统的基础信息。目前，数字测图技术已取代了传统的白纸测图方法，地面数字测图已成为获取大比例尺数字地形图、各类地理信息以及为保持其现势性所进行的空间数据更新的主要方法。

1.5.2 本课程与其他课程的关系和学习要求

1. 本课程与其他课程的关系

数字测图是一门实践性非常强的综合性课程，不仅有自身的理论、原则、作业方法及步骤，而且还与其他课程，如测量学基础、地形测量学、计算机应用基础、CAD技术、控制测量、地籍测量、数据库原理与技术等有着密切的联系，涉及这些课程中相关基本知识，如图根控制测量、碎部测量、地形图的绘制方法、地形图图式符号的应用、全站仪和GPS等测量仪器的综合应用。

2. 学习本课程的主要目的

学习大比例尺数字测图的原理和方法，掌握全站仪数字测图和地图数字化的全过程，掌握处理测量数据的基本理论和方法，在工程建设中能正确应用数字地图完成规划、设计和施工各阶段中的量测、计算和绘图等工作。

3. 学习本课程的方法

要学好数字测图，必须重视理论联系实际的学习方法。在学习过程中，除课堂上认真听讲、学习理论知识外，还要参加与理论教学对应的实验课和教学实习。在掌握课堂讲授内容的同时，认真完成每一次实验课的实验内容，以巩固和验证所学理论。课后要求按思考题与习题的内容加深对基本概念和理论的理解，要自始至终完成各项学习任务。在条件允许的情况下，应使用指导教师提供的数字测图技术多媒体进行学习，在指导教师的安排下组织开展一些与本课程相关的专题参观或调查，了解新理论、新技术、新设备在本学科中的应用。

在本课程的学习过程中，应注重实际操作能力的培养。教学实习是巩固和深化课堂所学知识的一个系统的实践环节，是理论知识和实验技能的综合运用，因此掌握数字测图的基本理论、基本知识、基本技能，建立地形数据的采集、数据处理和成图、成果和图形输出的完整概念是非常必要的。

在完成课堂实验课和教学实习后，必须加强本课程综合应用能力的培养。指导教师可以按生产现场的作业要求拟订实践任务或组织学生参加教学生产实习，将大比例尺数字测图中地形数据的采集、数据处理和成果、成果和图形输出等环节的操作过程衔接起来。学生应掌握每一个环节的作业方法和步骤，完成大比例尺数字测图作业的全过程。通过理论联系实际的综合训练，培养分析问题和解决问题的能力以及实际动手能力，为今后从事测绘工作打下良好基础。

小　　结

数字测图是地形测图的主要手段之一，其作业过程有数据采集、数据处理和图形输出三个基本阶段。学习数字测图就必须掌握这三个阶段的工作。

习　　题

1. 什么是数字测图？它的主要特点是什么？
2. 简述数字测图的作业过程。
3. 数字测图时要采集的绘图信息有哪些？
4. 数据采集的方法有哪些？
5. 地图图形的数据格式有哪两种？各有何特点？
6. 简述学习本课程的目的与方法。

第2章 数字测图的准备工作

实地踏勘、收集资料、拟定测量计划、准备测量仪器设备和编写技术设计书等环节是保证数字测图工作顺利开展的前期主要工作。数字测图技术设计书涉及内容较多，它是后期测图工作的依据。

2.1 数字测图工作的前期准备

数字测图前期的准备工作主要包括：实地踏勘、收集资料、拟定观测计划、仪器设备的准备。测图前相关专业技术人员需对整个数字测图工作合理组织、规划、统筹安排，制定切实可行的技术方案，确保最终测绘成果符合技术标准，获取最佳的经济效益和社会效益。

2.1.1 实地踏勘、收集资料

实地踏勘的主要内容包括：

（1）交通情况：包含公路、铁路、乡村路的分布、通行情况。

（2）水系分布情况：包含江河、湖泊、池塘、水渠、桥梁、码头及水路交通情况等。

（3）植被情况：森林、草原、农作物类别、分布及其面积。

（4）控制点分布：包含三角点、水准点、GPS点、导线点的等级、坐标、高程系统、点位数量、点位标志的保存状况等。

（5）居民地分布情况：测区内的城镇、乡村居民地的分布、食宿及供电情况等。

（6）当地的风俗民情：包括少数民族分布、习俗及地方方言、生活习惯、社会治安等状况。

数字测图前所需收集的资料包括：

（1）各种比例尺的地形图、大比例尺工作底图、交通图以及测区气象、水文、地质、社会环境等相关资料。

（2）现有平面控制测量资料和高程控制成果，及其可利用情况。

（3）各类相关规范、规程及项目任务书、其他项目的技术设计书。

2.1.2 拟定观测计划

拟定观测计划的依据：

（1）项目任务书、合同及其相关规程、规范。

（2）本单位所能投入的仪器设备。

（3）参加人员数量及技术状况。

（4）所使用软件及采用的数字测图模式。

（5）测区资料收集情况。

（6）附近交通、通信及食宿、供电等后勤保障。

拟定观测计划的主要内容：

（1）测区控制测量具体实施计划。

（2）野外数据采集实施计划。

（3）仪器配备、经费预算计划。

（4）提交资料时间计划和检查验收计划等。

为保质保量、高效完成任务，在拟定野外数据采集实施计划时要着重考虑各小组人员组织和测区的划分。作业区分区原则是各作业区地物尽可能独立。作业区划分应以道路、河流、沟渠、山脊等明显线状地物为界。对于地籍测量、房地产测绘，一般以街坊为单位划分作业区。对于跨作业区的线状地物，如电力线，测其方向线，供内业编绘。作业人员包括外业人员、内业人员及生活保障人员。

2.1.3　仪器设备的准备

依据项目任务书要求，结合本单位的实际情况和作业方法，在全野外数字测图外业实施前要精心准备所需的仪器设备。仪器设备主要包括：全站仪、手持式 GPS 接收机、脚架、对讲机、充电设备、电子手簿和笔记本、数据传输线、数据处理软件安装盘和数据备份优盘、反光棱镜和对中杆、皮尺或钢尺、计算器、草图本和笔、记录本、工作底图等。在测图之前应为全站仪、手持式 GPS 接收机、对讲机和备用电池等需充电设备充足电，保证全站仪、GPS 接收机工作正常，对讲机通话无障碍。最好提前将测区全部已知成果输入全站仪、电子手簿、笔记本，便于后期使用。所有仪器设备必须进行严格的检验，检验不符合精度要求的仪器必须校正至合格方能使用。

2.2　数字测图的技术设计

2.2.1　技术设计的一般规定

（1）技术设计的目的是制定切实可行的技术方案，保证测绘产品符合技术标准和用户要求，并获得最佳的社会效益、经济效益。为此，每个测绘项目在作业前都必须进行技术设计。

（2）技术设计分项目设计和专业设计。项目设计指对具有完整的测绘工序内容，其产品可提供社会直接使用和流通的测绘项目而进行的综合性设计。构成测绘项目的有大地测量、地形测量、地图制图和制印、工程测量和多用途地籍测量基础资料测绘等。专业设计是在项目设计基础上，按工种进行具体的技术设计，是指导作业的主要技术依据。

（3）项目设计由承担测绘任务的主管部门编写和上报，专业设计由测绘生产单位编写和上报。设计工作可委托测绘设计单位进行，也可组织专职设计人员编写。

2.2.2　技术设计的依据与基本原则

1. 技术设计的主要依据

（1）上级下达任务的文件或合同书。测量任务文件或合同书是测量施工单位上级主管部门或合同甲方下达，具有指令性的技术要求文件，它包含：工程项目或编号、设计阶段及测量目的、测区范围及工作量、对测量工作的主要技术要求、施工工期和上交资料等内容。

（2）有关的法规和技术标准、技术文件或合同中要求执行的其他技术规范（规程）。目前数字测图技术依据的规范（规程）主要包括：

《城市测量规范》（CJJ 8—1999）

《工程测量规范》（CB 50026—2007）

《地籍测绘规范》（CH 5002—1994）和《地籍图图式》（CH 5003—1994）

《1∶500　1∶1000　1∶2000 地形图数字化规范》（GB/T 17160—2008）

《1∶500　1∶1000　1∶2000 外业数字测图技术规程》（GB/T 14912—2005）

《国家基本比例尺地图图式　第1部分：1∶500　1∶1000　1∶2000地形图图式》(GB/T 20257.1—2007)

《城市基础地理信息系统技术规程》(CJJ 100—2004)

《基础地理信息系统技术规范》(GB/T 13923—2006)

(3) 有关测绘产品的生产定额、成本定额和装备标准。

(4) 测区已有的测量成果及水文、地质、社会环境等资料。

2. 技术设计的基本原则

(1) 技术设计方案应先考虑整体而后考虑局部，且顾及发展；要满足用户要求，重视社会效益和经济效益。

(2) 要从测区的实际情况出发，考虑作业单位的人员素质和设备情况，挖掘潜力，选择最佳作业方案。

(3) 广泛收集、认真分析和充分利用已有的测绘成果和资料。

(4) 积极采用适用的新技术、新方法和新工艺，采用合适的数字测图软件。

(5) 当测区范围大，需要较长时间时，可依据用图单位的规划，将测区划分为几个分区，分别进行技术设计。当测区较小，任务少时，技术设计的详略依具体情况而定。

3. 技术设计对设计人员的要求

(1) 设计人员首先要明确任务的性质、工作量、要求和设计原则。

(2) 设计人员应认真做好作业区情况的踏勘和调查分析工作。

(3) 设计人员应对其设计书负责，要深入第一线检查了解设计方案的正确性，发现问题时，要及时解决。

2.2.3 技术设计书的内容

数字测图的技术设计，就是依据项目任务书或合同所要求的测图比例尺、测图面积、测图模式及精度要求，结合测区自然地理条件、本单位仪器设备和技术力量、资金状况，灵活运用数字测图理论和方法，制定在技术上可行、经济上合理的技术方案、作业方法和实施计划，并将其编写为技术设计书。作为数字测图全过程的技术依据，要求技术设计内容明确，文字简练；对作业中容易混淆和忽视的问题重点叙述；使用的名词、术语、公式、符号、代号和计量单位等应与有关规范和标准一致。

技术设计书须呈报上级主管部门或测绘任务的委托单位审批，批准后的技术设计书是该测绘工程的技术依据和成果文件之一。在测图工作实施过程中如要求对设计书的内容作原则性变动时，可由生产单位提出修改意见，报原审批单位批准后实施。

技术设计书主要包括以下内容：

1. 任务概述

说明任务名称、来源、作业区范围、地理位置、行政隶属、测图比例尺、拟采用的技术依据、主要精度指标、计划开工时间和工程完成期限。

2. 测区自然地理概况

主要介绍测区踏勘和调查分析工作中所收集的社会（如经济、人文等）和自然（如地理条件）等方面的基本情况，综合考虑各方面因素并参照有关生产定额确定测区的困难类别等。

3. 已有资料分析、评价和利用情况

对所收集的已有资料的作业单位、施测年代、施测单位、作业依据标准、所采用的平面坐标及高程基准、比例尺等加以说明，并说明对拟利用资料的检测方法与要求，评价已有资料的质量情况，指出利用的可能性和利用方案。

4. 作业依据

主要说明测图作业所依据的规范、图式及有关的技术资料。

5. 控制测量方案

控制测量方案包括平面控制测量方案和高程控制测量方案。一般要求先在适当的比例尺地形图上按有关标准进行图上设计并展绘成一定比例尺（1∶5000 或 1∶10 000）的平面控制测量设计图和高程测量路线图。

（1）平面控制控制测量方案。首先要说明平面坐标系统的确定、投影带和投影面的选择。原则上采用国家统一的坐标系统。只有当投影长度变形值大于 2.5cm/km 时，可另选其他坐标系统；对于测区范围较小地区可采用独立坐标系统。目前，我国测绘工作常用的坐标系有：1954 年北京坐标系、1980 年国家大地坐标系、WGS—84 世界大地坐标系。2008 年 7 月 1 日，我国启用了 2000 国家大地坐标系。其次要说明首级控制网的形式、等级，采用的起始数据、加密层次和图形结构，点的密度，觇标及标石规格要求，使用仪器和实测方法，各项精度指标和限差要求。

（2）高程控制测量方案。一般高程基准采用国家统一的 1985 国家高程基准或 1956 年黄海高程基准。在特殊地区，如远离国家水准点的新测区，可暂时建立或沿用地方高程系统，一旦条件成熟应及时归算到国家统一高程系统内。高程控制测量方案中应说明首级高程网布网形式、等级、起算数据、路线名称和长度、编号方法、点的密度、觇标和标石的规格要求、使用仪器和观测方法、限差要求和精度指标。

（3）内业计算。分析评价控制测量外业成果资料；确定平差计算的计算软件、计算方法和精度要求；提出精度分析的方法，对计算成果打印格式和整理的要求。

6. 数字测图方案

数字测图方案首先要介绍测图比例尺、基本等高距、采用的分幅与编号方法、图幅大小，并绘制测区分幅编号图，然后按照数字测图工序，依次说明数据采集、数据处理、成果输出各环节的要求和注意事项。

（1）数据采集。

1）图根控制测量。说明图根控制采用方法、仪器设备、观测方法、精度要求及注意事项。

2）数据采集作业模式选择。野外数字测图数据采集模式可分为：数字测记模式和电子平板模式。室内数据采集模式包括地形图数字化模式和摄影测量、遥感成图模式。

3）碎部测量。说明碎部点坐标和高程测量的选用仪器以及测量方法。

采用极坐标和三角高程测量方法，还要详细说明碎部测量的测站设置要求、设站检查的限差、测定不同地物时的取舍及其碎部点选择的注意事项等。

草图法测记模式还应说明野外草图绘制方法与要求，高程注记的间距、分布、注记位数要求，外业数据文件格式要求。对于用户有特殊要求的碎部点的测定，要提出具体可行的作业方式、保障措施并作相应说明。

在碎部测量中如采用新技术新方法，应说明所使用仪器和执行标准，对其可行性和精度进行论证。

（2）数据处理。数据处理就将经过处理的满足要求的数据成果转换成图形文件。此过程通过人机交互，由绘图软件完成。一般此类软件具备绘制线状符号、面状符号、独立地物符号、等高线及图廓整饰、图幅裁剪等功能，其处理后的成果文件要求兼容性好、格式与国标统一、与数据文件一一对应并可相互转换，便于显示、编辑和输出，可移植性强。国内常见绘图软件有南方CASS、威远图SV300、清华山维等。

(3) 成果输出。成果输出就是将经数据处理后的文件按照分幅编号和图幅大小打印输出。成果的输出要选择合适的打印输出设备，保障地形图质量符合规范规定。

7. 检查验收方案

检查验收是保证测图成果质量合格的重要手段，也是数字测图工作的重要环节之一。检查验收方案要说明数字地形图检查的方法、实地检查工作量与要求；中间工序检查的方法与要求；自检、互检、组检方法与要求。

8. 工作量统计、作业计划安排和经费预算

工作量的统计是根据测区困难程度和设计方案，统计测图的各个工序的工作量。作业计划是依据统计的工作量和计划投入的人力、物力，参照生产定额，分别列出各期进度计划和各工序间衔接关系、组织计划。经费预算是根据设计方案、作业计划和统计的工作量，参照有关生产定额和成本定额，编制分期经费计划、总经费计划，并作必要说明。

9. 应提交资料

应提交资料包括：控制测量成果资料、图根点成果文件、数据采集原始资料及数据文件、碎部点成果文件和图形数据文件、分幅图和测区总图的图形文件、综合工作量表、主要物资器材表等。

10. 建议和措施

建议和措施是为避免突发事件、顺利按期完成测量任务，就如何组织人员、提高工作效率、保证质量方面提出建议；对工程实施过程中可能遇到的技术难题、组织漏洞和各种突发事件提出针对性预案；指出业务管理、物质供应、通信联络等工作中必须采取的措施和建议。

小　　结

合理计划、组织数字测图前的准备工作对提高成果质量和测图效率都有积极的意义。编写数字测图技术设计书是一项综合性较强、涉及多方面知识和经验的任务，是对一名合格测量工作者工作能力的检验。本章要求学生了解数字测图前准备工作的主要内容，熟悉技术设计的依据和基本原则，掌握技术设计书的主要内容。

习　　题

1. 数字测图前所需准备工作包括哪些内容？
2. 数字测图技术设计的主要依据有哪些？
3. 数字测图技术设计的主要原则有哪些？
4. 技术设计对设计人员有哪些要求？
5. 数字测图技术设计书包含哪些主要内容？

第3章 野外数据采集

本章首先介绍野外数据采集的基本模式和精度要求，随后介绍了获取碎部点坐标的“测算法”和信息的编码记录方法。由于全站仪是目前野外数据采集的主要设备，本文以拓普康GTS—211D全站仪为例，较详细地介绍了用全站仪进行测角、测边和进行数据采集的各种操作方法，并结合全站仪的使用，对数字测记模式进行野外数据采集的外业工作做了阐述。目前，RTK技术在数字测图的野外数据采集中已得到越来越广泛的使用，本文介绍了“灵锐S82”仪器和“工程之星”软件的操作及进行数据采集的方法。

3.1 野外数据采集模式概述

野外数据采集是为满足数字化成图的需要，用大地测量仪器在野外实地测量，取得绘图信息的过程。由于现代测量仪器测量精度高、速度快，作业模式灵活，用它进行野外数据采集是目前大比例尺数字测图的主要数据采集方法。

地形图的图形由点、线、面三种要素组成。由点按一定顺序相连构成线，由线可以围合成闭合的面状图形。所以点要素是最基本的图形要素。点的三维坐标确定图形的位置，是野外数据采集的第一类绘图信息，也称定位信息。点的不同连接方式决定图形的形状，点的连接次序是野外数据采集需要记录的第二类绘图信息，也称连接信息。定位信息与连接信息共同构成图形的几何信息。在地形图中还需要以不同的符号或文字注记来标明图形要素的类别、名称、特征等非图形特性，这便是需要采集的第三类绘图信息，也称属性信息。

在野外数据采集中，点的定位信息是通过用大地测量仪器对该点进行基本观测，再用解析计算的方法实现的。早期的数字测图中，由于采用“经纬仪＋测距仪＋电子手簿”作业模式，测量和计算、存储是分别进行的。基本观测由经纬仪、测距仪测得，经过手工或数据线传入装有计算程序的电子手簿中计算，得到点的三维坐标。目前普遍采用的全站仪集成了测量、计算和存储三大功能，所以，点的三维坐标的测、算、存可由全站仪自动完成。

连接信息与属性信息由测量员在现场观察、调查获得。根据数据采集系统软硬件配置、作业人员技术水平、作业性质不同，其记录方式有多种。将连接信息与属性信息进行科学编码，在存储点的定位信息的同时将点的连接信息与属性信息存入电子手簿或全站仪存储器中的方法称编码法。对于较复杂的地形，现场输入所有碎部点编码有一定困难，通常绘制草图记录连接信息与属性信息，以提高外业工作效率，这种方法称草图法。这两种方法都是在野外测量和记录绘图信息后到室内绘图，通称为数字测记模式。若在野外直接将点位信息、连接信息、属性信息输入便携式计算机，用计算机屏幕模拟图板直接在野外绘图，这种方式叫电子平板模式。

3.2 碎部点坐标测算方法及数学原理

对碎部点进行坐标测算，目的是要获得点的定位信息。在数字测图中，由于设备和成图方法的局限，一般不能像白纸测图那样在现场对地物、地貌进行模拟绘制，而需测量大量的碎部点供绘图使用。如果用全站仪测量全部碎部点，工作量太大，而且有些点无法直接测定。因此要灵活运用各种方法，提高碎部点测量的工作效率。

这种结合数字测图设备特点，充分运用图形几何关系的碎部点测量方法通常称为碎部点坐标“测算法”。其基本思路为：

（1）用全站仪极坐标法测定一些基本碎部点，作为对其他碎部点进行定位的依据。

（2）用半仪器法（比如方向法、勘丈法）推定一些碎部点。

（3）充分利用直线、直角、平行、对称、全等等几何特征推求一些碎部点。

数字测图软件一般都能很方便地利用半仪器法、勘丈法获取的数据进行绘图。可以说，只要用几何作图方法能够确定位置的点都可以用“测算法”求出点的坐标。

下面介绍几种常用的碎部点坐标测算方法的原理及应用特点。

3.2.1 仪器测量法

1．极坐标法

极坐标法是测量碎部点最常用的方法。用全站仪极坐标法进行数据采集，具有速度快、精度高的优点，对于需要采集的碎部点，应尽量用此方法测量。

如图 3-1 所示，Z 为测站点，O 为定向点，P_i 为待求点。在 Z 点安置仪器，量取仪器高 I，照准 O 点，配置定向点 O 的方向值 α_O（即 ZO 方位角），然后照准待求点 P_i，量取觇标高（反射镜高）V_i，读取方向值 α_i（方位角），再测量出 Z 至 P_i 点间的水平距离 D_i 和竖直角 A_i，则待定点坐标和高程可由式（3-1）求得：

$$\left.\begin{aligned} X_i &= X_Z + D_i \cos\alpha_i \\ Y_i &= Y_Z + D_i \sin\alpha_i \\ H_i &= H_Z + D_i \tan A_i + I - V_i \end{aligned}\right\} \tag{3-1}$$

2．照准偏心法

当待求点与测站不通视或无法立镜时，可使用照准偏心法间接测定碎部点的点位。该法包括直线延长偏心法、距离偏心法、角度偏心法。

（1）直线延长偏心法。如图 3-2 所示，Z 为测站点，在测得 A 点坐标后，欲测定 B 点，但 Z、B 间不通视。此时可在地物边线方向找到 B' 或 B'' 点作为辅助点，先用极坐标法测定其坐标，再用钢尺量取 BB'（或 BB''）的距离 D_1（或 D_2），即可按式（3-2）求出 B 点坐标：

$$\left.\begin{aligned} X_B &= X_{B'} + D_1 \cos\alpha_{AB'} \\ Y_B &= Y_{B'} + D_1 \sin\alpha_{AB'} \end{aligned}\right\} \tag{3-2}$$

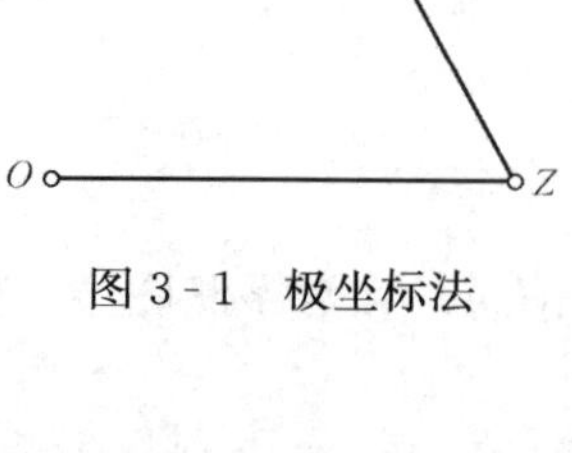

图 3-1　极坐标法

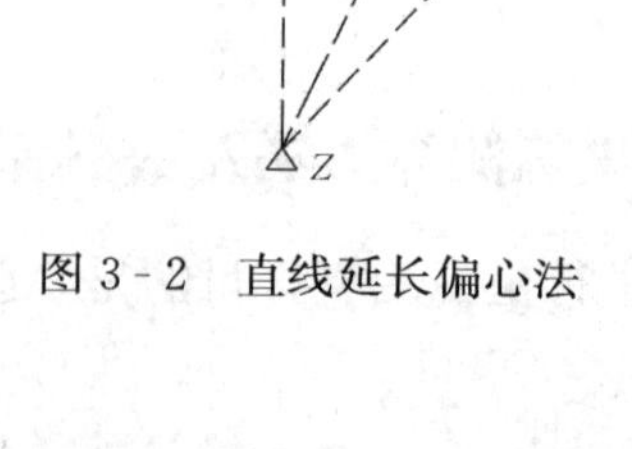

图 3-2　直线延长偏心法

内业作图时，只要以 AB'（或 AB''）为方向，B'（或 B''）为起点，延长 D_1（或缩短 D_2）即可画出 B 点。

（2）距离偏心法。如图 3-3 所示，欲测定 B 点，但 B 点不能立标尺或棱镜，可先用极坐标法测定偏心点 B_i（水平角读数为 L_i，水平距离为 S_{ZB_i}），再丈量偏心点 B_i 到目标点 B 的距离 ΔS_i，即可求出目标点 B 的坐标。当偏心点位于目标点的左边或右边时有：

$$\left.\begin{aligned} X_B &= X_{B_i} + \Delta S\cos\alpha_{B_iB} \\ Y_B &= Y_{B_i} + \Delta S\sin\alpha_{B_iB} \end{aligned}\right\} \tag{3-3}$$

式中，$\alpha_{B_iB}=\alpha_{Z0}+L_i\pm 90^\circ$（当 $i=1$ 时，取“+”；当 $i=2$ 时，取“−”）。

在选择 B_i点位安置反射棱镜时，应注意使 $ZB_i \perp B_iB$。

当偏心点位于目标点的前方或后方，即偏心点在测站和目标点的连线上（B_3 或 B_4）时，目标点 B 的坐标可由式（3-4）求出：

$$\left.\begin{aligned} X_B &= X_Z + (D_{ZB_i} \pm \Delta S)\cos\alpha_{ZB} \\ Y_B &= Y_Z + (D_{ZB_i} \pm \Delta S)\sin\alpha_{ZB} \end{aligned}\right\} \tag{3-4}$$

式中，$\alpha_{ZB}=\alpha_{Z0}+L_B$（当 $i=3$ 时，取“+”；当 $i=4$ 时，取“−”）。

内业作图时，只要过 B_i做 ZB_i的垂线，在垂线上以 B_i为起点，截一距离为 ΔS_i，即可找到 B 点位置。

（3）角度偏心法。如图 3-4 所示，欲测定目标点 B，由于 B 点无法达到或无法立镜，将棱镜安置在以 ZB 为半径的圆弧上的 B_i处，先照准棱镜测距（D_{ZB_i}），再照准目标 B 测量方向值 α_{ZB}，则 B 点的坐标可由式（3-5）计算出：

$$\left.\begin{aligned} X_B &= X_Z + D_{ZB_i}\cos\alpha_{ZB} \\ Y_B &= Y_Z + D_{ZB_i}\sin\alpha_{ZB} \end{aligned}\right\} \tag{3-5}$$

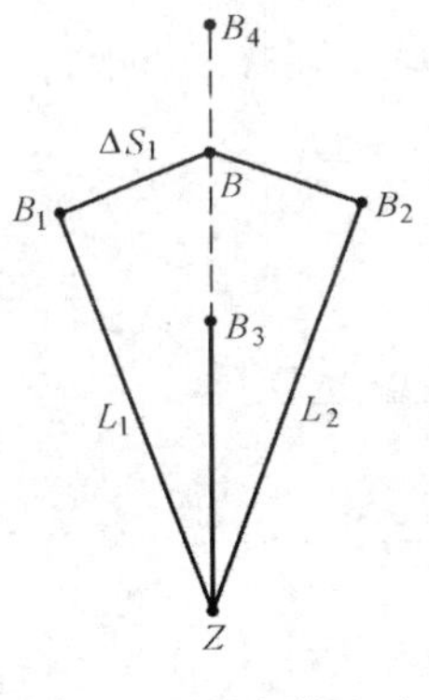

图 3-3 距离偏心法

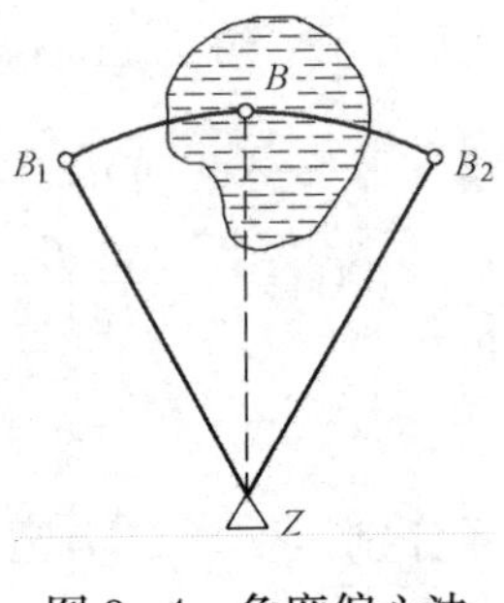

图 3-4 角度偏心法

内业作图时，只要以 Z 为圆心，D_{ZB_i} 为半径，α_{ZB}为方位角，就可找到 B 点位置。

3.2.2 勘测丈量法

在局部、隐蔽的地方，可用钢尺量距，并利用已测定的碎部点和直线、直角特性确定其他碎部点的位置，这种方法称勘测丈量法（简称勘丈法）。

1. 直角坐标法

直角坐标法又称正交法，它是借助测线和垂直短边支距测定目标点的方法。正交法使用钢尺量距离，配以直角棱镜作业。支距长度不得超过一个尺长。

如图 3-5 所示，已知 A、B 两点，欲测碎部点 i，则以 AB 为轴线，自碎部点 i 向轴线作垂线（由直角棱镜定垂足）。假设以 A 为原点，只要量测得到原点 A 至垂足 d_i 的距离 a_i 和垂线的长度 b_i，就可以求得碎部点 i 的位置。

$$\left.\begin{aligned} X_i &= X_A + D_i\cos\alpha_i \\ Y_i &= Y_A + D_i\sin\alpha_i \end{aligned}\right\} \tag{3-6}$$

式中：$D_i=\sqrt{a_i^2+b_i^2}$；$a_i=a_{AB}\pm\arctan\dfrac{b_i}{d_i}$。

当碎部点位于轴线（AB 方向）左侧时取“－”，右侧时取“＋”。

2. 距离交会法

如图 3-6 所示，已知碎部点 A、B，欲测碎部点 P，则可分别量取 P 至 A、B 点的距离 D_1、D_2，即可求得 P 点的坐标。

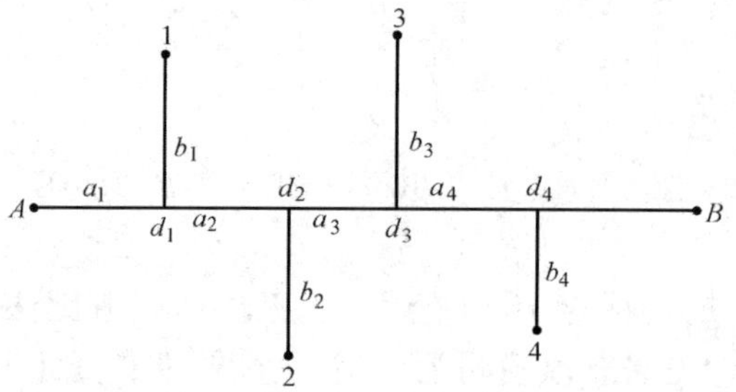

图 3-5　直角坐标法

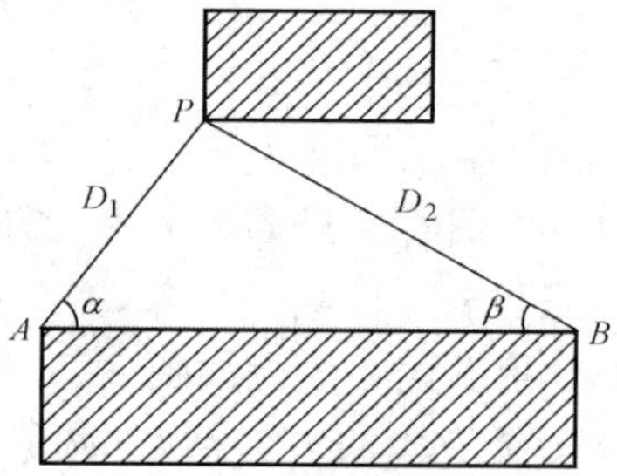

图 3-6　距离交会法

先根据已知边 D_{AB} 和 D_1、D_2，求出角 α、β：

$$\left.\begin{aligned} \alpha &= \arccos\frac{D_{AB}^2+D_1^2-D_2^2}{2D_{AB}D_1} \\ \beta &= \arccos\frac{D_{AB}^2+D_2^2-D_1^2}{2D_{AB}D_2} \end{aligned}\right\} \tag{3-7}$$

再根据戎格公式即可求得 X_P、Y_P：

$$\left.\begin{aligned} X_P &= \frac{X_A\cot\beta+X_B\cot\alpha+(Y_B-Y_A)}{\cot\alpha+\cot\beta} \\ Y_P &= \frac{Y_A\cot\beta+Y_B\cot\alpha-(X_B-X_A)}{\cot\alpha+\cot\beta} \end{aligned}\right\} \tag{3-8}$$

内业作图时，只要分别以 A、B 为圆心，D_1、D_2 为半径作圆弧，相交的其中一个点，就是所要求的 P 点。

3.2.3　计算法

计算法一般不需要外业观测数据，仅利用图形的几何特性计算碎部点的坐标。

1. 矩形计算法

如图 3-7 所示，已知 A、B、C 3 个房角点，求第 4 个房角点，可得：

$$\left.\begin{aligned} X_4 &= X_A - X_B + X_C \\ Y_4 &= Y_A - Y_B + Y_C \end{aligned}\right\} \tag{3-9}$$

按此原理，在测量矩形地物时，一般只需测定三个角点即可。

2. 垂足计算法

如图3-8所示，已知碎部点A、B、1、2、3、4，且$11'\perp AB$、$22'\perp AB$、$33'\perp AB$、$44'\perp AB$，求$1'$、$2'$、$3'$、$4'$各点，则可由式（3-10）计算得到各点坐标：

$$\left.\begin{aligned}X_i' &= X_A + D_{Ai}\cos r_i \cos\alpha_{AB}\\ Y_i' &= Y_A + D_{Ai}\cos r_i \sin\alpha_{AB}\end{aligned}\right\} \quad (3-10)$$

式中：$r_i=\alpha_{AB}-\alpha_{Ai}$；$D_{ij}$和坐标方位角$\alpha_{ij}$由坐标反算得到。

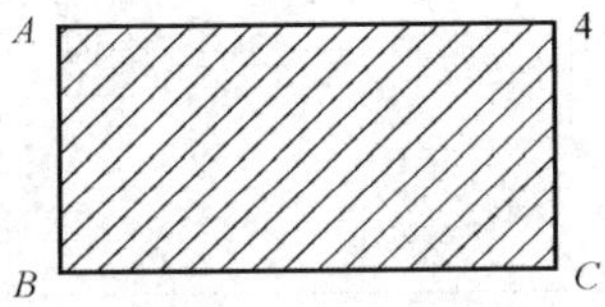

图3-7 矩形计算法

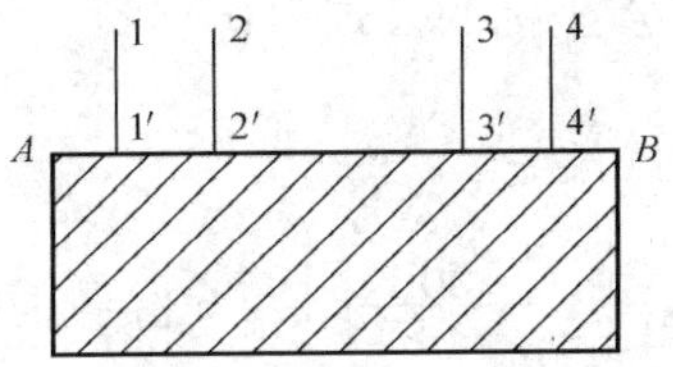

图3-8 垂足计算法

此法通常可以测定被林木隐蔽的建筑群内楼道口点、道路折点等。

3. 直线相交法

如图3-9所示，A、B、C、D为4个已知碎部点，且AB与CD相交于i，则交点i的坐标为：

$$\left.\begin{aligned}X_i &= \frac{Y_C - Y_A + X_A k_1 - X_B k_2}{k_1 - k_2}\\ Y_i &= Y_A + (X_i - X_A)k_1\end{aligned}\right\} \quad (3-11)$$

式中：$k_1=\dfrac{Y_B-Y_A}{X_B-X_A}$；$k_2=\dfrac{Y_D-Y_C}{X_D-X_C}$。

4. 平行线法

如图3-10所示，A、B、C、D、E为曲线AE上的已知点，求与该线间距为R的曲线上1、2、3、4、5各点的坐标。

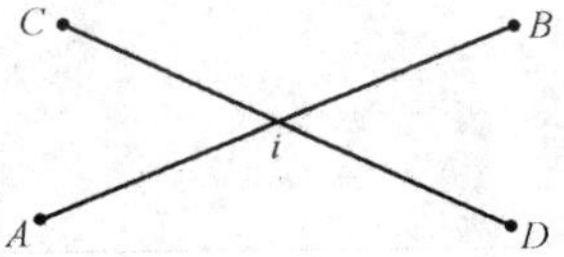

图3-9 直线相交法

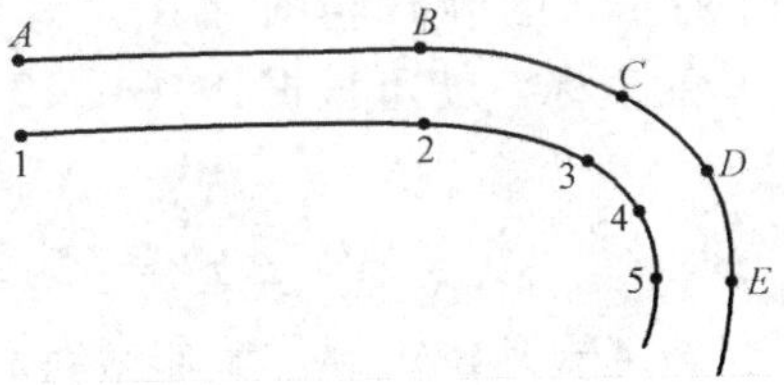

图3-10 平行线法

（1）对于直线部分，其坐标公式为：

$$\left.\begin{aligned}X_1 &= X_A + R\cos\alpha_1\\ Y_1 &= Y_A + R\sin\alpha_1\end{aligned}\right\} \quad (3-12)$$

式中：$\alpha_1=\alpha_{BA}\pm 90°$。

$$\left.\begin{aligned}X_2 &= X_B + R\cos\alpha_2\\ Y_2 &= Y_B + R\sin\alpha_2\end{aligned}\right\} \quad (3-13)$$

式中：$\alpha_2=\alpha_{AB}\pm 90°$。

（2）对于由直线过渡到曲线的第一个曲线点，坐标公式为：

$$\left.\begin{aligned} X_3 &= X_C + R\cos\alpha_3 \\ Y_3 &= Y_C + R\sin\alpha_3 \end{aligned}\right\} \tag{3-14}$$

式中：$\alpha_3 = 2\alpha_{BC} - \alpha_{AB} \pm 90°$。

（3）对于曲线上的其他点，如图中的 4、5 两点，可分别由 B、C、D 求 4 点，由 C、D、E 求 5 点，依次类推。

例如求 4 点坐标的公式为：

$$\left.\begin{aligned} X_4 &= X_D + R\cos\alpha_4 \\ Y_4 &= Y_D + R\sin\alpha_4 \end{aligned}\right\} \tag{3-15}$$

式中：$\alpha_4 = \alpha_{CD} + \dfrac{S_{CD}}{S_{AC} + S_{CD}}(\alpha_{CD} - \alpha_{BC}) \pm 90°$。

上面各计算方位角的公式中，当所求曲线点位于已知点的左边时（称为左边点），取“－”；在右边时（称为右边点），取“＋”。另外注意，为了保证精度，对于曲线上的点，一定要由外侧向内侧推算。

按此原理，在测量两边线平行的道路时，通常只测定外侧边线，确定内侧边线可通过一点或偏移距离，在内业平行绘出内侧边线。

5. 对称点法

如图 3-11 是一轴对称地物，测出 1、2、3、…、7 和 A 点后，再测出 A 点的对称点 B，即可按式（3-16）分别求出各对称点 1′、2′、3′、…、7′ 的坐标：

$$\left.\begin{aligned} X'_i &= X_B + D_i\cos\alpha_i \\ Y'_i &= Y_B + D_i\sin\alpha_i \end{aligned}\right\} \tag{3-16}$$

式中：$D_i = \sqrt{\Delta X_{Ai}^2 + \Delta Y_{Ai}^2}$；$\alpha_i = 2\alpha_{AB} - \alpha_{Ai} - 180°$。

许多人工地物的平面图形是轴对称图形，运用该法，可大量减少实测点。

6. 平移图形法

如图 3-12 所示，图形 B 与图形 A 全等且方位一致，若已知图形 A 上各点和图形 B 上一个点（如 1′）的坐标，就可根据式（3-17）求得图形 B 上各点的坐标：

$$\left.\begin{aligned} X'_i &= X'_1 - X_1 + X_i \\ Y'_i &= Y'_1 - Y_1 + Y_i \end{aligned}\right\} \tag{3-17}$$

该方法用于确定规则建筑群位置非常有利。

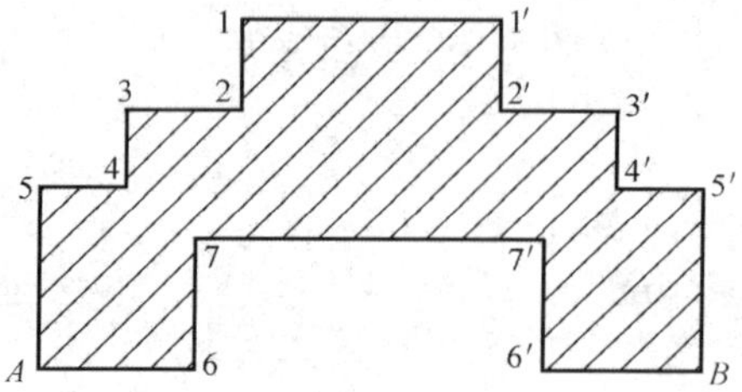

图 3-11 对称点法

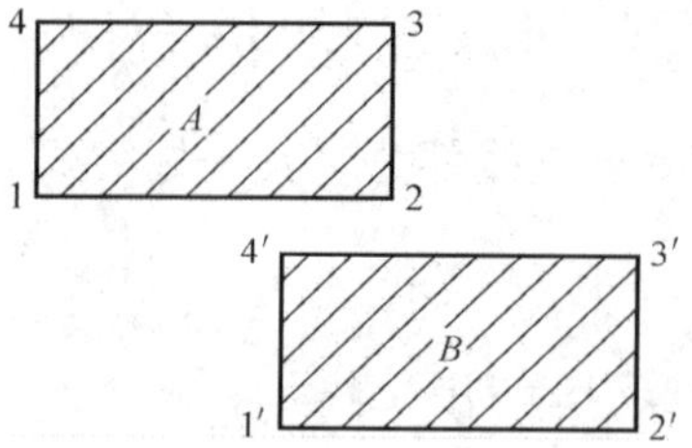

图 3-12 平移图形法

3.3 数据编码

野外数据采集仅测定碎部点的位置（坐标）是不能满足计算机自动成图要求的，还必须将地物点的连接关系和地物属性信息记录下来。一般用一定规则构成的符号串来表示地物属性和连接关系等信息，这种有一定规则的符号串称为数据编码。数字测图中的数据编码要考虑的问题很多，如要满足计算机成图的需要，要简单、易记，还要便于成果资料的管理与开发。数据编码的基本内容包括：地物要素编码（或称地物特征码、地物属性码、地物代码）、连接关系码（点号连接、连接顺序、连接线型）、面状地物填充码等。数字测图系统内的数据编码一般在6～11位，有的全部用数字表示，有的用字符、数字混合表示。编码设计得好坏直接影响到外业数据采集的难易、效率和质量，而且对后续地形（地籍）资料的交换、管理、使用和建立地理信息资料库等都会产生很大的影响。

《1∶500 1∶1000 1∶2000外业数字测图技术规程》（GB/T 14912—2005）（以下简称“规程”）规定，野外数据采集编码的总形式为“地形码＋信息码”。地形码是表示地形图要素的代码，可采用GB/T 13923—2006中相应的代码，也可采用汉语拼音速写码、键盘菜单以及混合编码等。GB/T 13923—2006规定的地形图要素代码由4位数字码组成，共分为9个大类，并依次细分为小类、一级和二级。信息码是表示某一地形要素测点之间的连接关系。随着数据采集的方式不同，其信息编码的方法各不相同。无论采用何种信息编码，应遵循有利于计算机对所采集的数据进行处理和尽量减少中间文件的原则。

目前，国内开发的测图软件已经有很多，一般都是根据各自的需要、作业习惯、仪器设备及数据处理方法等设计自己的数据编码方案，还没有形成固定的标准。目前数据编码从结构和输入方法上区分，主要有全要素编码、块结构编码、简编码和二维编码。

3.3.1 全要素编码方案

全要素编码要求对每个碎部点都进行详细的说明。全要素编码通常是由若干个十进制数组成。其中每一位数字都按层次分，都具有特定的含义。首先参考图式符号，将地形要素分类，如：1代表测量控制点；2代表居民地；3代表独立地物；4代表道路；5代表管线和垣栅；6代表水系；7代表境界；8代表地貌；9代表植被。然后，再在每一类中进行次分类，如居民地又分为：01代表一般房屋；02代表简单房屋；03代表特种房屋……另外，再加上类序号（测区内同类地物的序号）、特征点序号（同一地物中特征点连接序号），如某碎部点的编码为20101503，各数字的含义如下：

第一位数字“2”表示地形要素分类；

第二、第三位数字“01”表示地形要素次分类；

第四、第五、第六位数字“015”表示类序号；

第七、第八位数字“03”表示特征点序号。

这种编码方式的优点是各点编码具有唯一性，计算机易识别与处理，但外业编码输入较困难，目前很少使用。

3.3.2 块结构编码方案

块结构编码将整个编码分成几大部分，如分为点号、地形编码、连接点和连接线型4部分，分别输入。地形编码是参考地形图式的分类，用3位整数将地形要素分类编码。如：100代表测量控制点类的天文点，105代表导线点，200代表居民地类的一般房屋，209代表特种房屋。点号表示测量的先后顺序，用4位数字表示。连接点是记录与碎部点相连接的点号。连接线型是记录碎部点与连接点之间的线型，用1位数字表示。

清华山维的EPSW电子平板系统就是采用块结构编码方案。它分块输入，操作简单。

下面结合EPSW系统简单介绍块结构编码方案。

1. 地形编码

地形图的地形要素很多，一般情况下将它们总结归类为10类：

（1）测量控制点。

（2）居民地。

（3）工矿企业建筑物和公共设施。

（4）独立地物。

（5）道路及附属设施。

（6）管线及垣栅。

（7）水系及附属设施。

（8）境界。

（9）地貌与土质。

（10）植被。

EPSW电子平板系统用3位数来表示每大类中的地形元素。第一位为类别号，代表上述十大类；第二、第三位为顺序号，即地物符号在某大类中的序号。例如，编码为105的地物，1为大类，即控制点类，05为图式符号中顺序为5的控制点，即导线点。又如106为埋石图根点，201为居民地类的一般房屋中的混凝土房。由于每一大类中的符号编码不能多于99个，而符号最多的第七类（水系及附属设施）却有130多个，符号最少的第一类（控制点）只有9个，因此EPSW系统在上述十大类的基础上作了适当的调整。将水系及附属设施的编码分为两段，由700～799和850～899表示；将植被也放在第一类编码中，编码为120～189；将绘制符号的图元放在0类。这样每个地物符号都对应一个3位地形编码（简称编码）。

作业人员将3位地形编码全部记住是很困难的。EPSW系统采用了“无记忆编码”输入法，即将每一个地物和它的图式符号及汉字说明都编写在一个图块里，形成一个图式符号编码表（分主次页），存储在便携机内，只要按一下［A］键，编码表就可以显示出来，用光笔或鼠标点中所要的符号，其编码将自动送入测量记录中，所以无需记忆编码，随时可以查找。实际上，对于一些常用的编码，像导线点105、一般房屋点200等，多用几次也就记熟了。

2. 连接信息

连接信息可分解为连接点和连接线型。

当测点是独立地物时，只要用地形编码来表明它的属性，即知道这个地物是什么，应该用什么样的符号来表示。如果测的是一个线状或面状地物，这时需要明确本测点与哪个点相连，以什么线型相连，才能形成一个地物。所谓线型是指直线、曲线或圆弧线等。如图3-13所示大厅，第2测点须与1点以直线相连，3点须与2点直线相连，5点与4点、4点与3点则以圆弧相连（圆弧至少需要测3个点才能绘出），5点与1点以直线相连。有了点位、编码，再加上连接信息，就可以正确地绘出房屋大厅了。

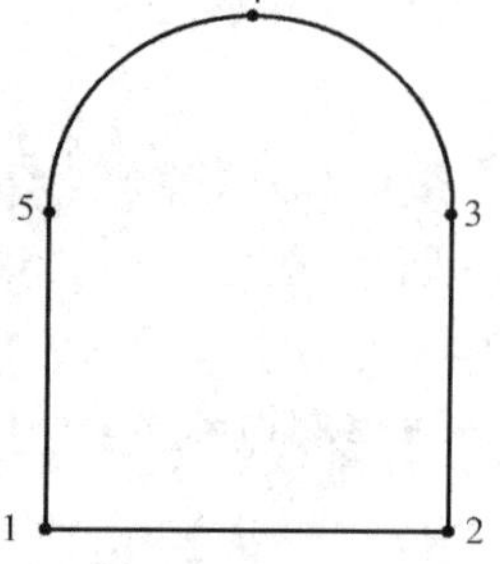

图3-13　线型相连关系

为了便于计算机的自动识别和输入，EPSW规定：1为直线；2

为曲线；3为圆弧；空为独立点。连接线型只有4种，一般是容易区别和记忆的。有时圆或曲线不容易分辨，均可以曲线处理，对绘图影响不大。

3.3.3 简编码输入方案

简编码就是在野外作业时仅输入简单的提示性编码，内业中经计算机识别后自动转换为程序内部码。CASS系统的有码作业就是一个有代表性的简编码输入方案。

CASS系统的野外操作码（也称为简码或简编码）是由类别码、关系码和独立符号码3种组成，每种只有1～3位字符。其形式简单、规律性强，无需特别记忆，并能同时采集测点的地物要素和拓扑关系码。它也能够适应多人跑尺（镜）、交叉观测不同地物等复杂情况。

1. 类别码

类别码也称地物代码，见表3-1。它是按一定的规律设计的，不需要特别记忆。如代码F0、F1、…、F6分别表示特种房（坚固房）、普通房、一般房、…、简易房。F取“房”字拼音首字母，0～6表示房屋类型由“主”到“次”。又如代码D0、D1、D2、D3分别表示电线塔、高压线、低压线、通信线等。另外，K0表示直折线型的陡坎，U0表示曲线型的陡坎；X1表示直折线型的内部道路，Q1表示曲线型的内部道路。由U、Q的外形很容易让我们想象到曲线。

表3-1 类别码符号及含义

类型	符号及含义
坎类（曲）	K（U）＋数（0—陡坎；1—加固陡坎；2—斜坡；3—加固斜坡；4—垄；5—陡崖；6—干沟）
线类（曲）	X（Q）＋数（0—实线；1—内部道路；2—小路；3—大车路；4—建筑公路；5—地类界；6—乡、镇界；7—县、县级市界；8—地区、地级市界；9—省界线）
垣栅类	W＋数（0，1—宽为0.5m的围墙；2—栅栏；3—铁丝网；4—篱笆；5—活树篱笆；6—不依比例围墙，不拟合；7—不依比例围墙，拟合）
铁路类	T＋数［0—标准铁路（大比例尺）；1—标（小）；2—窄轨铁路（大）；3—窄（小）；4—轻轨铁路（大）；5—轻（小）；6—缆车道（大）；7—缆车道（小）；8—架空索道；9—过河电缆］
电力线类	D＋数（0—电缆塔；1—高压线；2—低压线；3—通信线）
房屋类	F＋数（0—坚固房；1—普通房；2—一般房屋；3—建筑中房；4—破坏房；5—棚房；6—简单房）
管线类	G＋数［0—架空（大）；1—架空（小）；2—地面上的；3—地下的；4—有管堤的］
植被土质类	拟合边界：B＋数（0—旱地；1—水稻；2—菜地；3—天然草地；4—有林地；5—行树；6—狭长灌木林；7—盐碱地；8—沙地；9—花圃） 不拟合边界：H＋数（同上）
圆形物类	Y＋数（0—半径；1—直径两端点；2—圆周三点）
平行体类	P＋［X（0—9）；Q（0—9）；K（0—6）；U（0—6）…］
控制点类	C＋数（0—图根点；1—埋石图根点；2—导线点；3—小三角点；4—三角点；5—土堆上的三角点；6—土堆上的小三角点；7—天文点；8—水准点；9—界址点）

2. 关系码

关系码也称连接关系码，见表3-2。共有4种符号：“＋”、“－”、“A＄”和“p”，配合简单数字来描述测点间的连接关系。其中：“＋”表示连线依测点顺序进行；“－”表示连线依测点相反顺序进行；“p”表示绘平行体；“A$”表示断点标识符。

表 3-2　关系码符号及含义

符号	含义	示例
+	本点与上一点相连，连线依测点顺序进行	“+”、“-”表示连线方向 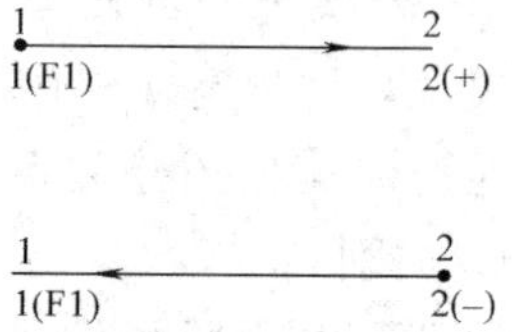
-	本点与下一点相连，连线依测点顺序相反方向进行	
n+	本点与上 n 点相连，连线依测点顺序进行	
n-	本点与下 n 点相连，连线依测点顺序相反方向进行	
p	本点与上一点所在地物平行	
np	本点与上 n 点所在地物平行	
+A$	断点标识符，本点与上点连	
-A$	断点标识符，本点与下点连	

3. 独立地物码

对于只有一个定位点的独立地物，用 A××表示，见表 3-3。如：A42 表示普通电杆，A50 表示阔叶独立树等。

数据采集时现场对照实地输入野外操作码，图 3-14 中点号旁的括号内容为输入结果。

表 3-3　独立地物编码及符号含义

类别	编码及符号含义				
水系设施	A00 水文站	A01 停泊场（锚地）	A02 航行灯塔	A03 航行灯桩	A04 航行灯船
	A05 左航行浮标	A06 右航行浮标	A07 系船浮筒	A08 急流	A09 过江管线标
	A10 信号标	A11 露出的沉船	A12 淹没的沉船	A13 泉	A14 水井
土质	A15 石堆				
居民地	A16 学校	A17 沼气	A18 卫生所	A19 地上窑洞	A20 电视发射塔
	A21 地下窑洞	A22 窑	A23 蒙古包		
管线设施	A24 上水检修井	A25 下水雨水检修井	A26 圆形污水箅子	A27 下水暗井	A28 煤气天然气检修井
	A29 热力检修井	A30 电信入孔	A31 电信出孔	A32 电力检修井	A33 工业石油检修井
	A34 液体气体储存设备	A35 不明用途检修井	A36 消火栓	A37 阀门	A38 水龙头
	A39 长形污水箅子				
电力设施	A40 变电室	A41 无线电杆、塔	A42 电杆		
军事设施	A43 旧碉堡	A44 雷达站			

续表

类别	编码及符号含义				
道路设施	A45 里程碑	A46 坡度表	A47 路标	A48 汽车站	A49 臂板信号机
独立树	A50 阔叶独立树	A51 针叶独立树	A52 果树独立树	A53 椰子独立树	
工矿设施	A54 烟囱	A55 露天设备	A56 地磅	A57 起重机	A58 探井
	A59 钻孔	A60 石油、天然气井	A61 盐井	A62 废弃的小矿井	A63 废弃的平峒洞口
	A64 废弃的竖井井口	A65 开采的小矿井	A66 开采的平峒洞口	A67 开采的竖井井口	
公共设施	A68 加油站	A69 气象站	A70 路灯	A71 照射灯	A72 喷水池
	A73 垃圾台	A74 旗杆	A75 亭	A76 岗亭、岗楼	A77 钟楼、鼓楼、城楼
	A78 水塔	A79 水塔烟囱	A80 环保监测站	A81 粮仓	A82 风车
	A83 水磨房、水车	A84 避雷针	A85 抽水机站	A86 地下建筑物天窗	
宗教设施	A87 纪念像碑	A88 碑、柱、墩	A89 塑像	A90 庙宇	A91 土地庙
	A92 教堂	A93 清真寺	A94 敖包、经堆	A95 宝塔、经塔	A96 假石山
	A97 塔形建筑物	A98 独立坟	A99 坟地		

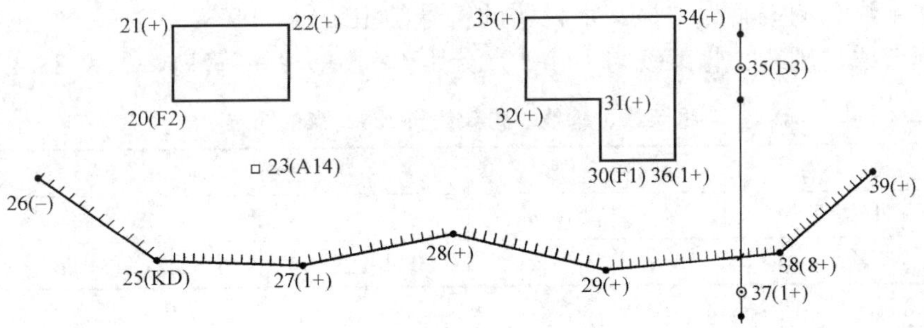

图 3-14 野外实地对照操作码

3.3.4 二维编码方案

常规的十类地形图要素代码只能满足制图的需要，不能满足 GIS 图形分析的需要。因此有些测图系统在常规的地形要素代码的基础上进行扩充，以反映图形的框架线、轴线、骨架线、标识点（Label 点）等。二维编码（又称主附编码）对地形要素进行了更详细的描述，一般由 6～7 位代码组成。下面以开思创力的 SCSG2000 测图系统为例，介绍二维编码方案。

SCSG2000系统的二维编码由5位主编码和2位附编码组成。主编码前4位为GB 14804—1993规定的地形要素代码，GB 14804—1993不足4位的，用“0”补齐为整形码；主编码后1位代码为在GB 14804—1993的基础上进一步细分类的码，无细分类时，用“0”补齐。附编码（第二维）为景观、图形数据分类代码。二维编码具体定义如下：

（1）中间注有不依比例尺独立符号的依比例尺地物，其独立符号用“主编码+00”表示，范围边界用“主编码+01”表示。

（2）带有辅助设施的复杂符号，其特征定位线的编码为“主编码+00”，辅助设施符号编码为“主编码+02”。

（3）带有辅助描述符的复杂符号，其特征定位线的编码为“主编码+00”，辅助描述符编码为“主编码+03”。

（4）用于表示某地物方向的箭头符号（如水流方向），其编码为“相应需表示方向的地物的主编码+04”。

（5）为便于GIS作网络分析，表示地物连通性的“双向轴线”（如道路准中心线）的编码为“轴线所描述地物的主编码+05”；表示地物连通性的“单向轴线”（如单行道的准中心线）的编码为“轴线所描述地物的主编码+06”。

（6）Label点（标识点）均以一点在相应多边形区域中标示，其编码为“所描述多边形的主编码+07”；Label点标示的多边形将自动提至Label层（原多边形不变），其编码与Label点一致（其区别为：一个是点符，一个是线或面符）。

（7）为描述非封闭性面状地物的外形特征（骨架线），程序生成该地物的框架线的编码为“描述对象的主编码+08”。

（8）有些线状符号本身不能描述其特征线（骨架线），程序将生成该符号的骨架线，骨架线的编码为“骨架线描述的地物的主编码+09”，符号本身视为辅助描述符。

（9）所有直接用线形描述的符号（该线即为符号的骨架线），其编码为“主编码+00”。

（10）所有点符号（独立地物）编码为“主编码+00”。

（11）文字注记的编码为“该文字说明的符号的主编码+99”。

（12）框架线、轴线、骨架线与Label点分别作为一个图层管理，见表3-4。

表3-4　框架线、轴线、骨架线与Label点的图层

类　别	图层名	类　别	图层名
框架线	Bound	骨架线	Value
轴线	Axes	Label点与需要建拓扑关系的多边形	Label

二维编码没有包含连接信息，连接信息码由绘图操作顺序反映。二维编码位数多，观测员很难记住这些编码，故SCSG2000测图系统的电子平板采用无码作业。测图时对照实地现场利用屏幕菜单和绘图专用工具或用鼠标提取地物属性编码，绘制图形。

3.4　全站仪及其在数据采集中的应用

全站仪是一种在测站上完成测角、测距、记录、计算并能按规定进行各种测量、放样的现代测量仪器。由于其具有精度高、速度快、测量范围大、少人工干预、不易出错、能进行数据传输等特点，在国民经济建设和管理各领域的测绘工作中得到了广泛应用，也是目前野外大比例尺测图最主要的测量仪器。

全站仪由电子测角、光电测距、电子补偿和微处理装置四大部分组成。其基本测量功能是测角和测距。微处理装置按预定程序对获取的角度、距离、误差、各项改正等信息加以处理，获得各项改正后的观测和计算数据，从而可以按指令进行其他各项测量、放样以及存储和输出。

目前各种品牌、型号的全站仪很多，如日本产拓普康、索佳，欧洲产徕卡，国产南方等。各品牌全站仪的结构、功能和使用方法略有差异。下面以拓普康 GTS—211D 为例，介绍全站仪在数字测图中的若干应用功能和使用方法。

3.4.1　拓普康 GTS—211D 全站仪简介

拓普康 GTS—211D 全站仪外形如图 3-15 所示，有两面操作按键及显示窗，操作很方便。能自动进行水平和垂直倾斜改正，补偿范围为±3′。测角最小读数为 1″，测角精度为 5″。测距最小读数为 1mm，测距精度为±(3mm±2×10^{-6}D)。单棱镜测距为 1.1～1.2km，三棱镜测距为 1.6～1.8km。内有自动记录装置，可记录 2000 个测量点。GTS—211D 全站仪除能进行角度测量、距离测量、坐标测量、偏心测量、悬高测量和对边测量外，还能进行数据采集、放样及存储管理。

GTS—211D 系列全站仪面板只有 10 个按键，如图 3-16 所示，其名称与功能见表 3-5。

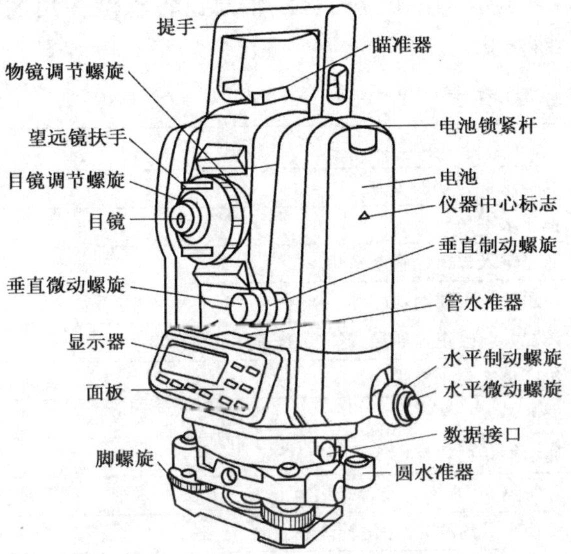

图 3-15　拓普康 GTS—211D 全站仪外形

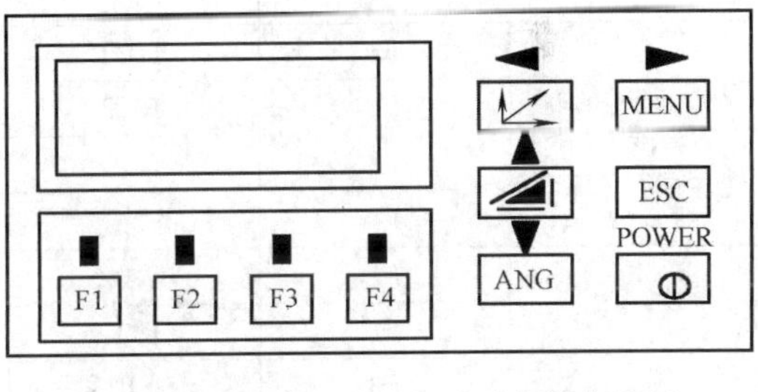

图 3-16　GTS—211D 系列全站仪面板

表 3-5　　GTS—211D 全站仪的按键名称与功能

键	名　称	功　能
	坐标测量键	坐标测量模式
	距离测量键	距离测量模式
ANG	角度测量键	角度测量模式
MENU	菜单键	在菜单模式和正常测量模式之间切换，在菜单模式下设置应用测量与调节方式
ESC	退出键	(1) 返回测量模式或上一层模式 (2) 从正常测量模式直接进入数据采集模式或放样模式
POWER	电源键	电源开关
F1—F4	软键（功能键）	对应于显示的软键信息

GTS—211D 显示窗采用点阵式液晶（LCD）技术，可显示 4 行，每行 20 个字符。通常前三行显示测量数据，最后一行显示随测量模式变化的软键功能。前三行常见显示符号的含义见表 3-6。

表 3-6　GTS—211D 显示窗内常用符号的含义

显　示	内　容	显　示	内　容
V	垂直角	E	东向坐标
HR	水平角（右）	Z	高程
HL	水平角（左）	*	EDM（电子测距）正在进行
HD	水平距离	M	以米为单位
VD	高差	Ft	以英尺为单位
SD	斜距	F_i	以英尺与英寸为单位
N	北向坐标		

软键的有关信息显示在最后一行，各软键的功能见相应的显示信息。各软键在角度测量、距离测量和坐标测量的功能见表 3-7～表 3-9。

表 3-7　角度测量模式

页　码	软　键	显示符号	功　　能
1	F1	OSET	水平角置为 0°00′00″
	F2	HOLD	锁定水平角
	F3	HSET	通过键入数字设置水平角
	F4	P1↓	显示第 2 页软键功能
2	F1	TILT	设置倾斜改正，如果选择 ON，则显示倾斜改正数
	F2	REP	角度重复测量模式
	F3	V%	坡度模式
	F4	P2↓	显示第 3 页软键功能
3	F1	H-BZ	对每隔 90°水平角设置蜂鸣声
	F2	R/L	变换水平角的右/左旋转计数方向
	F3	CMPS	变换天顶距/高度角
	F4	P3↓	显示第 1 页软键功能

表 3-8　距离测量模式

页　码	软　键	显示符号	功　　能
1	F1	MEAS	启动测量
	F2	MODE	设置测量模式精测/粗测/跟踪
	F3	S/A	设置音响模式
	F4	P1↓	显示第 2 页软键功能
2	F1	OFSET	偏心测量模式
	F2	S·O	放样测量模式
	F3	M/f/I	米、英尺，或者英尺、英寸单位的变换
	F4	P2↓	显示第 3 页软键功能

表 3-9　　坐 标 测 量 模 式

页　码	软　键	显示符号	功　　能
1	F1	MEAS	开始测量
	F2	MODE	设置测量模式精测/粗测/跟踪
	F3	S/A	设置音响模式
	F4	P1↓	显示第 2 页软键功能
2	F1	R·HT	通过输入设置棱镜高度
	F2	INS·HT	通过输入设置仪器高度
	F3	OCC	通过输入设置测站点坐标
	F4	P2↓	显示第 3 页软键功能
3	F1	OFSET	偏心测量模式
	F2	S·O	放样测量模式
	F3	M/f/I	米、英尺，或者英尺、英寸单位的变换
	F4	P3↓	显示第 1 页软键功能

3.4.2　测量准备

将 GTS—211D 全站仪对中、整平后，按下 POWER 键，即打开电源，显示器初始化两秒后，显示零指示设置指令（0SET）、当前的棱镜常数（PSM）、大气改正值（PPM）以及电池剩余容量，如图 3-17 所示。图中 PPM 表示大气改正值。“▬”表示电池容量，有 3 个“▬”表示电池电量充足，有 1 个“▬”表示电池电量不足，但还可以测量。当“▬”出现闪烁或显示“Battery empty”（电量空）时，必须换上充好电的电池，方能进行测量。

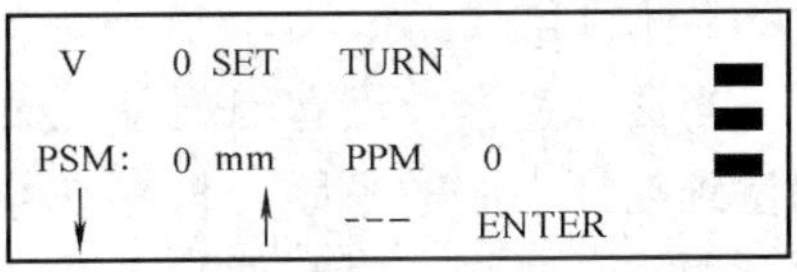

图 3-17　GTS—211D 全站仪开机屏幕

纵转望远镜，使望远镜的视准轴通过水平线，立即显示垂直度盘读数和水平度盘读数。若仪器没有整平（超出自动补偿范围），又设置了自动倾斜模式，则此时不显示度盘读数。

使用 GTS—211D 全站仪输入字母、数字是借助软键（F1、F2、F3、F4）和光标移动键（↓、↑、←、→）来实现的。按 INPUT（F1）键输入开始，按 END（F4）键输入结束。

3.4.3　角度测量

开机设置好读数指示后，就进入角度测量模式。按 ANG 键也可以进入角度测量模式。

1. 水平角和垂直角测量

如图 3-18 所示，欲测 OA，OB 两方向的水平夹角，在 O 点安置仪器后，照准目标 A，按 F1（OSET）键和 YES 键，可设置目标 A 的水平盘读数为 0°00′00″。旋转仪器照准目标 B，直接显示 AOB 的水平角 H 和目标 B 的垂直角 V。

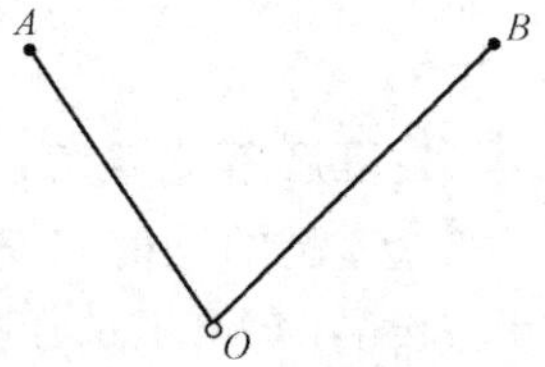

图 3-18　水平角测量示意图

2. 水平盘读数设置

水平盘读数设置有两种方法：

（1）通过锁定水平盘读数进行设置。先转动照准部，使水平盘读数接近要设置的读数，接着水平制动，转动水平微动螺旋旋转至所需要的水平读数，然后按 F2（HOLD）键，使水平读数不变，再转动照准部照准目标，按 YSE 键完成水平读数设置。

（2）通过键盘输入进行设置。先照准目标，再按 F3（HSET）键，按照提示输入所要设置的水平读数即可。

在测角模式下，可进行角度复测、水平角 90°间隔蜂鸣声的设置、垂直角与百分比（坡度）的切换、天顶距与高度角切换等。

3.4.4 距离测量

距离测量可设为单次测量和 N 次测量。一般设为单次测量，以节约用电。距离测量有 3 种测量模式：精测模式、粗测模式、跟踪模式。一般情况下用精测模式测量，最小显示单位为 1mm，测量时间约 2.5s。粗测模式最小显示单位为 10mm，测量时间约 0.7s。跟踪模式用于观测移动目标，最小显示单位为 10mm，测量时间约 0.3s。

1. 直接距离测量

当距离测量模式和观测次数设定后，在测角模式下，照准棱镜中心，按距离测量键，即开始连续测量距离，显示内容从上往下为水平角（HR）、平距（HD）和高差（VD）。若再按距离测量键一次，显示内容变为水平角（HR）、垂直角（V）和斜距（SD）。当连续测量不再需要时，可按 F1（MEAS）键，按设定的次数测量距离，最后显示距离平均值。

【注意】 当光电测距正在工作时，HD 右边出现“＊”标志。

2. 偏心测量

当棱镜直接架设有困难时，如要测定电线杆中心位置，偏心测量模式是十分有用的。欲测量到电杆中心的平距，只要在与仪器平距相同的点安置棱镜，在设置仪器高度、棱镜高后，用偏心测量（第 2 页 F1）即可测得被测物中心的距离和被测物的中心坐标。

在距离测量模式下，选择偏心测量（OFSET）模式；接着照准棱镜，按 F1（MEAS）键，测定仪器到棱镜的水平距离；再按 F4（SET）键，确定棱镜的位置；接着用水平制动螺旋照准目标点，然后每按一次距离测量键，平距（HD）、高差（VD）和斜距（SD）依次显示。若在偏心测量之前设置了仪器高、棱镜高、测站点坐标，每按一次坐标测量键，N，E，Z 坐标依次显示。最后按 ESC 键返回前一个模式。

3.4.5 坐标测量

GTS—211D 全站仪可在坐标测量模式下直接测定碎部点（立棱镜点）坐标。在坐标测量之前必须将全站仪进行定向，输入测站点坐标。若测量三维坐标，还必须输入仪器高和棱镜高。具体操作如下：

在坐标测量模式下先通过第二页的 F1（RHT）、F2（INS. HT）、F3（OCC）分别输入棱镜高、仪器高和测站点坐标，再在角度测量模式下，照准后向点（后视点），设定测站点到定向点的水平度盘读数（测站点到后视点的方位角），完成全站仪的定向。然后照准立于碎部点的棱镜，按坐标测量键，开始测量，显示碎部点坐标（N，E，Z），即（X，Y，H）。

3.4.6 工作模式设定

角度测量、距离测量和坐标测量模式下设定作业模式（或参数），关机后不能保留，通常在使用全站仪之前，在专门的作业模式设置状态下选择工作模式。按 F2 键的同时打开电源，仪器进入作业模式状态，可以进行单位设置（UNIT SET）、模式设置（MODE SET）和其他设置（OTHERS SET）。具体内容见表 3 - 10。

表 3-10　　　　作业模式设置

菜 单	项 目	选 择 项	内 容
1. UNIT SET（单位设置）	TEMP. & PRES	C/F hPa/mmHg/inHg	选择大气改正用的温度单位和气压单位
	ANGLE	DEG（360°）/ GON（400G）/ MIL（6400M）	选择测角单位：(°）/gon/mil（度/冈/密位）
	DISTANCE	METER/FEET/ FEET and inch	选择测距单位：m/ft/ft，in（米/英尺/英尺/英寸）；英尺、英寸的交换：1ft=0.3048m，1in=0.0254m
	FEET	US SURVEY/IN-TERNATIONAL	选择 m/ft 转换系数： US　SURVEY feet（美国英尺） 1m=3.280 833 333 333 333ft INTERNATIONAL feet（国际英尺） 1m=3.280 839 895 013 123ft
2. MODE SET（模式设置）	POWER ON MODE	FINE/COARSE/DISTANCE MEAS	选择开机后进入测角模式或测距模式
	FINE/CRS TRN	FINE/COARSE/ TRACK	选择开机后进入测距模式：精测/粗测/跟踪
	HD&VD/SD	HD&VD/SD	说明开机后的数据显示顺序：平距和高差或斜距
	V ANGLE ZO HO	Zenith 0/ Horizontal 0	选择垂直角读数从天顶方向为零基准或水平方向为零基准计算
	N-TIMES/ REPEAT	N-TIMES/ REPEAT	选择开机测距模式：N 次/重复测量
	TIMES OF MEAS	0～99	设置测距次数，若设置为 1 次，即为单次数测量
	NEZ　ENZ	NEZ/ENZ	选择坐标显示顺序：N，E，A/E，N，Z
	HA-OINDEX（仅用于 GTS-211D/212）	ON-MEMORY/ ON/OFF	设置水平角同垂直角一样具有零位置（ON），或使仪器关机后仍可恢复预置的角度（ON-MEMORY）
	ESC　KEY MONDE	DATA COLLECT/ LAYOUT/OFF	在正常测量模式下按［ESC］键，可以直接进入采集模式或放样菜单模式
	COORD CHECK	ON/OFF	选择在设置放样点时是否要显示坐标（ON/OFF）
3. OTHERS　SET（其他设置）	H-ANGLE BUZZER	ON/OFF	说明每当水平角间隔为 90°时是否要发出蜂鸣声
	S/A BUZZER	ON/OFF	说明在设置声响模式下是否发出蜂鸣声
	WCORRECTION	OFF/K—0.14/K—0.20	设置大气折光和地球曲率改正，折光系数有：K=0.14，K=0.20 或不进行两差改正
	NEZ MEMORY	ON/OFF	选择关机后测站点坐标是否可以恢复
	REC TYPE	REC-A/REC-B	选择数据输出的两种模式：REC-A 或 REC-B REC-A：重新进行测量并输出新的数据 REC-B：输出正显示的数据

续表

菜 单	项 目	选 择 项	内 容
3. OTHERS SET（其他设置）	CRLF	ON/OFF	确定数据输出是否含回车和换行
	NEZ REC FORM	8DIGITS/9DIGITS/MITH RAW	选择坐标记录格式：8 位、9 位或 9 位并附原始观测数据
	LAYOUT NEZ REC	ON/OFF	确定在放样模式下是否记录由键盘直接输入的坐标
	LANGLAGE	ENGLISH/OTHER	选择显示用的语言
	ACK MODE	STANDARD/OMITTED	设置与外部设备进行数据通信的过程 STANDARD：正常通信过程 OMITTED：即使外部设备略去［ACK］协议信息，数据也不再被发送
	GRID FACTOR	USE G. F. / DON' T USE	确定在测量数据计算中是否使用坐标格网因子
	CUT&FILL	STANDARD/CUT&FILL	确定在放样模式下是否要显示 CUT&FILL（挖和填）来代替 dZ 的显示

3.4.7 数据采集

GTS—211D 全站仪可将测量数据存储在内存中。内存可分配给测量数据和已知数据存储，最多可存储 2000 点。内存保护锂电池寿命为 5 年，当电池用完时数据可能会丢失。

GTS—211D 全站仪菜单模式内容很多，可进行数据采集、放样、存储管理、专用测量（悬高测量、对边测量、测站点增测、面积计算等）及设置工作。下面主要介绍 GTS—211D 的数据采集操作。

按 MENU 键，仪器进入特殊模式，显示主菜单，如图 3 - 19 所示。

按 F1（DATA COLLECT）键，仪器进入数据采集工作状态；按 F2 键（LAYOUT）为放样模式；按 F3（MEMORY MGR）键，进入内存管理工作状态。

1. 数据采集准备工作

（1）测站设置。在特殊模式下，选择 F1（DATA COLLECT），仪器进入数据采集工作状态，如图 3 - 20 所示。首先提示输入数据采集文件名。

```
MENU                        1/3
F1：DATA  COLLECT
F2：LAYOUT
F3：MEMORY  MGR              P↓
```

图 3 - 19 主菜单

```
SELECT  A  FILE
  FN：——
  INPUT  LIST——ENTER
```

图 3 - 20 数据采集工作状态

这个文件名可在“LIST”下通过按▲或▼键上下滚动文件目录，选定一个文件名；也可直接输入文件名。随后在数据采集菜单 2/3 下，输入测站点数据（测站点坐标、仪器高等）及后视点数据（后视点坐标或定向角度、目标高等），照准后视点。选择“测量”，即完成测站设置。

测站点数据可由以下两种方法设定：

1）利用内存中的坐标数据来设定。

2）直接由键盘输入。

后视点数据可按如下3种方法设定：

1）利用内存中的坐标数据设定。

2）直接键入后视点坐标。

3）直接键入定向方向角。

（2）参数设置。进行数据采集之前，应进行有关参数设置，如选择精测模式、单次测距，记录数据前要确认测量结果，先输入有关数据后进行测量（EDIT→MEAS），退出数据采集模式时（ESC）自动将测量数据转换成坐标数据文件等。参数设置在数据采集菜单3/3下进行，按（CONFIG）键，显示CONFIG菜单1/2或2/2，逐一设定。

（3）检查内存空间。野外数据采集之前，应检查全站仪的内存空间大小，删除无用的文件。如全部文件无用，可将内存初始化。

2. 数据采集的操作步骤

（1）输入控制点坐标。使用GTS—211D全站仪在野外采集数据时，可以先在室内将图根控制点坐标存入GTS—211D全站仪，以减轻测站安置工作量。先由主菜单中的内存管理（MEMORY MGR）进入坐标输入（COORD. INPUT）状态：

1）输入便于记忆的文件名（如测量日期、测量地点或姓名的声母）。

2）输入点号PT＃，一般从1开始（也可以是字符串点名）。

3）依次输入N（x）、E（y）、Z（H）坐标数据。

4）输入完坐标后，进入下一个点的输入，点号PT＃自动加1。

若键入的内容有误，可在存储管理菜单中，通过删除文件的坐标数据菜单（DELETE COORD）删除有误的坐标。

（2）安置仪器。在测站点上安置仪器，对中、整平后，按下仪器电源开关POWER键，转动望远镜，使全站仪进入观测状态，再按MENU键，进入主菜单。

（3）输入数据采集文件名。在主菜单下，选择数据采集F1（DATA COLLECT），输入数据采集文件名。这个文件名可与内业输入的控制点坐标文件名相同。第一次作业时需直接键入（INPUT），在以后的作业中也可以从库里查找（LIST）。若内业没有输入控制点的坐标文件，这时要输一个便于记忆的数据采集文件名，按ENT键结束。

（4）输入测站点数据。在数据采集菜单1/3下，选择F1（OCC. PT＃INPUT），分别输入测站点的点号（PT＃）或坐标（N，E，Z）、测站编码（ID）、仪器高（INS. HT）。按F4（OCNEZ）键入测站点点号或坐标。输入点号和输入坐标之间用F3（NEZ）切换。最后按ENT键输入。若采用无码作业，测站上可不输入编码（ID），用▼键跳过去；若测平面图，仪器高（INS. HT）可不输入。

（5）输入后视点（定向点）数据。在数据采集菜单1/3下，按F2（BACKSIGHT）键进入后视点（定向点）数据设置状态。按F4（BS）键即可输入定向点坐标或定向角，通过按F3（NE/AZ）键可使输入方法在坐标值、设置水平角和坐标点名之间交替切换。另外，在后视点数据设置（BACKSIGHT）状态下，按▼键、▲键，可选择输入后视点编码和目标高（棱镜高）。

（6）定向。当测站点数据和后视点数据输入完成后，按F3（MEAS）键，再照准后视点，选择一种测量模式。如按F2（SD）键，进入斜距测量；按F3（NEZ）键，进入坐标测量。这时，水平度盘自动设置为后视点的方位角值，然后返回数据采集菜单1/3。

（7）碎部点测量。在数据采集菜单1/3下，按F3（FS/SS）键即开始碎部点测量。照准目标（棱镜），依次输入点号、编码、目标高（镜高），开始测量、记录。测完第一个碎部点后，点号自动加1，照准下一个目标，若棱镜高和编码都不变，选择（ALL）即与上点相同的测量。

（8）注意事项。

1）测站设置好后，应先测一个已知点检核，以确保测站设置无误。检测点的结果不要记录，即选择“NO”。

2）碎部点记录的点号一般从1号开始，以后自动累加。若提前存有N个坐标数据，碎部点记录的点号应从（$N+1$）号开始。

3. 自由设站

在对地形图进行局部修测时，如果没有控制点或不方便引测控制点，在测区内又有合适的地方能看到两个或更多的已知点（控制点或已测有坐标的碎部点），此时可先安置仪器，用测角后方交会或边长后方交会的方法确定测站点的位置。用全站仪能很方便地完成此项工作。全站仪的这项功能一般称作自由设站。下面介绍拓普康GTS—211D全站仪的自由设站操作方法。

如图3-21所示，在新点上（自由设站点）安置全站仪。选择至少2个已知点，最多可达7个已知点，并对这些点进行测量，用测量的数据计算新点坐标。操作步骤如下：

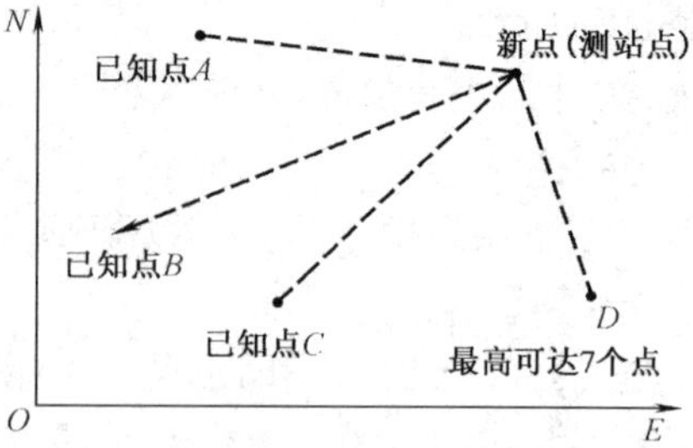

图3-21　自由设置测站

（1）由放样菜单1/2按［F4］进入放样菜单2/2。

（2）按［F2］（NEW POINT）键。

（3）按［F2］（RESECTION）键。

（4）按［F2］（INPUT）键，输入新点号。按［F4］（END）键。

（5）按同样方法输入仪器高。

（6）输入已知点A的坐标（如果内存中有A点，可以直接调用）。

（7）输入反射棱镜高。

（8）照准已知点A，按［F3］（ANG）或［F4］（DIST）键进行测量。

（9）重复（6）～（8）步骤，对已知点B进行测量。当按［F4］键测量两个已知点后，残差即被计算。

（10）对所选的已知点完成测量之后，按［F1］或［F2］键，选定坐标格网因子，以便计算残差。

（11）按［F1］（NEXT）键，可对其他已知点进行测量。最多可以达7个点。

（12）按（6）～（8）步骤对已知点C、D、…进行测量。

（13）按［F4］（CALC）键，显示标准偏差。

（14）按［F2］键，显示坐标值标准偏差。

（15）按［F4］（NEZ）键，显示新点坐标。

(16) 按［F3］(YES) 键，新点坐标被存入坐标数据文件。测站设置完毕，退出“新点”菜单。

自由设站操作完成后，仪器即已完成了测站和定向设置（不用另行进行测站和后视设置），可直接进入数据采集的碎部点测量界面进行碎部测量工作。

3.4.8 储存管理

在主菜单下选择 F3 (MENU)，进入储存管理模式，共有 3 项 8 条菜单，具体内容如下。

1. 文件状态（FILE STATUS）

显示已储存的测量数据（MEAS.）文件和坐标数据（COORD.）文件总数和数据个数。

2. 查阅（SEARCH）

查阅记录数据，即可查阅测量数据（MEAS. DATA）、坐标数据（COORD. DATA）和编码库（PLODE LIB）。共有 3 种查阅方式：查阅第一个数据（FIRST DATA），查阅最后一个数据（LAST DATA），按点号或登记号查阅（PT＃DATA）。在查阅模式下，点名（PT＃，BS＃）、标识符 ID、编码 PCODE 和高度数据（INS. HT，R. HT）可以更正，但观测数据不能更改。

3. 文件管理（FILE MAINTAN）

删除文件（DEL）/编辑文件名（REN）/查阅文件中数据（SRCH）。

4. 输入坐标（COORD INPUT）

将控制点或放样点坐标数据输入并存入坐标数据文件。

5. 删除坐标（DELETE COORD）

删除坐标数据文件中的坐标数据。

6. 输入编码（PCODE INPUT）

将编码数据输入并存入编码库，共有 1～50 的编号。

7. 数据传送（DATA TRANSFER）

可以直接将内存的测量数据或坐标数据或编码库数据传送到计算机，也可以从计算机将坐标或编码库数据直接装入仪器内存，还可进行通信参数数据设置。

8. 初始化（INITIALIZE）

用于内存初始化，可对所有测量数据和坐标数据文件（FILE DATA）初始化，对编码数据（PCODE DATA）初始化及对文件数据和编码数据（ALL DATA）初始化，但对测站点坐标而言，仪器高和棱镜高不会被初始化。

3.5 测记模式的野外作业

3.5.1 图根控制测量

野外数据采集包含两个阶段，即图根控制测量和地形特征点（碎部点）采集。实施数字测图之前必须先进行图根控制测量。图根控制测量方法与常规测量法中的图根控制测量基本相同。《规程》规定，图根点相对于图根起算点的点位中误差，按测图比例尺 1∶500 不应大于 5cm，1∶1000，1∶2000 不应大于 10cm。高程中误差不应大于测图基本等高距的 1/10。由于采用光电测距，测站点到地物、地形点的距离即使较远也能保证测量精度，故对图根点的密度要求已不很严格。通视条件好的地方，图根点可稀疏些；地物密集、通视困难的地方，图根点可密些。《规程》规定，图根控制点（包括高级控制点）的密度，应以满足测图需要为原则，一般不低于表 3 - 11 的要求。

表 3 - 11　　图根控制点密度

测图比例尺	1∶500	1∶1000	1∶2000
图根控制点的密度（点数/km^2）	64	16	4

1. 图根平面控制测量

图根平面控制测量主要使用图根导线（网）测量，观测结果（方向值、竖角、距离、仪器高、目标高、点号等）自动或手工输入电子手簿，一般直接由电子手簿解算出控制点坐标与高程。另外，还可以采用极坐标法或交会法加密图根点。极坐标法就是在某一通视良好的等级控制上，用极坐标测量方法，按全圆方向观测方式一次测定周围几个图根点。这种方法无需平差计算，直接测出坐标，为了保证图根点的可靠性，一般要进行两次观测（另选定向点）。《规程》规定，在各等级控制点下加密图根点，不宜超过 2 次附合。在难以布设附合导线的地区，可布设支导线。测区范围较小时，图根导线可作为首级控制。图根导线测量的主要技术要求，应按照表 3 - 12 的规定执行。

表 3 - 12　　图根导线测量技术指标

附合导线长度/m	相对闭合差	边　长	测角中误差/(″)		测回数	方位角闭合差/(″)	
			一般	首级控制	DJ_6	一般	首级控制
1.3M	1/2500	不大于碎部点最大测距的 1.5 倍	±30	±20	1	$\pm 60\sqrt{n}$	$\pm 40\sqrt{n}$

注：n 为测站数。

图根导线的边长采用测距仪单向施测一测回。一测回进行 2 次读数，其读数较差应小于 20mm。测距边应加气象加、乘常数改正。

1∶500，1∶1000 测图，附合导线长度可放宽至表 3 - 12 规定值的 1.5 倍，且附合导线边数不宜超过 15 条，此时方位角闭合差不应大于$\pm 40\sqrt{n}$（″），绝对闭合差不应大于 $0.5M\times 10^{-3}$（m）；导线长度短于表 3 - 12 规定的 1/3 时，其绝对闭合差不应大于 $0.3M\times 10^{-3}$（m）。当图根导线布设成支导线时，支导线的长度不应超过表 3 - 12 中规定长度的 1/2，边数不宜多于 3 条。水平角应使用 DJ_6 型经纬仪施测左、右角各一测回，其圆周角闭合差不应大于 40″。边长采用测距仪单向施测一测回。

采用光电测距极坐标法测量时，应在等级控制点或一次附合的图根点上进行，且应联测两个已知方向。其主要技术要求，应按表 3 - 13 规定执行。其边长按测图比例尺：1∶500 不应大于 300m；1∶1000 不应大于 500m；1∶2000 不应大于 700m。

表 3 - 13　　极坐标法测量技术指标

DJ_6	距离测量	半测回较差/(″)	测距读数较差/mm	高程较差	两组计算坐标较差/m
1	单向施测一测回	≤30	≤20	≤$1/5H_d$	$0.2M\times 10^{-3}$

注：H_d 为基本等高距，M 为比例尺分母。

采用光电测距极坐标法所测的图根点，不应再次发展。

采用交会法测量时，交会角应在 30°～150°，交会边长不宜超过 0.5M（m）。分组计算所得的坐标较差，不应大于 0.2$M\times10^{-3}$（m）。

2. 图根高程控制测量

图根点的高程应采用图根水准测量或电磁波测距三角高程测量。图根水准可沿图根点布设为附合路线、闭合路线或结点网。图根水准测量应起讫于不低于四等精度的高程控制点上，其技术要求按表 3-14 规定执行。

表 3-14　　图根水准测量限差

仪器类型	附合路线长度/km	I 角/(″)	视线长度/m	观测次数		往返测较差、附合或环线闭合差/mm	
				与已知点联测	附合或闭合线路	平地	山地
DS_3	5	≤30	100	往返各一次	往一次	$\pm40\sqrt{L}$	$\pm12\sqrt{n}$

注：L 为水准路线长度，单位为 km；n 为测站数。

当水准线路布设成支线时，应采用往返观测，其路线长度不应大于 2.5km。当水准线路组成单结点时，各段线路的长度不应大于 3.7km。

电磁波测距三角高程的技术要求应按表 3-15 规定执行。其附合路线长度不应大于 5km，布设成支线不应大于 2.5km。仪器高、觇标高量至毫米。线路应起闭于图根以上各等级高程控制点。

表 3-15　　电磁波测距三角高程的技术要求

仪器类型	测回数（中丝法）	指标差较差/(″)	垂直角较差/(″)	附合或环线闭合差/mm	边长施测方法
DJ6	2	≤25	≤25	$\pm40\sqrt{D}$	单向施测一测回

注：D 为路线长度，单位为 km。

3. 测站点增补

数字测图应充分利用控制点和图根点。当图根点密度不足时，可采用支导线、极坐标法、自由设站等方法增设测站点。不论采用何种方法，测站点相对于邻近图根点，点位精度的中误差不应大于 0.1$M\times10^{-3}$（m），高程中误差不应大于测图基本等高距的 1/6。支导线和极坐标法测量按图根控制中相同的技术要求执行。

采用自由设站法测量时，观测的已知点数不应少于两个。水平角、距离各观测一测回，其半测回较差不应大于 30″，测距读数较差不应大于 20mm。自由设站法测量各方向解算水平角与观测水平角的差值，按测图比例尺 1∶500 不应大于 40″，1∶1000、1∶2000 不应大于 20″。

在琐碎的地形或房屋密集的居民区测图可能需要增设较多的测站点才能测得一些局部或隐蔽的地方。但要注意，切忌用增设的测站点作大面积的测图。

3.5.2　外业数据采集组织与准备

外业数字测图一般以测区为单位统一组织作业。当测区较大或有条件时，可在测区内按自然带状地物（如街道线、河沿线等）为边界线构成分区界限，分成若干相对独立的分区。各分区的作业与数据组织、处理相对独立，应避免重测或漏测。当有地物跨越不同分区时，该地物应完整地在某一分区内采集完成。测区开始施测前，应做好测区内标准分幅图的图幅号编制，并建立测区分幅信息，如图幅号、图廓点坐标范围、测图比例尺等。

实施数字测图前，应准备好仪器、器材、控制成果和技术资料。仪器、器材主要包括：全站仪、对讲机、电子手簿或便携机、备用电池、通信电缆（若用全站仪的内存或内插卡记录磁卡，则不用此电缆）、花杆、反光棱镜、皮尺或钢尺等。全站仪、对讲机应提前充电。在数字测图中，由于测站到镜站距离比较远，配备对讲机是必要的。

采用数字测记法进行野外数据采集时，要求绘制较详细的草图。绘制草图一般在专门准备的工作底图上进行。这一工作底图最好用旧地形图、平面图的晒蓝图或复印件制作，也可用航片放大影像图制作。

在数据采集之前，最好提前将测区的全部已知成果输入全站仪，以方便调用。

3.5.3 碎部点数据采集

使用全站仪作测记法数据采集，每作业组一般需仪器观测员（兼记录员）1 名，绘草图领镜（尺）员 1 名，立镜（尺）员 1～2 名，其中绘草图的领镜员是作业组的指挥者，需技术全面的人担任。

进入测区后，绘草图领镜（尺）员首先对测站周围的地形、地物分布情况大概看一遍，认清方向，及时按近似比例勾绘一份含主要地物、地貌的草图（若在放大的旧图上会更准确的标明），便于观测时在草图上标明所测碎部点的位置及点号。仪器观测员指挥立镜员到事先选好的某点上准备立镜定向；自己快速架好仪器，选择测量状态，输入测量点号、定向点号、定向点起始方向值和仪器高；瞄准定向棱镜，定好方向后，锁定全站仪度盘，通知立镜者开始跑点。立镜员在碎部点立棱镜后，观测员及时瞄准棱镜，用对讲机联系、确定镜高（为保证测量速度，棱镜高不宜经常变化）及所立点的性质，输入镜高（镜高不变直接按回车键）、地物代码（无码作业时直接按回车键），确认准确照准棱镜后，按回车键。待仪器发出响声，即说明测点数据已进入仪器内存，测点的信息已被记录下来。

一般来讲，施测的第一个点应选在某已知点上，测后与原已知点坐标比较。若相符说明测站设置正确，否则应从以下几个方面查找出错原因：①测站点、定向点的点号是否输错；②现场坐标是否输错；③用以检测的已知点的点号、坐标是否有误。若不是这些原因造成错误，再查看所输的已知点成果是否抄错，成果计算是否有误，还有仪器、设备是否有故障等。总之，不排除错误，绝不能继续往下进行。

《规程》规定，仪器安置的对中偏差不大于 5mm。设站后实测其他控制点作为检核，检核点的平面位置误差不大于 $0.2M\times10^{-3}$（m），高程较差不应大于 1/6 等高距。

碎部点测距的最大长度一般应按照表 3-16 的规定执行。如遇特殊情况，在保证碎部点精度的前提下，碎部点测距长度可适当加长。

表 3-16　碎部点测距的最大长度

比例尺	1∶500	1∶1000	1∶2000
最大测距长度/m	200	350	500

野外数据采集时，由于测站离测点可以比较远，观测者与立镜员或绘草图者之间的联系离不开对讲机，测站与测点两处作业人员必须时时联络。观测完毕，观测员要告知立镜者，以便及时对照手簿上记录的点号和绘草图者标注的点号，保证两者一致。若不一致，应查找原因。

测记法数据采集通常区分为有码作业和无码作业。有码作业需要现场输入野外操作码，无码作业现场不输入数据编码，而用草图记录绘图信息。绘草图人员在镜站把所测点的属性及连接关系在草图上反映出来，以供内业绘图处理和图形编辑之用。

草图的绘制要遵循清晰、易读、相对位置准确、比例一致、属性记录完整的原则。草图示例见图 3-22。图中为某测区在测站 1、2、3 上施测的部分点。测点时对同一地物要尽量连续观测（如图中 5～9 点、12～16 点），以方便草图注记和内业绘图，又要兼顾测点附近其他碎部点的测量，争取把一块块的小区域测量清楚。绘草图人员对每一测站的测量内容要心中有数，不要单纯为测量一个地物跑得太远。

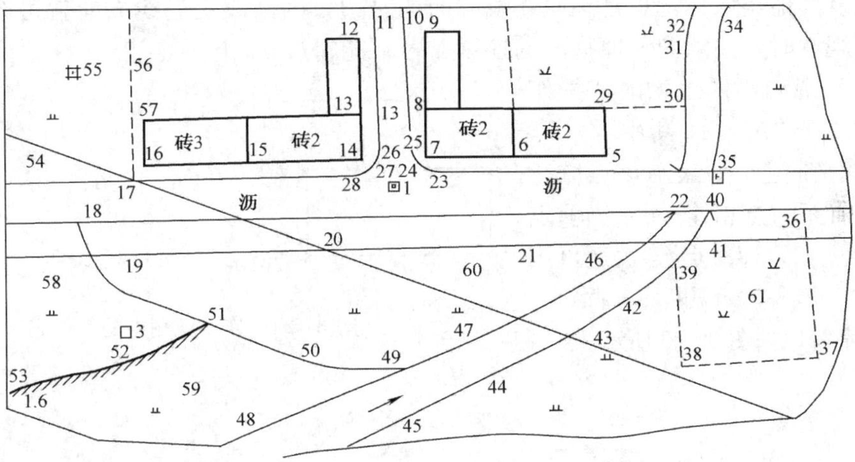

图 3-22　草图示例

在野外数据采集时，要按《规程》的规定，对要素进行取舍。要分析地物图形的几何特征，对能用几何作图计算方法确定的点位可不予测量，对需要测量的点位则要尽可能用全站仪极坐标法或照准偏心法测出。实在观测不到的点可用半仪器法和勘丈法测量，将量测的数据记录在草图上，室内用交互编辑方法成图。采集线状地物时，要适当增加碎部点密度，以保证曲线准确拟合。

在进行地貌采点时，可以用一站多镜的方法进行。一般在地性线上要有足够密度的点，特征点也要尽量测到。例如在山沟底测一排点，也应在山坡边再测一排点；测量陡坎时最好在坎上和坎下都测点，这样生成的等高线才没有问题。在其他地形变化不大的地方，可以适当放宽采点密度。

若进行空间数据库建库项目的测绘，应根据需要或建库要求采集所需的属性数据。属性项的数据类型、代码和记录格式可自行规定，并应在技术设计书或相关技术文件中说明。

一个测站上的测量工作完成后，绘草图人员对所绘的草图要仔细检核，主要看图形与属性记录有无疏漏和差错。立镜员要找一个已知点重测进行检核，以检查施测过程中是否存在误操作、仪器碰动或出故障等原因造成的错误。检查完，确定无误后，关闭仪器电源，搬站。到下一测站，重新按上述采集方法、步骤进行施测。

3.5.4　野外编码输入

1. 有码输入

在有码作业中，需要现场输入编码，以便自动绘图。下面以 CASS6.0 系统简编码的输

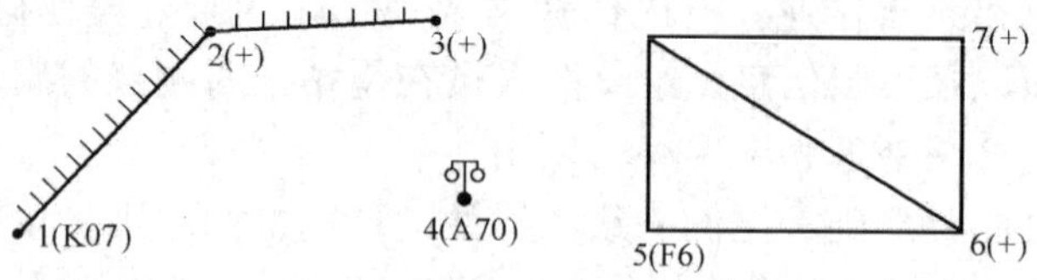

图 3－23　地物起点的操作码

入为例简述野外编码输入操作。

（1）对于地物的第一点，操作码即是地物代码，如图 3－23 中的 1、4、5 三个点（点号表示测点顺序，括号中为该测点的编码）。

（2）连续观测某一地物时，操作码为“＋”或“－”。其中“＋”号表示连线依测点顺序进行，“－”号表示连线依测点顺序相反的方向进行。如图 3－24 所示，在 CASS 中连线顺序将决定类似于坎类的齿牙线的画向，齿牙线及其他类似标记总是画向连线方向的左边，因此改变连线方向就可改变其画向。在进行连续观测时，注意同一地物上的连续点号不能超过 50 个。

（3）交叉观测不同地物时，操作码为“n＋”或“n－”。其中“＋”、“－”号的意义同上，n 表示该点应与以上 n 个点前面的点相连（n＝当前点号－连接点号－1，即跳点数）。还可用“＋A＄”或“－A＄”标识断点，“A＄”是任意助记字符，如图 3－25 所示。

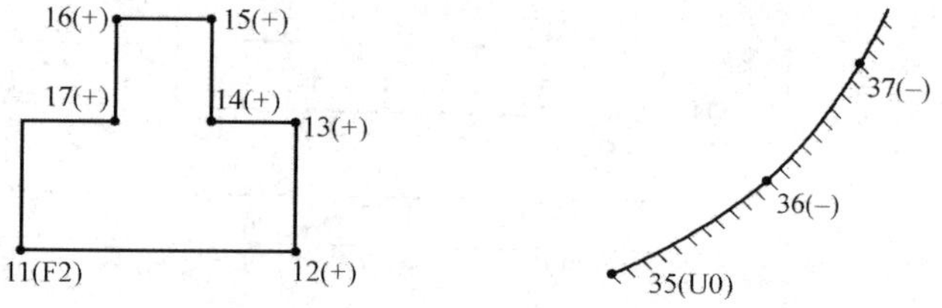

图 3－24　连续观测点的操作码

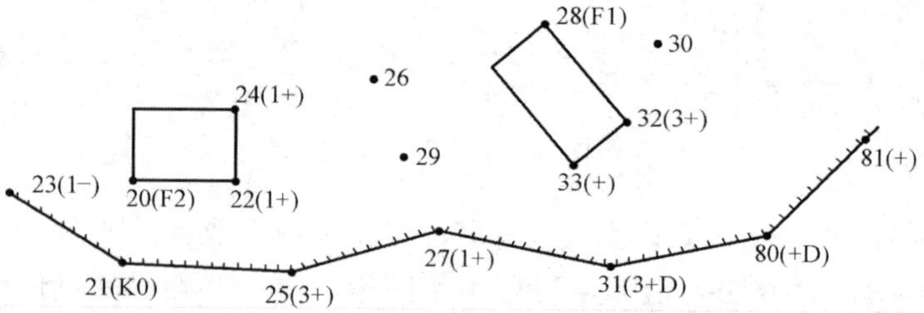

图 3－25　交叉观测点的操作码

（4）观测平行体时，操作码为“p”或“np”。其中，“p”的含义为通过该点所画的符号应与上点所在地物的符号平行且同类；“np”的含义为通过该点所画的符号应与以上跳过 n 个点后的点所在的符号平行且同类。对于带齿牙线的坎类符号，将会自动识别是堤还是沟。若上点或跳过 n 个点后的点所在的符号不为坎类或线类，系统将会自动搜索已测过的坎类或线类符号的点。因而，用于绘平行体的点，可在平行体的一“边”未测完时测对面点，也可在测完后接着测对面的点，还可在加测其他地物点之后，测平行体的对面点，如图 3－26 所示。

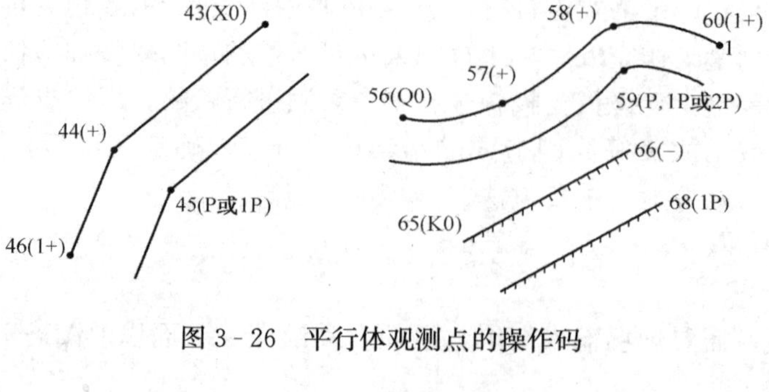

图 3－26　平行体观测点的操作码

(5) 若要对同一点赋予两类代码信息，应重测一次或重新生成一个点，分别赋予不同的代码。如图 3-27 中的 17、20、23 号，既是房角点，又是围墙端点（18、21、24 号分别与 17、20、23 号重合）。

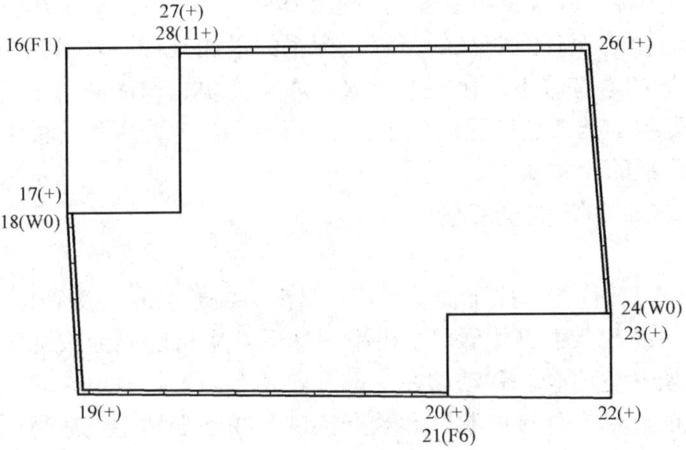

图 3-27　同一点的两类代码

2. 无码输入

电子平板测图通常采用无编码作业。“无码”输入方案在数字测图系统中并不是无编码，而是在采集碎部点时不直接输入编码。测图时对照实地现场利用屏幕菜单、工具按钮、快捷键提取地物属性，绘制地物。程序自动记录测点编码，再用操作顺序来反映连接关系。这种无码作业方案无需测图人员记忆编码，作业人员无负担，但操作较繁琐。不过随着测图软件智能化程度的提高，操作也越来越简便，是今后数字测图的发展方向。

3.6　RTK 及其在数据采集中的应用

全球定位系统（Global Positioning System，GPS）是一种以人造卫星为基础的空间站无线电定位、全天候导航和授时系统。它由卫星、地面监控、用户设备三大部分组成。用户设备就是我们通常所说的 GPS 接收仪器。

GPS 定位是通过接收卫星发送的导航定位信息，测定每一个可见卫星到接收设备的距离，用后方交会方法实现的。距离则通过载波上的 C/A 码或相位来测定。影响 GPS 实时定位精度的因素很多，如卫星星历误差、电离层延迟、对流层延迟、接收机时钟和卫星时钟的误差等。由于这些误差从总体上讲都具有较好的空间相关性，也就是说对于相距不太远的各个测站来讲上述误差所产生的影响基本上是相同的。如果我们能在一个位置已精确确定的已知点配备 GPS 接收机，并和用户一起进行 GPS 观测的话，就有可能求得各个观测瞬间由于上述各种原因所造成的影响。如果已知点还能将这些偏差值通过无线电通信的手段即刻播发给在附近工作的用户的话，那么这些用户的定位精度就能大为改善。这就是差分定位的基本原理。

RTK（Real Time Kinematics）就是一种运用载波相位差分技术进行实时定位的 GPS 测量系统。在这一系统中，基准站以及移动站同时接收 4 颗以上的卫星（初始化则要求 5 颗）进行载波相位观测。而设置在坐标精确的已知点上的基准站，在跟踪载波相位测量的同时通过数据链将测站坐标、观测值、卫星跟踪状态及接收机工作状态发射出去。另一台或者若干台接收机则作为移动站在各待定点上依次设站观测，移动站在接收 GPS 信号进行载波相位观测的同时，还通过数据链接收来自基准站的载波相位差分及其他的数据，现场实时解算 WGS—84 坐标系的坐标，并根据控制器上设置的转换参数以及投影方法实时计算出移动站的北京 54 或者国家 80 以至任意定义的工程坐标系的平面坐标以及海拔高程。

由于较常规测量技术有着不可比拟的优势，如速度快、精度高、不要求通视等，在数字测图中 RTK 技术得到了越来越广泛的应用。下面以国产灵锐 S82 及相应的软件为例，介绍用 RTK 进行数据采集的相关知识。

3.6.1 灵锐 S82 RTK GPS 仪器的使用

1. 简介

灵锐 S82 RTK GPS 仪器（以下简称 S82）是南方测绘公司最新研制的一体化蓝牙 RTK 仪器。图 3-28 是灵锐 S82 主机外形。主机呈圆柱形，主机前侧为按键和指示灯面板，仪器底部内嵌有电台模块和电池仓。移动站在这部分安装有内置接收电台，基准站为外接发射电台。在移动站主机的底部有外接电源口和数据接口，在基准站主机底部则有外置电台接口和手簿（或计算机）接口。电池仓里的电池可给主机供电。

灵锐 S82 主机面板如图 3-29 所示，从左向右依次是"状态指示灯"、"数据链指示灯"、"卫星/蓝牙指示灯"和"电源指示灯"，这些指示灯的指示作用分别由表 3-17～表 3-20 说明。

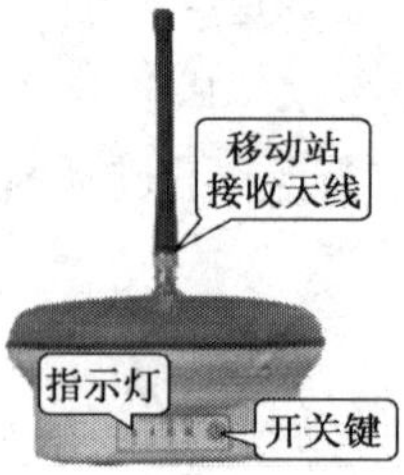

图 3-28 灵锐 S82 主机外形

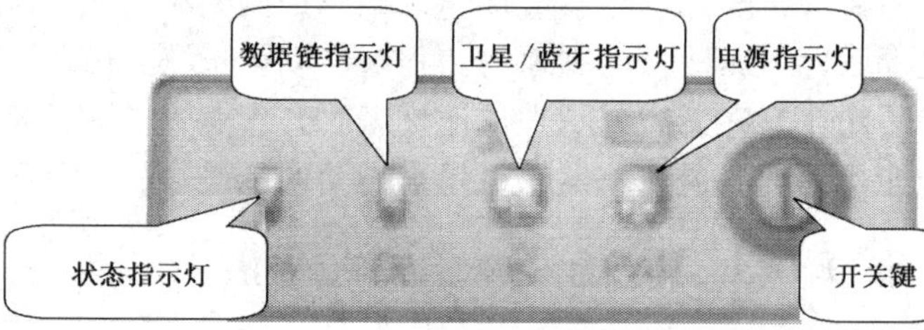

图 3-29 灵锐 S82 主机面板

表 3-17　　状态指示灯

灯状态（红）	基准站主机状态	移动站主机状态
不亮	未开机/静态测量未开始	未开机/静态测量未开始
每 n 秒闪 1 次	静态采集，间隔 n 秒	静态采集，间隔 n 秒
每秒闪 1 次	动态数据链正常	动态数据链正常
每秒短闪 1 次	动态数据链数据不足	动态数据链数据不足

表 3-18　　数据链指示灯

灯状态（红）	基准站主机状态	移动站主机状态
不亮	未发射差分信号	未接收到差分信号
每 5s 快闪 2 次	正常发射差分信号	—
每秒闪 1 次	搜星少于 4 颗	正常接收差分信号
长亮	静态模式	静态模式

表3-19　卫星蓝牙指示灯

灯状态（红、绿）	基准站主机状态	移动站主机状态
不亮	锁定卫星为零	锁定卫星为零，蓝牙未接通
红灯每30s连续闪烁 n 次	锁定 n 颗卫星	锁定 n 颗卫星
绿灯长亮	—	手簿主机间蓝牙接通
绿灯闪	使用USB连接电脑传输数据	使用USB连接电脑传输数据

表3-20　电源指示灯

灯状态（红、绿）	基准站主机状态	移动站主机状态
不亮	未开机	未开机
红灯长亮	电池使用中	电池使用中
红灯闪	电池电量不足	电池电量不足
绿灯长亮	使用外接电源	—

2. 基准站和移动站安装与操作

（1）基准站安装。

1）在基准站架设点上安置脚架，装上基座对点器，再将基准站主机连接器置于基座之上连接，对中整平。

2）安置发射天线和电台，建议使用对中杆支架，将连接好的天线尽量升高，再在合适的地方安放发射电台，用多用途电缆和扩展电源电缆连接主机、电台和蓄电池。

3）检查连接无误后，打开电池开关，再开电台和主机开关，并进行相关设置。

（2）移动站安装。

1）连接碳纤对中杆、移动站主机和接收天线，完毕后主机开机。

2）安装手簿托架，固定数据采集手簿，打开手簿进行蓝牙连接，连接完毕后即可进行仪器设置操作。

（3）开机与关机。

开机：当主机为关机状态，轻按电源键，主机会进入初始化状态。移动站主机开机后，如果持续1min未能正常收到基准站的差分信号，则主机自动启动Auto Rover功能，蜂鸣器将间隔几秒鸣叫1次，表示主机在自动切换电台通道，搜索差分信息。

关机：当主机为开机状态（电源灯亮），按住电源键，听到蜂鸣器鸣叫3声之后，立刻松开电源键，主机关机。

（4）仪器设置。

1）手工设置。不论基准站还是移动站，主机的工作模式都有3种，即动态模式、静态模式和蓝牙模式。并且都可以通过手工来对工作模式进行设置，具体设置方法如下：

首先让接收机处在开机状态，刚开机的主机需要等一段时间，使接收机完成初始化过程，再进行工作模式设置操作。

长按电源键，几秒钟之后，蜂鸣器首先会鸣响3声，接着沉寂6s，电源灯熄灭。若再接着鸣响1声，即松开电源键，主机关机，再开机时，主机的工作模式将被设置为动态。如果在电源灯熄灭后听到两声鸣响，松开电源键关机，再次开机时，主机的工作模式将被设置为静态。若听到 3 声鸣响才松开电源键关机，那么再次开机，主机的蓝牙完成初始化，则主机的工作模式将被设置为蓝牙状态。

2）手簿设置。在手簿中只能对接收机进行动态转静态的设置，不能进行静态转动态的设置。当用手簿切换成静态模式时，还能对静态采集参数进行设置，包括：采集间隔、卫星截止角和开始采集的 PDOP 条件。而用手动切换成静态，静态采集参数则沿用默认的设置参数。

若设置的是静态模式，数据链灯和电源灯会长亮，等待搜星达到要求时，开始记录历元，状态指示灯会按采集时间间隔闪烁（如果不设置，默认为 5s）。

若设置的是动态模式，开机后，当 PDOP 小于 2.5 或接收卫星数大于 8 颗且 PDOP 小于 4.5，基准站即会自动进入发射模式。移动站在动态模式下直接开机，系统会自动搜索差分信息，并锁定通道。

使用 S82 进行野外数据采集，除需对主机进行前述基本操作外，还需用手簿和相应软件进行输入、坐标转换计算、输出、存储等功能操作。

3.6.2 工程之星软件

工程之星 RTK 野外测绘软件是南方测绘公司专为灵锐一体化 RTK GPS 测量系统开发的控制采集手簿软件。它以工程化、图形化的界面形式设计了 RTK 测量中常用的碎部测量、点放样、线放样等功能，而且还增加了曲线放样、线路放样以及电力线放样等功能。其蓝牙无线控制技术确保了 RTK 流动站高效可靠的野外测量工作，减少了通过电缆连接到设备的诸多麻烦。

下面主要介绍工程之星与数据采集有关的菜单的基本功能。

1. 工程之星主界面

工程之星软件是窗口式下拉菜单，运行工程之星软件，进入主界面视图如图 3－30 所示。主界面窗口分为 4 个部分：菜单栏、快捷按钮、测量视窗、状态栏。

屏幕上端的菜单栏集成了所有菜单命令，内容分为“工程”、“设置”、“测量”、“工具”、“关于” 5 个部分。

屏幕左右两侧的快捷按钮是方便软件操作而设计的软件菜单快捷方式。

屏幕中间的测量视窗是测量图形显示界面，窗口左上角显示的是数据链通信状态，左下角为从主机中读出的 GPS 时间，右上角为北方向指示，右下角为测量窗显示比例尺。在测点以后测量窗会显示测点的位置。

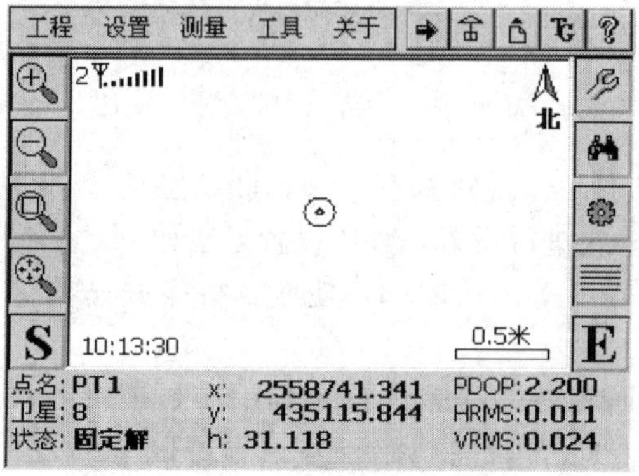

图 3－30 工程之星主界面

屏幕下方的状态栏显示的是当前移动站接收机点位的测量坐标信息和差分解的状态，以及平面和高程精度情况。

2. 工程之星的菜单

（1）“工程”菜单。

单击“工程”，出现如图 3－31 所示的“工程”下拉菜单界面。“工程”菜单中包括 8 个子菜单：“新建工程”、“打开工程”、“新建文件”、“选择文件”、“删除作业”、“任务管理”、“文件输出”、“退出”。

工程之星是以工程文件的形式对软件进行管理的，所有的软件操作都是在某个定义的工程下完成的。第一次打开工程之星软件时，软件会进入系统默认的工程 srtk，并同时在系统存储器（SystemCF）的 srtk 目录下自动生成工程文件 srtk. ini（ini 文件为工程文件）。以后每次进入工程之星软件，软件会自动调入最后一次使用工程之星时的工程文件。一般情况下，每次开始一个地区的测量施工前都要新建一个与当前工程测量所匹配的工程文件。

1）“新建工程”。新建工程的方式有“向导”和“套用”两种（见图 3-32）。使用“向导”方式新建工程时，首先在作业名称里面输入所要建立工程的名称，再按照参数设置向导的提示，依次进行以下设置。

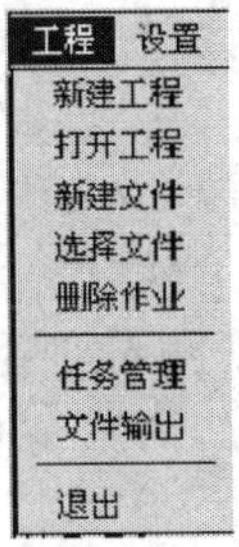

图 3-31 “工程”菜单

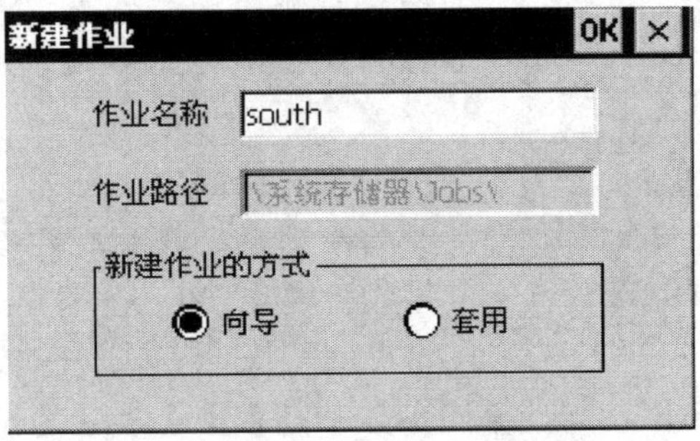

图 3-32 输入工程名对话框

①椭球系。系统默认的椭球为北京 54，可供选择的椭球系还有国家 80、WGS—84、WGS—72 和自定义一共 5 种。如果选择的是常用的标准椭球系，例如北京 54，椭球系的参数已经按标准设置好并且不可更改。如果选择用户自定义，则需要用户输入自定义椭球系的长轴和扁率定义椭球。

②投影参数。输入当地的中央子午线、X 坐标加常数、Y 坐标加常数等。如果不启用四参数、七参数和高程拟合参数，则工程已经建立完毕。

③四参数设置。如果需要使用四参数，先在对话框中勾选“启用四参数”，然后输入已有的四参数。

④七参数设置。如果需要使用七参数，先在对话框中勾选“使用”，然后输入已有的七参数。

【注意】 四参数与七参数概念在本文“工具菜单”部分予以介绍。四参数和七参数不能同时使用，输入其中一种参数后，不要再输入另一种参数。

⑤高程拟合参数。如果需要使用高程拟合参数，先勾选“启用高程拟合参数”，然后输入已有的高程拟合参数，工程建立完毕，可以开始使用。

使用“套用”方式新建工程时，在输入工程名称后，建立的作业方式选择“套用”，选择好套用参照的工程文件，则该新建工程的相关参数与已选的参照工程参数相同。

2）“打开工程”。打开一个已经存在的工程，例如要打开工程 0901，打开 Jobs→0901→0901. ini，0901. ini 是一个系统参数设置文件，打开工程时选择工程名 . ini 即可。

3）“新建文件”。在一个工程中可新建多个用来保存测点成果的 *. dat 文件。

4）“选择文件”。可把测量点的数据存储到指定的 *. dat 文件中。

5）“删除工程”。可以删除指定的作业。删除后该工程文件夹将全部删除。

6）“文件输出”。可将测量成果以不同的格式输出（不同的成图软件要求的数据格式不一样，例如南方测绘的成图软件CASS的数据格式为：点名，属性，*Y*，*X*，*H*）。

（2）“设置”菜单。“设置”菜单中共包括9个一级菜单：“测量参数”、“控制点坐标库”、“坐标管理库”、“经纬度库”、“移动站设置”、“其他设置”、“仪器设置”、“电台设置”、“连接仪器”，如图3-33所示。

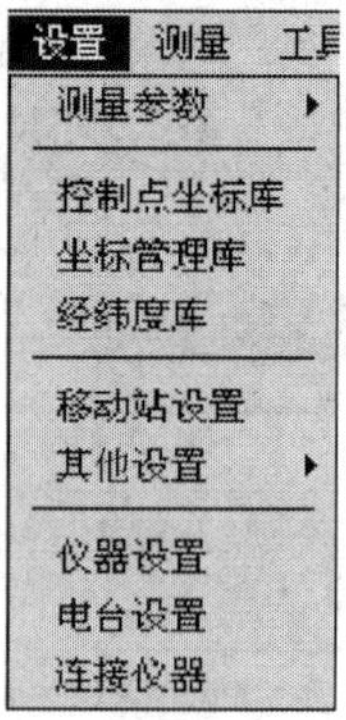

图3-33 “设置”菜单

1）“测量参数”。由于GPS接收机直接输出来的数据是WGS—84的经纬度坐标，需要转化到施工测量坐标，这就需要软件对参数进行设置，包括投影参数、四参数、七参数、高程拟合参数、校正参数。测量参数涉及投影设置以及相关的转换参数设置。新建工程时向导会引导用户设置这些测量参数，也可以直接在此菜单中完成设置。

2）“控制点坐标库”。控制点坐标库可存放坐标转换和施工所需要的控制点，并实现四参数和高层拟合参数的计算。当需要将GPS接收机输出WGS—84经纬度坐标转化为施工测量坐标时，用控制点坐标库可以计算转换四参数和高程拟合参数，可以方便直观地编辑、查看、调用参与计算四参数和高程拟合参数的校正控制点。

3）“坐标管理库”。是用来管理测量特征点（碎部点）坐标的，如增加、删除、修改、查看等。凡是涉及要输入坐标的地方，都可以进入坐标管理库选点。对坐标管理库中的坐标所作更改的结果保存坐标管理库里面，即在格式为*.lib的文件里，在坐标管理库中所作的更改对原始坐标文件（即*.dat和*.RTK文件）不起作用，原始坐标文件的数据不会有变化。

4）“经纬度库”。经纬度库是查看和调用特征点经纬度的点库。其基本操作和“坐标管理库”一致。

5）“移动站设置”。设置移动站主机的解算精度水平和差分数据格式。解算精度水平默认为high（窄带解），也可以在此改成common（宽带解）。high为通用的解模式，精度较高。但是当测量工作环境不是很好且对测量结果精度要求不高的情况下，选择common得到固定解的速度会更快。默认的差分数据格式为：RTCA，同时软件提供另外两种数据格式为RTCM、CMR。只要保持基准站和移动站的数据通信格式是相同的，仪器设置就是正确的。

6）“其他设置”。共有3项设置：存储设置、卫星限制、移动站天线高。

①存储设置主要设置特征点坐标的存储类型和自动存储的条件。一般存储，即对点位在某个时刻状态下的坐标进行直接存储；平滑存储，对每个点的坐标多次测量取平均值；自动存储，即按设定的记录条件自动记录测量点；偏移存储，类似于测量中的偏心测量，记录的点位不是目标点位，根据记录点位和目标点位的空间几何关系来确定目标点。

②卫星限制通过输入高度截止角以屏蔽低高度角的卫星。一般最高的截至角设置都在20°以下。

③输入移动站的天线高，并勾选直接显示实际高程，这样在测量屏幕上显示的便是测量点的实际高程。在进行测点时，当天线高不变的情况下不需要另外输入天线高。

7）“仪器设置”。仪器设置指设置主机的工作状态为动态还是静态。动态模式可以进行基准站设置。连接基准站主机并选择动态模式时，界面菜单显示的是进行基准站手动设置菜单；连接移动站主机并选择动态模式时，界面会退回到测量主界面。动态模式中可以采用两种方式进行基准站设置：一种是单点定位坐标，另一种是手工输入坐标。需要特别说明的是GPS主机只识别GPS的WGS—84的经纬度坐标。单点定位是把GPS当前某一瞬间测出的WGS—84的经纬度坐标输送给GPS主机；手工定位是把已知的WGS—84的经纬度输送给主机。因此在不知道基准站所在点位的WGS—84的经纬度坐标或相应的WGS—84的直角坐标时不要使用手工输入模式，否则可能导致基站不能正常工作，发射差分也将不正常。使用单点定位坐标启动基准站的方法：

①选择“自动启动基站参数设置”，进入下一步。

②进行基准站发射间隔、差分数据格式、卫星截止角和PDOP值限制等参数设置。建议都使用默认设置，除非当前卫星的PDOP值大于3时可以适当放宽限制（PDOP值大于3时，卫星条件就比较差，会在一定程度上影响移动站固定解的速度）。

③确认设置后，按“OK”键。过大概2s后会提示“基准站设置成功”。若出现“自动启动基站参数设置完成”的信息，则表明自动启动基站设置成功，正常情况下查看电台有无按照设定的发射间隔正常发射之后，即可将软件正常退出。

自动设置基准站的操作和主机自动启动基准站设计原理是相同的，主机的自动启动基准站设置在卫星条件达到要求的情况下将自动完成采集单点定位点的WGS—84经纬度坐标并设置主机进行基准站工作的一系列操作步骤。

8）“电台设置/网络连接”。此菜单主要完成主机数据链的相关设置。软件在不连接主机或连接数据链为电台的主机时，此界面形式为“电台设置”；软件连接上数据链为网络的主机时，此界面显示为“网络连接”。电台设置菜单的操作仅对移动站有效，可指定切换通道或自动搜索。通道号的范围为1～4，如果在一个地区的基准站数量超过4个，就需要使用软件对通道进行频点的设定，才能保证各基准站能正常的工作。网络连接是基于VRS（虚拟参考站）并以网络通信为数据链的新的RTK测量技术。

9）“连接仪器”。连接设置主要完成手簿和主机的通信设置。手簿和主机的连接有两种方式：线连接和蓝牙连接。多数情况下使用的是蓝牙连接，蓝牙模块已经内置在手簿里。当使用蓝牙模块时，端口使用3，而通过串口线进行连接，这时端口就应为1。

（3）“测量”菜单。“测量”菜单包含测点，放样，纵、横断面测量3个方面的内容。这3方面的内容又分为“目标点测量”、“自动存储”、“点放样”等8个子菜单，如图3-34所示。本节仅就数字测图中常用的“目标点测量”与“自动存储”两部分内容作介绍。

图3-34 “测量”菜单

1）“目标点测量”。在工程之星主界面中间位置显示的符号有圆圈和三角两种显示方式。当天线位置静止不动，或移动的范围小于2cm时，则以带中心点的圆圈表示；当天线移动的时候，显示位置为三角形，三角形的锐角方向为移动的方向。选择“目标点测量”或在测量界面下快捷键按“A”键，则弹出如图3-35所示的点存储对话框，存储当前点坐标。默认点名为PT1（可输入更改），输入天线高，单击“确定”，该点即可保存。继续存点时，点名将自动累加，在图3-33中我们可以看到高程“坐标h”值为“33.5819”，这里看到的高程为天线相位中心的高程，当这个点保存到坐标管理库里以后，软件会自动减去 2m 的天线高，我们再打开坐标管理库看到的该点的高程即为测量点的实际高程。

2）“自动存储”。自动存储功能将按照设定记录条件自动记录坐标。自动存储条件有 Single（单点解）、DGPS（差分解）、Float（浮点解）和 Fixed（固定解）4 种选择，如图 3-36 所示。一般状况下我们选择自动存储条件为 Fixed（固定解）。根据需要选择是按时间还是按距离来存储，然后输入相应的间隔，单击右上角的“OK”，自动存储设置完成。设置好记录条件后，单击“开始存储”就开始记录，单击“停止存储”将结束自动存储。

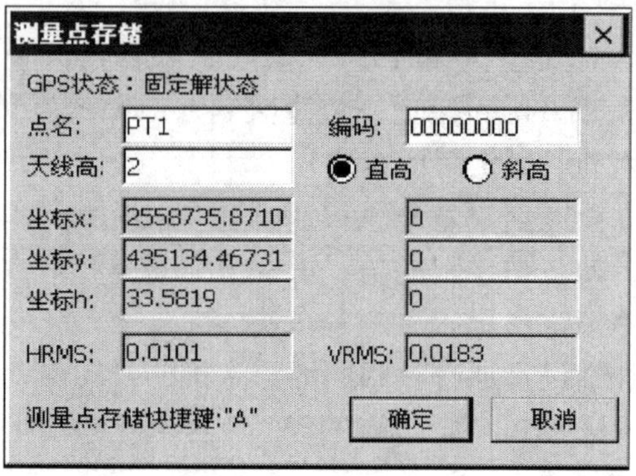

图 3-35　测量点存储

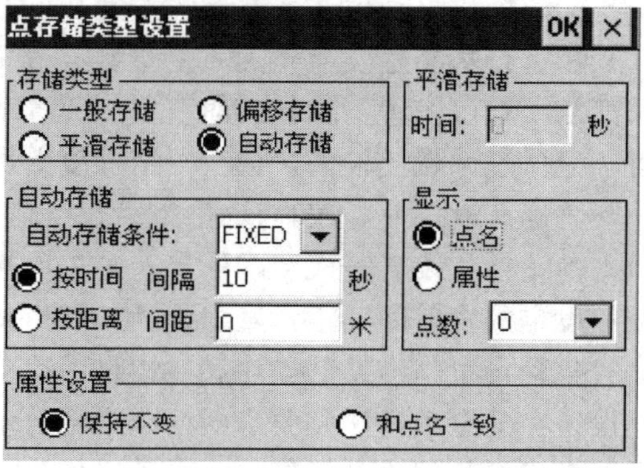

图 3-36　自动存储设置

(4)“工具”菜单。“工具”菜单提供了测量施工经常用到的一些测量小工具，包括：“参数计算”、“坐标计算”、“面积计算”等，如图 3-37 所示。本节仅就数字测图常用的“参数计算”和“校正导向”两项功能做一些介绍。

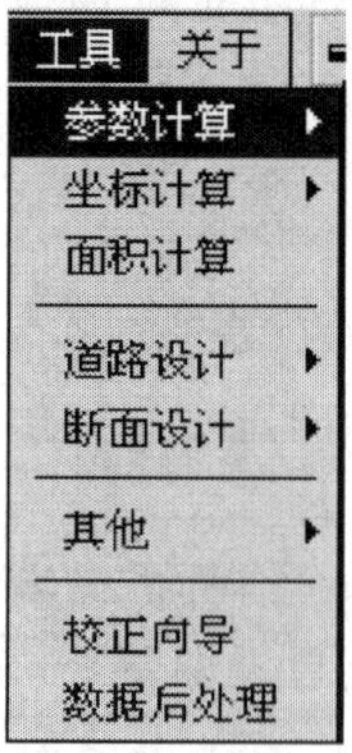

图 3-37　“工具”菜单

1）“参数计算”。参数计算包括四参数和七参数计算，两种计算操作方法类似，都是按照软件提示输入几组公共点的施工测量已知坐标和 GPS 原始坐标后系统自动计算参数值并保存。

①四参数计算。四参数是同一个椭球内不同坐标系之间进行转换的参数。在工程之星软件中的四参数指的是在投影设置下选定的椭球内 GPS 坐标系和施工测量坐标系之间的转换参数。需要特别注意的是参与计算的控制点原则上至少要用两个或两个以上的点，控制点等级的高低和分布直接决定了四参数的控制范围。经验上四参数理想的控制范围一般都在 20～30km² 以内。四参数的使用方法遵循经典测量控制网的使用原则。

②七参数计算。七参数是分别位于两个椭球内的两个坐标系之间的转换参数。在工程之星软件中的七参数指的是 GPS 测量坐标系和施工测量坐标系之间的转换参数。计算七参数的操作和计算四参数的基本相同。七参数的应用范围较大（一般大于 50km²），计算时用户需要知道 3 个已知点的地方坐标和 WGS—84 坐标。该 3 个点组成的区域最好能覆盖整个测区，这样的效果较好。

2）“校正向导”。由于基准站启动时获得的 WGS—84 经纬度具有相对不确定性，使得在求解转换参数时必须首先确定一组公共控制点的 WGS—84 经纬度坐标。这组坐标一旦确定以后，每次启动基准站时都要使用这一组 WGS—84 经纬度坐标，否则使用转换参数时的显示坐标和实际施工坐标间就会存在一个固定偏差，这个偏差是由所取的基准站 WGS—84 经纬度坐标和用来计算转换参数的 WGS—84 经纬度坐标之间的差异产生的。工程之星软件通过一个公共已知点求出的转换参数（称为“校正参数”）来克服这个固定偏差。

①基准站架在已知点校正。当移动站收到基准站架设在已知点自动发射的差分信号以后，软件进行以下操作：在参数浏览里先检查所要使用的转换参数是否正确，然后进入“校正向导”；选择“基准站架设在已知点”，输入基准站架设点的已知坐标及天线高，并且选择天线高形式，输入完后单击“校正”并“确认”即可。

②基准站架在未知点校正。当移动站在已知点水平对中并达到固定解以后，软件进行以下操作：在参数浏览里先检查所要使用的转换参数是否正确，然后进入“校正向导”；在校正模式选择里面选择“基准站架设在未知点”；系统提示“输入当前移动站的已知坐标”，将移动站对中立于已知点上，输入该点的坐标、天线高和天线高的量取方式后“校正”，系统会提示是否校正，单击“确定”即可。

需要注意的是“校正向导”要在已经打开转换参数的基础上进行。

(5)“关于”菜单。“关于”菜单用来显示工程之星软件信息和系统运行信息，有“软件注册”、“软件信息”和“系统信息”3个菜单项，如软件注册用来对 RTK 主机进行注册。注册时需要接收机与控制器在连机状态进行。申请注册码时要确认使用的注册码和主机机号的匹配。注册时要明确的注册码的有效期限，是试用码还是永久码，注册使用期限可以在“软件信息”里面查看到。

软件信息显示软件的版权信息和开发者的联系方式，下方还有主机内部串号和注册使用截止日期。

系统信息显示系统当前运行时的内存状况。

3.6.3 S82 RTK 数据采集

1. S82 RTK 数据采集的步骤

根据坐标转化方式的不同，RTK 数据采集作业的操作是非常灵活的，下面是使用工程之星软件进行数据采集的一种通常的做法。

(1) 手簿上打开工程之星（手簿与主机连接为内置蓝牙连接）。如果手簿上状态为无数据，则表示手簿与主机未连接成功，退出工程之星；手簿热启动一次，再次打开工程之星连接。

(2) 手簿上的状态为固定解的状态后，新建一个工程。依次按要求填写或选取以下工程信息：工程名称、椭球系名称、投影参数设置。四参数设置、七参数设置和高程拟合参数设置（未启用可暂不填写）。工程文件将保存在“\FlashDisk\Jobs\”目录下。

(3) 开始校正作业。校正方法有两种，即基准站架设在已知点和未知点上。

1) 基准站架设在已知点上。启动“校正向导”，按提示输入基准站坐标和基准站仪器高（此时移动站可安置在任意点固定不动，并且为固定解状态），单击“校正”即已完成单点校正作业（单点校正获得两个坐标系间3个移动参数。在基准站与移动站距离很近的情况下，用“三参数”进行坐标转换是可行的）。如果作业距离比较远，则要用两点校正（采用两点校正可自动获得并启用“四参数”）。两点校正步骤，第一点步骤同前；第二点校正时，移动站需安置在一已知点上。启动校正向导，第一个界面跳过（单击“下一步”），输入此已知点的坐标与移动站的仪高，单击“校正”即完成校正作业。

2）基准站架设在未知点上。步骤基本同上，按手簿软件提示来操作即可。

（4）校正作业完成后，则可以开始进行数据采集。移动站置于碎部点，在测量点存储对话框中输入点名、天线高、编码，在手簿显示固定解后，直接按“A”键就可记录该点信息。继续测量时，点名将自动累加。

（5）当基准站关机后，例如第一天的工作结束后，第二天在该区域重新施工时的操作步骤又分成两种情况：

1）基准站架设在已知点上。当移动站接收到基准站自动启动的差分信号并达到固定解后，在软件的工程项目中打开第一天所求四参数的项目，再进行“基准站架设在已知点”的校正后即可进行工作。

2）基准站架设在未知点位时。移动站架设到已知点上对中整平，当接收到基准站自动启动的差分信号并达到固定解后，在工程之星软件的工程项目中使用第一天所求“四参数”的基础上再进行“基准站架设在未知点”的校正后即可进行工作。

（6）数据采集完成后，手簿里面的数据要进行数据的后处理，把数据格式变为所需要的数据格式。通过电脑中装好WINCE通信软件即可将数据传到电脑中进行绘图作业。

2. 快捷方式

碎部点测量是反复性的工作。为减少重复劳动，工程之星设计了各个界面的快捷方式、快捷键。快捷工具按钮如图3-38所示。

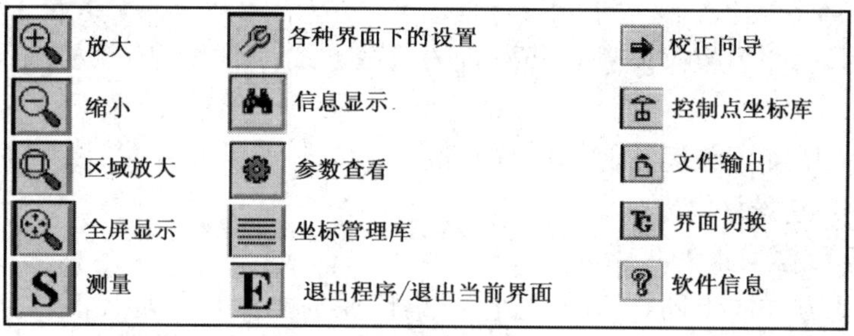

图3-38 快捷工具按钮

3. 影响RTK作业的因素

与传统的测量系统相比较，RTK测量有着无可比拟的优越性。但任何测量系统在使用中都有自身的局限性。影响RTK测量的主要因素有下面两个方面：

（1）GPS定位需要接收地面以上约2万km的卫星发射来的无线电信号，这些信号频率高，功率低，不易穿透可能阻挡卫星和GPS接收机之间视线的障碍物。有些物体如房屋，会完全屏蔽卫星信号。因此，GPS不能在室内使用，也不能在隧道内或水下使用。有些物体如树木会部分阻挡、反射或折射信号，所以，在树林或大楼四周作测量时，要使GPS系统至少观测到5颗卫星，GPS测量才能完成。

（2）RTK数据链的工作与周围的电磁环境以及作用距离都有较大的关系。在基准站架设时应当注意使观测站位置具备以下条件：

1）在10°截止高度角以上的空间不应有障碍物。

2）邻近不应有强电磁辐射源，如电视发射塔、雷达电视、手机信号发射天线等。

3）基准站最好选在地势相对高的地方以利于电台的作用距离。

4）保证基准站电池电量充足。

小　　结

野外数据采集的任务是要采集和记录碎部点的点位信息、连接信息和属性信息。碎部点点位信息主要由全站仪极坐标法采集。连接信息与属性信息可采用绘草图的方法，也可以采用编码法或电子平板法。目前大多还是采用绘草图的方法。

用 RTK 进行数据采集具有速度快、精度高、不需要与控制点通视的优点，所以该方法正被广泛用于数字测图的野外数据采集。

习　　题

1. 什么是野外数据采集？野外数据采集的信息是如何存储的？
2. 试比较白纸测图与数字测图中对地物点平面、高程精度的不同。
3. 碎部点坐标“测算法”的基本思想是什么？
4. 地面数字测图外业采集数据包括哪些内容？
5. 按 CASS 系统的简编码方案写出图 3-39 中各测点的简编码。

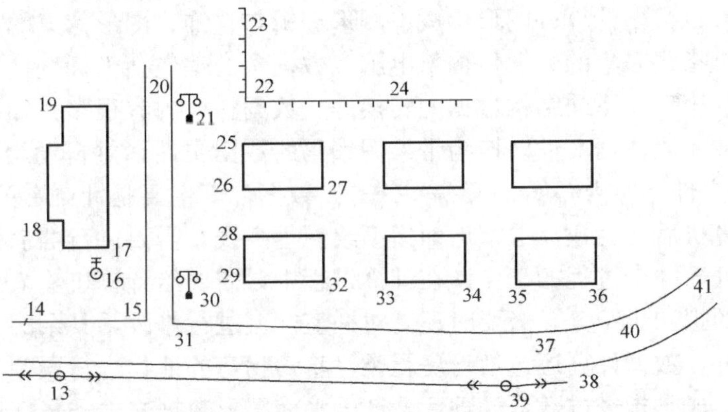

图 3-39　习题 5 图

6. 结合自己学习的全站仪写出其数据采集的操作步骤。
7. 试说明全站仪自由设站功能的适用特点，并结合后方交会原理说明自由设站作业时应注意什么问题。
8. 绘制草图的原则是什么？结合校园布置绘制一幅草图。
9. 简要说明使用 S82 进行数据采集的操作步骤。

第4章 内 业 成 图

内业成图是数字测图的最关键阶段，而内业成图的核心是测图软件。目前，在测绘行业使用较多的测图软件有广州南方测绘仪器公司（SOUTH）的CASS数字化地形地籍成图软件、威远图SV300R2002测图标准化软件和清华山维EPSW2003全息测绘系统成图软件。

本章详述了CASS6.0软件的主界面以及“草图法”和“简码法”绘制地形图，并介绍了用CASS6.0绘制地籍图的方法。

本章也简单介绍了威远图SV300R2002测图标准化软件和清华山维EPSW2003全息测绘系统成图软件的使用。

4.1 概述

内业成图实际上就是指在数据采集以后到图形输出之前对采集的数据进行各种处理，得出图形数据（即数字地图）。这是数字测图的关键阶段。内业成图主要包括数据传输、数据预处理、数据转换、数据计算、图形生成、图形编辑与整饰、图形信息的管理与应用等几个方面。数据传输是指将采集的数据传输给电脑。数据预处理包括坐标变换、各种数据资料的匹配、图比例尺的统一、不同结构数据的转换等。数据转换内容很多，如将野外采集到的带简码的数据文件或无码数据文件转换为带绘图编码的数据文件，供自动绘图使用，将AutoCAD的图形数据文件转换为GIS的交换文件等。数据计算主要是针对有关地貌关系的数据。当数据输入到计算机后，为建立数字地面模型绘制等高线，需要进行插值模型建立、插值计算、等高线光滑处理3个过程的工作；在计算过程中，需要给计算机输入必要的数据，如插值等高距、光滑的拟和步距等，必要时还需对插值模型进行修改，其余的工作都由计算机自动完成计算。此外，数据计算还包括对房屋类呈直角拐弯的地物进行误差调整，消除非直角化误差等。图形生成是指经过数据处理后，产生平面图形数据文件和数字地面模型文件，这就是数字地图的雏形。当然要想得到一幅规范的数字地形图，还要对数据处理后生成的“原始”图形进行修改、编辑、整饰；还需要加上文字注记、高程注记，并填充各种面状地物符号；还需要对整个测区图形进行拼接、分幅和图廓整饰等。数据处理还包括对图形信息的全息保存、管理和使用。

数字测图系统的优劣取决于数据处理的能力，数据处理能力的关键是测图软件的功能。因此我们常说数字化成图软件是数字测图系统的灵魂。测图软件是一种规模较大的综合性应用软件，是当代软件工程学的最新技术手段与数字化成图系统特点结合的产物。它具有数据量大、算法复杂、涉及外部设备繁多等特点。目前，常用的数字测图软件有下列几种：

（1）广州南方测绘仪器公司（SOUTH）CASS6.0数字化地形地籍成图软件。

（2）威远图SV300R2002测图的标准化软件。

（3）清华山维EPSW2003全息测绘系统成图软件。

本章主要以广州南方测绘仪器公司生产的CASS6.0绘图软件在内业成图中的应用来说明数据处理和成图过程。

4.2 CASS6.0软件简介

CASS6.0软件是南方测绘仪器公司在AutoCAD上开发的新一代数字化地形地籍成图软件，从开始的4.0到现在的6.0经过了多次更新、完善，在成图效率，地物编辑，电子平板，DTM建模以及等高线绘制、处理，地籍应用，工程应用，数字地图与GPS集成等诸多方面都有了很大的提高，且全面面向GIS，彻底打通数字成图系统与GIS接口，使用骨架线实时编辑、简码用户化、GIS无缝接口等先进技术，正被广泛应用于地形成图、地籍成图、工程测量和其他行业中。

4.2.1 CASS6.0对系统的配置要求

1. 硬件配置

(1) CPU至少要PentiumⅢ以上。CPU配置越高，该软件的表现性能越好，速度越快。

(2) 内存最少也要128MB，一般采用256MB的内存较好。

(3) 硬盘至少要有130MB的存储空间和64MB的剩余空间。

(4) 显示驱动最低要1026×768真彩色显示适配器。

(5) 定点设备如鼠标、数字化仪或其他设备。

(6) 输出设备如打印机、绘图仪等。

2. 软件环境

(1) 操作系统可用WindowsNT4.0，或Windows9x/Me/2000/XP。

(2) 浏览器用Microsoft Internet Explorer6.0或更高版本。

(3) 平台以AutoCAD2002、2004或2006为平台。

4.2.2 CASS6.0的技术特色

(1) 采用CELL技术的人机交互界面，数据编辑管理、系统设置更方便更快捷。

(2) 方便灵活的电子平板多测尺功能，更符合测量习惯。

(3) 完全可视化的断面设计功能，图数互动，设计过程更直观。

(4) 方便的图幅管理功能，使地形图分幅管理更规范。

(5) 数据质量全程控制，与主流GIS系统无缝接口。

4.2.3 CASS6.0的安装

1. AutoCAD2004的安装

使用和安装CASS6.0，首先要安装AutoCAD2004。AutoCAD的安装程序本身具有文件拷贝、系统更新、系统注册等功能，并采用了智能化的安装向导，操作非常简单，用户只需一步一步按照屏幕提示操作即可完成整个安装过程。

需要说明的是，当安装过程中要求确定AutoCAD的安装类型时，不能选典型（Typical）和简洁（Compact），而要选择完全（Full）或定制（Custom）。当选择安装定制（Custom）类型时，要选择所有的安装选项。

2. CASS6.0的安装

CASS6.0的安装应该在AutoCAD2004安装好并至少运行一次后才能进行。CASS6.0的安装非常简单。首先把购买的CASS6.0光盘放进计算机光驱中，打开CASS6.0文件夹，双击 setup.exe 文件，计算机就会自动安装，我们要做的就是用鼠标单击“下一步”（NEXT）直到单击“完成”按钮。在桌面上会自动生成快捷图标。

4.3 CASS6.0 的主界面

双击桌面上的 CASS6.0 快捷图标，打开 CASS6.0，显示屏就会出现如图 4-1 所示的 CASS6.0 主界面。主界面分 8 部分：最顶部是标题条；接着下面是顶部下拉菜单；还有 CAD 工具条、CASS 工具条；右侧屏幕菜单和命令区；最下面是状态提示区；中间是编辑绘图区。

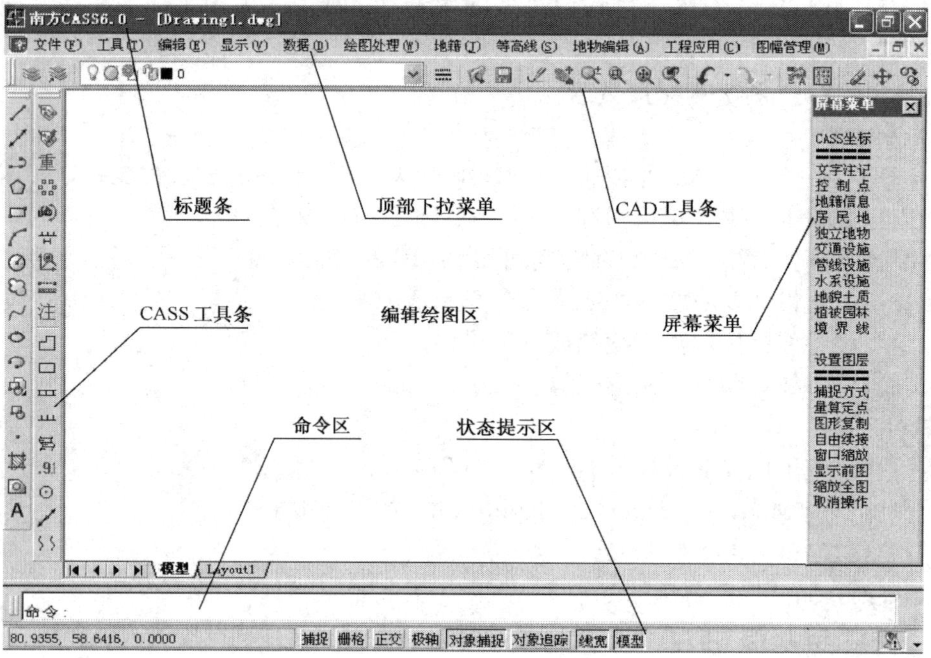

图 4-1　CASS6.0 主界面

4.3.1 标题条

标题条是 Windows 应用程序特有的部分，出现在屏幕的最顶部，如图 4-1 所示。它显示当前正在运行的程序名和当前装入的文件名。它的操作与其他 Windows 应用程序一样，可以最大化，也可以使整个应用程序窗口缩小为一个图标显示在“开始”菜单上。要退出程序时，单击【×】即可。

4.3.2 工具条

工具条（CAD 工具条和 CASS 工具条）一般位于顶部下拉菜单下面或屏幕左侧，如图 4-1所示。工具条中含有多个表示“命令”和“工具”的图标，它是把命令和工具图形化，使操作快捷方便。操作时只要把光标放在图标上，略停片刻，光标的底部即可显示该图标的名称或功能，单击图标即相当于在下拉菜单中选择相应功能项或在命令行键入相应命令。

我们可以显示或隐藏任一工具条。所谓显示一个工具条就是要把它打开或者说可见；而隐藏一个工具条就是关闭它或者使它看不见。操作时，把光标放在任一工具条上，单击鼠标右键，弹出图 4-2，工具条前有“√”即表示显示该工具条，否则表示工具条隐藏。若要显示某一工具条，只要用鼠标左键单击该工具条即可。

我们也可以把经常用的命令和工具择出来，自定义一个工具条，以方便使用。具体方法是右击任一工具条，弹出如图 4-2 所示画面，鼠标左键单击最下面的“自定义（C）...”，弹出对话窗如图 4-3 所示。然后单击“新建（N）...”，弹出新建工具栏，单击“确定”即出现自定义工具条“工具栏 1”。最后把我们择出的“命令”和“工具”图标添加在“工具栏 1”里，如图 4-3 所示，就完成了自定义工具条的设定。

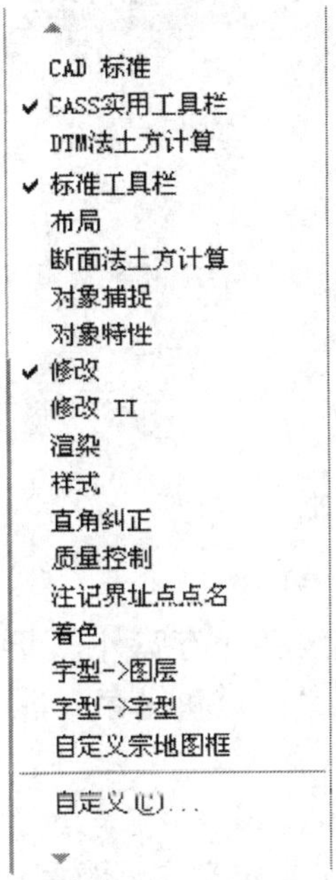

图 4-2　显示或隐藏工具条

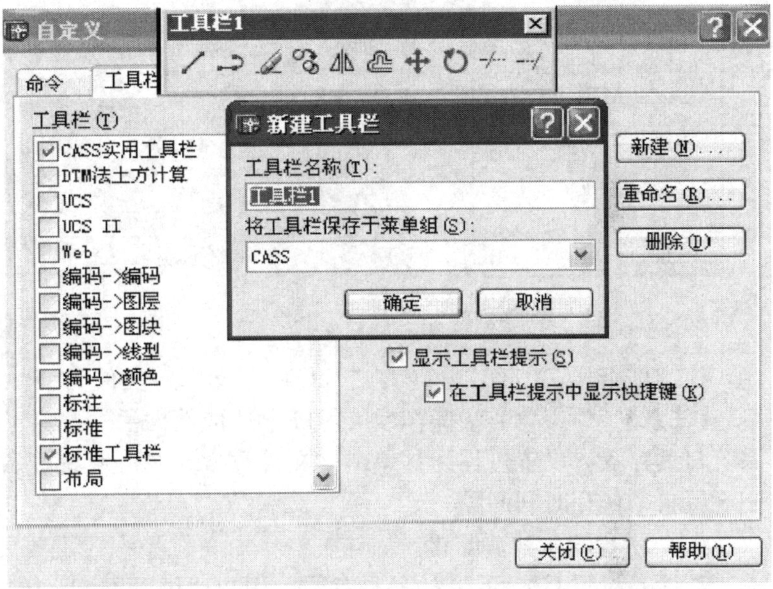

图 4-3　“自定义”工具条

4.3.3　顶部下拉菜单

主界面的第二行即为下拉菜单。几乎所有的 CASS6.0 命令以及 AutoCAD2004 的编辑命令都包含其中。它包括文件、工具、编辑显示、数据、绘图处理、地籍、等高线、地物编辑、工程应用、图幅管理等 11 个子菜单，下面就数字测图常用的一些命令作一简要介绍，更多的命令要靠在使用该软件过程中摸索、学习、掌握。

1.“文件（F）”

该菜单主要用于控制文件的输入、输出，对整个系统的运行环境进行修改、设定。它包括了新建图形文件、打开已有图形、图形存盘、图形改名存盘、修复破坏的图形、加入 CASS 环境、清理图形、绘图输出、文件输入/输出、CASS6.0 参数配置、CASS6.0 系统配置文件、AutoCAD 系统配置等，如图 4-4 所示。

（1）图形存盘。

功能：将当前图形保存下来。

操作：左键点取该菜单“图形存盘...”，若当前图形已有文件名，则系统直接将其以原名保存下来。若当前图形是一幅新图，尚无文件名，则系统会弹出如图 4-5 所示的对话框。此时在文件名栏中输入文件名后，按保存键即可。

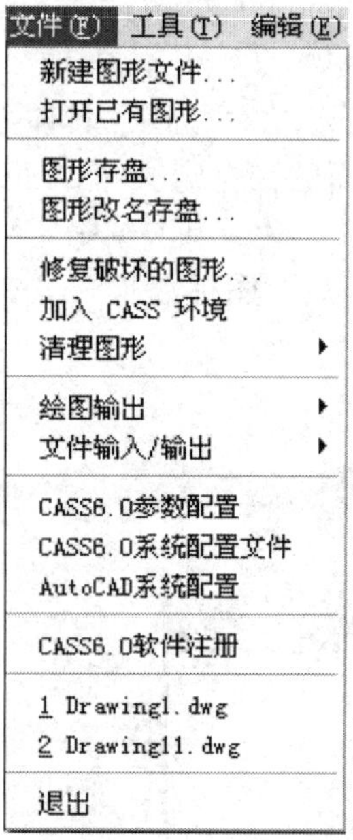

图 4 - 4 “文件（F）”菜单

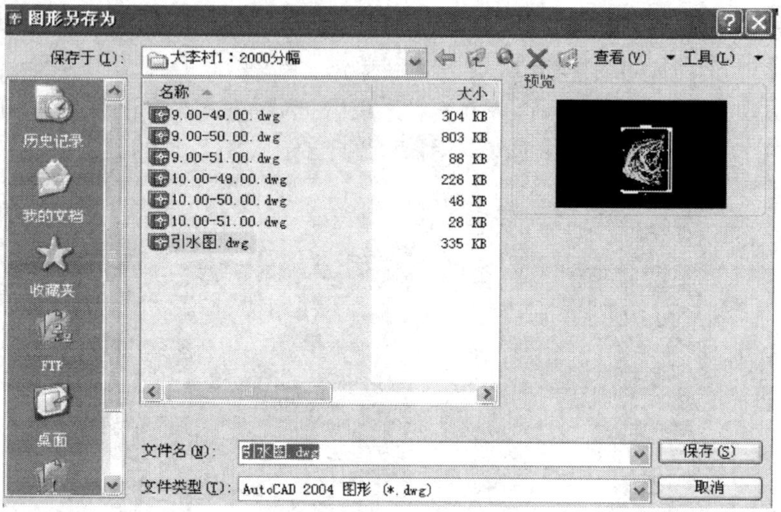

图 4 - 5 图形存盘对话框

在文件类型栏中有“dwg”，“dxf”，“dwt”等文件类型，可根据需要选择。

【注意】 为避免非法操作或突然断电造成数据丢失，除工作中经常手工存盘外，可设置系统自动存盘。设置过程为：单击“文件/AutoCAD 系统配置”，在“打开和保存”选项卡中设置自动保存时间间隔。

(2) CASS6.0 参数配置。

功能：设置 CASS6.0 的各种参数，用户通过设置该菜单选项，可自定义多种常用设置。

操作：用鼠标左键单击“文件”菜单的“CASS6.0 参数配置”项，系统会弹出一个对话框，如图 4 - 6 所示。该对话框内有 4 个选项卡：“地物绘制”、“电子平板”、“高级设置”、“图框设置”。

1) “地物绘制”选项卡（图 4 - 6）。

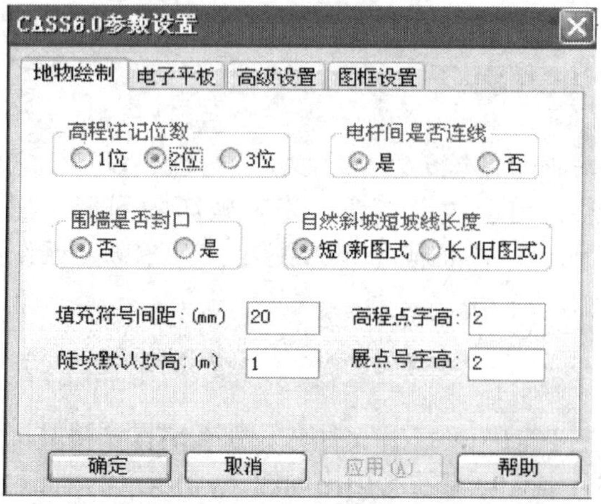

图 4 - 6 “地物绘制”选项卡

“高程注记位数”：设置展绘高程点时高程注记小数点后的位数。

“电杆间是否连线”：设置是否绘制电力电信线电杆之间的连线。

“围墙是否封口”：设置是否将依比例围墙的端点封闭。

“自然斜坡短坡线长度”：设置自然斜坡的短线是按新图式的固定 1mm 长度还是旧图式的长线一半长度。

“填充符号间距”：设置植被或土质填充时的符号间距，缺省为 20mm。

“陡坎默认坎高”：设置绘制陡坎后提示

输入坎高时默认的坎高。

2）“图框设置”选项卡（图4-7）。依实际情况填写表格中的各选项，则完成图框图角章的自定义。其中测量员、绘图员、检查员等可以到加图框的时候再填。

2. “数据（D）”

该菜单包括了大部分CASS6.0面向数据的重要功能。菜单如图4-8所示。其中“读取全站仪数据”、“数据加固定常数”子菜单初学者一定要掌握，下面就这两个子菜单作一介绍。

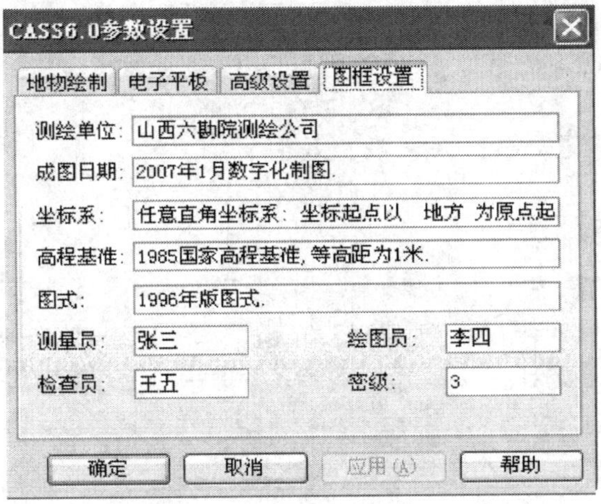

图4-7　“图框设置”选项卡

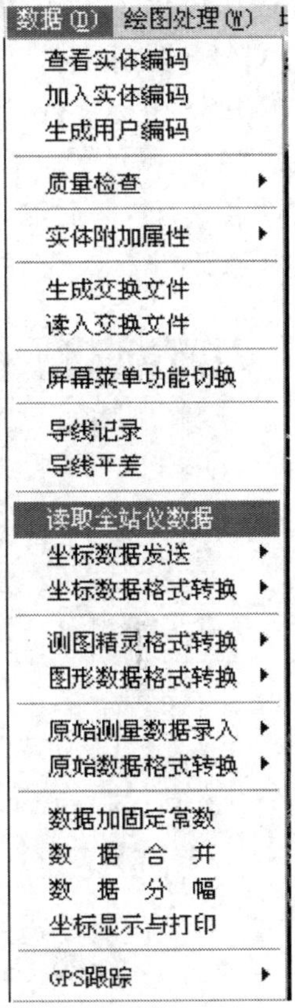

图4-8　“数据（D）”菜单

（1）读取全站仪数据。

功能：将电子手簿或全站仪内存中的数据传入CASS6.0中，并形成CASS6.0专用格式的坐标数据文件。

操作：单击“读取全站仪数据”菜单后弹出数据转换对话框如图4-9所示。

仪器：选择电子手簿或带内存全站仪的类型，单击右边下拉箭头可选择仪器类型，CASS6.0支持的仪器类型及数据格式如图4-10所示。

联机：若选中复选框，则直接从仪器内存中读取相应格式的数据文件，若不选，则在“通讯临时文件”栏中选择一个由其他通讯❶方式得到的相应格式的数据文件（一般是由各类仪器自带的通讯软件转换或超级终端传输得到的数据文件）。

通讯参数：包括通讯口、波特率、数据位、停止位和校检等，几个项设置时应使全站仪的以上通讯参数和该软件的设置一致。系统与各全站仪联机测量功能中，已设定了不同的通讯参数，一般与厂家设置的相同。

超时：若软件没有收到全站仪的信号则在设置好的时间内自动停止。系统默认的时间是10s。

通讯临时文件：打开由其他通讯传输方式得到的相应格式的数据文件（一般是由各类仪

❶ 通讯：通信的旧称。本书第3、4章因为所述软件原因用“通讯”。

器自带的通讯软件转换或超级终端传输得到的数据文件)。

CASS 坐标文件：将转换得到数据保存为 CASS6.0 的坐标数据格式。在对话框最下面的“CASS 坐标文件:”下的空栏里输入想要保存的文件名。输入文件名时，要特别注意输入文件的完整路径。最简单的方法是单击“选择文件”，出现如图 4-11 所示的对话框，在“文件名（N）:”后输入想要保存的文件名，单击保存。这时，系统就会自动将文件名填在了“CASS 坐标文件:”下的空白处，省去了手工输入路径的步骤。

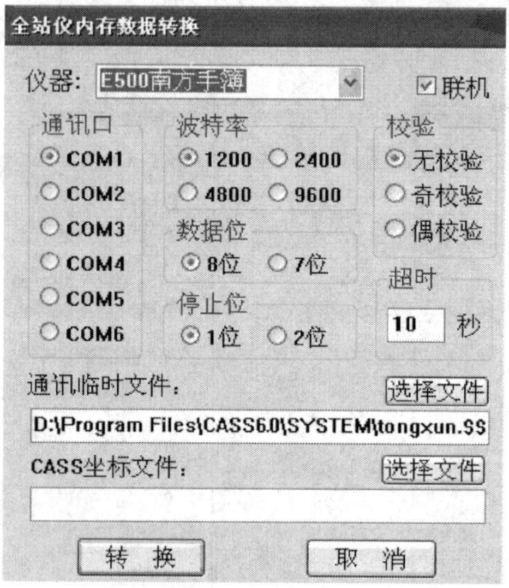

图 4-9 “读取全站仪数据”命令对话框

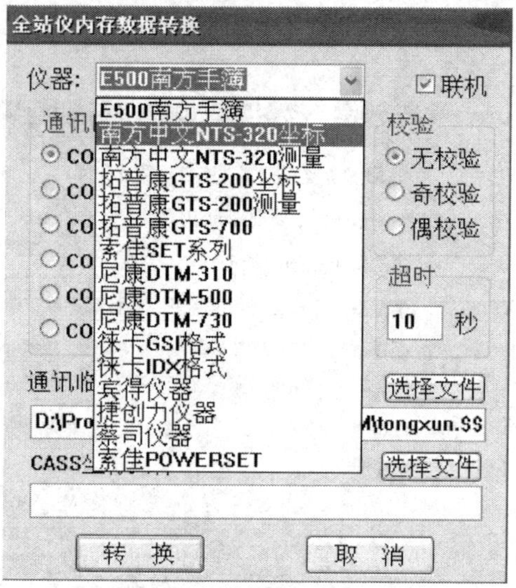

图 4-10 仪器类型选择下拉列表

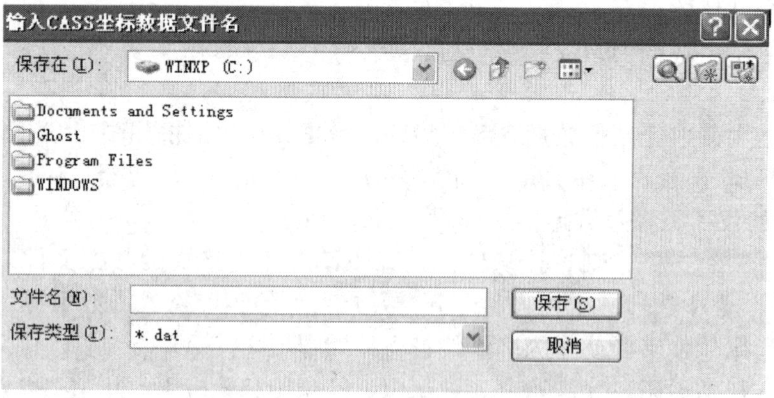

图 4-11 执行“选择文件”操作的对话框

输完文件名后移动鼠标至“转换”处，按左键（或者直接敲回车键）便出现如图 4-12 所示的提示。

若所有设置正确，在全站仪上打开要传送的数据文件，然后先在计算机上回车，再敲全站仪的回车键。这时，命令区便逐行显示传送的数据信息，直至通讯结束。

如果仪器选择错误，会导致传到计算机中的数据文件格式不正确，这时会出现如图4-13

所示的对话框。

（2）数据加固定常数。

功能：将原有坐标及高程加一个固定常数进行坐标改正。

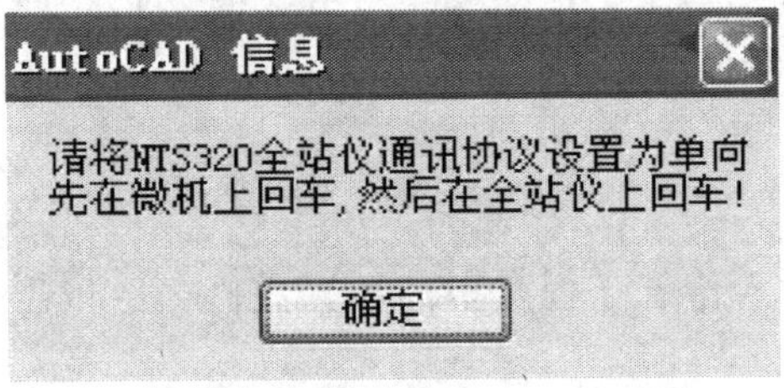

图 4-12　计算机等待全站仪信号

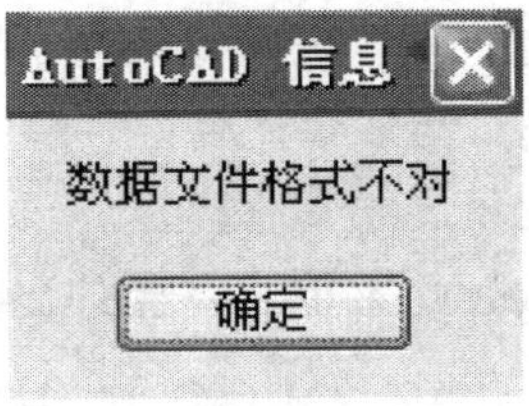

图 4-13　数据格式错误的对话框

操作：执行此菜单后，见命令区提示。

提示：**“请输入东方向（Y）改正值”**：输入 Y 方向坐标改正值。

“请输入北方向（X）改正值”：输入 X 方向坐标改正值。

“请输入高程改正值”：输入高程改正值。

输入高程改正值后，会弹出一个对话框询问待改正的原始数据文件，输入后按“打开”键，随即又会弹出一个对话框，询问改正后的数据文件名，输入一个新文件名后按“保存”键，转换后原文件仍然存在。

例如，采集数据时的测站点坐标和高程未知，可任意输入一组数据，如 X 输 500.000，Y 输 1000.000，H 输 300.00。数据采集完成后，知道了测站点坐标是 $X=787.235$，$Y=979.032$，$H=364.374$。利用“数据加固定常数”改正时，当提示“Y 改正值”，输入－20.968；“X 改正值”，输入＋287.235；“H（Z）改正值”，输入＋64.374。

3.“绘图处理（W）”

该菜单如图 4-14 所示。它可以确定和改变所绘图形的比例尺，展绘外业采集的测点点位、点号和高程，以及图幅的整饰与纠正。

（1）定显示区。

功能：通过给定坐标数据文件定出图形的显示区域。

操作：执行此菜单后，会弹出一个对话框，要求输入测定区域的野外坐标数据文件，计算机自动求出该测区的最大、最小坐标。然后系统自动将坐标数据文件内所有的点都显示在屏幕显示范围内。

说明：每作一幅新图形时最好先做这一步。但若是没有做这一步，也可随后用右侧屏幕菜单中的“缩放全图”按钮实现全图显示。

（2）改变当前图形比例尺。

功能：CASS6.0 根据输入的比例尺调整图形实体，具体为修改符号和文字的大小、线型的比例，并且会根据骨架线重构复杂

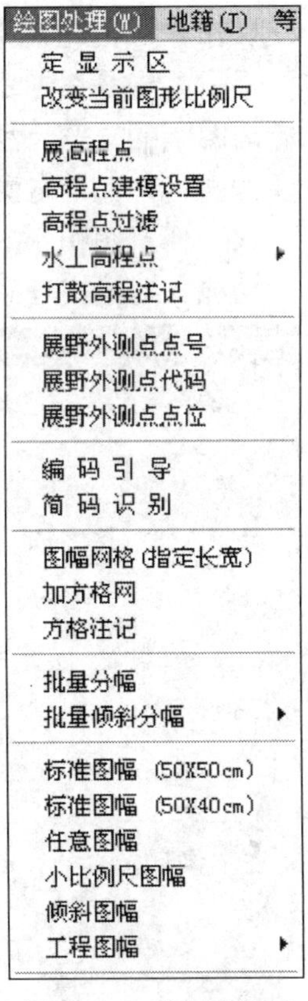

图 4-14 “绘图处理（W）”菜单

实体。

操作：执行此菜单后，见命令区提示。

提示：**“输入新比例尺 1”**：按提示输入新比例尺的分母后回车。

【注意】 有时带线型的线状实体，如陡坎，会显示成一根实线，这并不是图形出错，而只是显示的原因。要想恢复线型的显示，只需输入“REGEN”命令回车即可。

（3）展高程点。

功能：批量展绘高程点。

操作：执行此菜单后，会弹出一个对话框，输入待展高程点坐标数据文件名后单击“打开”键。

提示：**“注记高程点的距离（米）”** 输入注记距离。

【注意】 注记距离就是展点的距离，即任意两高程点间的最小距离。此距离决定了点位密度。

（4）展野外测点点号。

功能：展绘各测点的点名及点位，供交互编辑时参考。

操作：同展高程点。

（5）批量分幅。

功能：将整个图形以 50cm×50cm 或 50cm×40cm 的标准图框切割分幅成一个个单独的图形文件，以便出图和保管。分幅后不会破坏原有图形。

操作：执行此菜单后，见命令区显示。

提示：**“请选择图幅尺寸：1. 50 * 50 2. 50 * 40 3. 自定义尺寸<1>”** 输入图幅尺寸。若选 3 则要求给出图幅的长宽尺寸。选 1、2 则提示：**“请输入分幅图目录名”**：如：c：\ cass50\ demo\ dt；**“输入测区一角”**：单击测区左下角；**“输入测区另一角”**：单击测区右上角。

（6）任意图幅。

功能：对绘成任意大小的图形加绘图框。

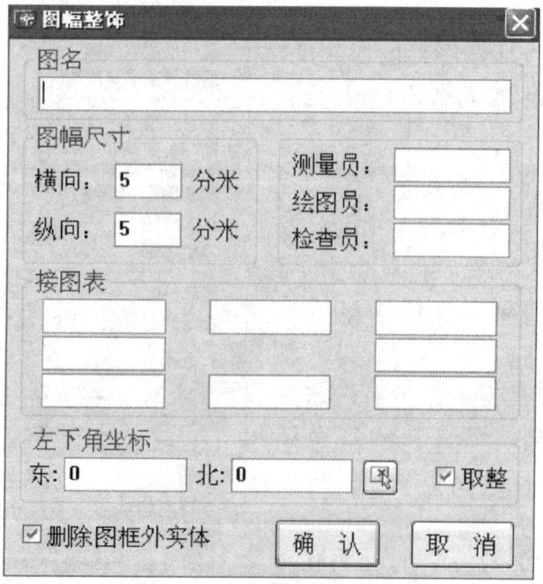

图 4 - 15 输入图幅信息对话框

操作：执行此菜单后，按图 4 - 15 所示的对话框输入图纸信息，此时“图幅尺寸”选项区域变为可编辑，输入自定义的尺寸及相关信息即可。

4. “等高线（S）”

通过该菜单可建立数字地面模型，计算并绘制等高线或等深线，自动切除穿建筑物、陡坎、高程注记的等高线，如图 4 - 16 所示。

（1）由数据文件建立 DTM。

功能：由数据文件采用三角网法建立 DTM 模型，可将所建三角网显示在屏幕上。

操作：执行此菜单后，弹出一对话框，输入带高程信息的坐标数据文件名后，单击“打开”键即可。

提示：**“请选择：1. 不考虑坎高　2. 考虑坎高<1>”**如选择2，则系统在建立三角网时检测图上的陡坎和加固陡坎（应有坎高信息、应在坎顶打点、画坎时应通过坐标数据文件名中的已知点），在坎底自动生成新的高程点参与建立DTM模型和生成等高线。

“请选择地性线：（地性线应过已测点，如不选则直接回车）”地性线是山脊线、山谷线等三角形不能穿过的线，该线应该是过已知点的复合线，在“Select objects：”提示下，用户可以依次选择所有地性线；如果地性线过多，可以集中放在一个图层内，提示选择地性线时选择所有实体，再输入地性线所在的图层名。如果没有地性线，对此提示可直接回车。

“请选择：1. 显示建三角网结果　2. 显示建三角网过程　3. 不显示三角网<1>”直接回车默认选1。显示三角网是将建立的三角网在屏幕编辑区显示出来。如选1，建完DTM后所有三角形同时显示出来，速度较快；如选2，建一个三角形就显示一个三角形，虽然速度较慢，但可以观察建DTM的过程；如果不想修改三角网，可以选3。如果建三角网时考虑坎高或地性线，系统会自动按第2种方式显示三角网。

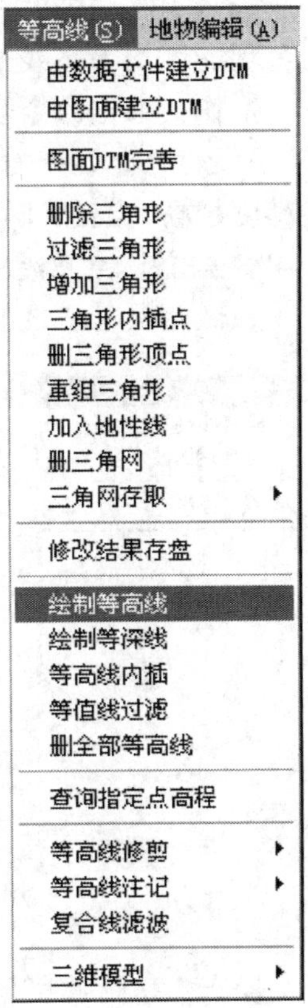

图4-16　“等高线(S)”菜单

（2）由图面建立DTM。

功能：直接在图面上根据高程点和控制点建立DTM。

操作：执行此菜单后，见命令区提示。

提示：**“请选择：1. 选取建模区域边界　2. 直接选取高程点或控制点<1>”**若选1，则用鼠标点取已有边界线（必须封闭），系统会提取此边界内的高程点参与建模。若选2，则无需选边界线，直接用鼠标拉框选取高程点即可，其后操作同上。

（3）删三角网。

功能：删除整个DTM三角网图形。当等高线绘制完成，想单看等高线效果时，需要执行此功能删除三角网。

（4）绘制等高线。

功能：系统自动采用最近一次生成的DTM三角网或三角网存盘文件“\CASS50\CASS50SJ\DTMSJW.DAT”计算并绘制等高线。

操作：执行此菜单后，见命令区提示。

提示：**“请输入等高距（单位：米）”**输入等高距。后回车。

“请选择：1. 不光滑　2. 张力样条拟合　3. 三次B样条拟合　4. SPLINE<1>”观察等高线效果时，可输入较大等高距并选择方法1，以加快等高线绘制速度。如选方法2，则拟合步距以2m为宜，但这时生成的等高线数据量比较大，速度会稍慢。当测点较密或等高线较密时，最好选择方法3。也可选择不光滑，过后再用“批量拟合”功能对等高线进行拟合。选择方法4，是用标准SPLINE样条曲线来绘制等高线，此时系统会提示**“请输入样条曲线容差”**，容差是曲线偏离理论点的允许差值，可直接回车。SPLINE线的优点在于即使其被断开后仍然是样条曲线，可以进行后续编辑修改，缺点是较选项3容易发生线条交叉现象。

（5）等高线内插。

功能：当等高线过疏时，通过此功能在其中内插等高线。

操作：根据命令区提示选择两条边界等高线，然后命令区会有提示。

提示：**“输入等高线上采样点距：（米）<3.0>”** 输入采样点距。采样点间距越小，内插等高线精度越高，当然计算时间也越长。系统默认值为 3m。

“请给出内插等高线数：<1>” 输入需插入的等高线条数。

在做此项工作之前，要使内插等高线更准确，最好先将等高线进行拟合。但有时在边界等高线弯曲过大时，内插线变形稍大，这时需要手工进行局部处理。

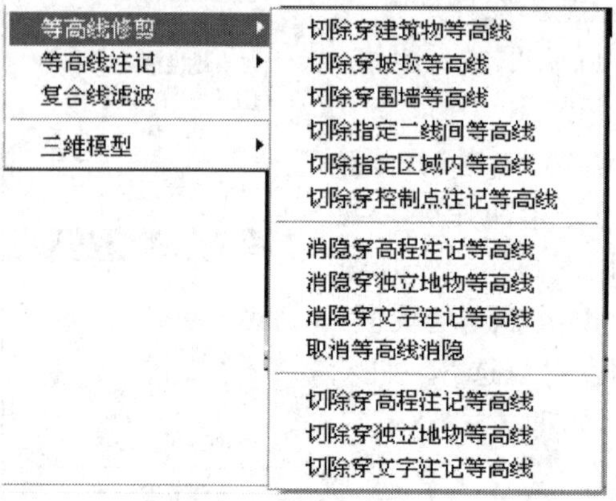

图 4-17 “等高线修剪”子菜单

（6）等高线修剪。

功能：提供强大的等高线修饰功能。其子菜单如图 4-17 所示。

1）切除穿建筑物等高线。

功能：批量切除穿过建筑物的等高线。

说明：建筑物指的是居民地层的封闭复合线。

2）切除穿陡坎等高线。

功能：批量或用单个选择的方法切除穿陡坎的等高线。

操作：执行此菜单后，见命令区提示。

提示：**“请选择：1. 选择陡坎　2. 全部陡坎<1>”** 如果选择 1，则系统提示用户用鼠标选择陡坎；如选择 2，则对全部陡坎切除等高线，同时自动进行极大缩放。输入完成后计算机将自动对每个坎切除每一根穿过该坎的等高线。

3）切除穿围墙等高线。

功能：批量或用单个选择的方法切除穿围墙的等高线。

操作：执行此菜单后，见命令区提示。

提示：**“请选择：1. 选择围墙　2. 全部围墙<1>”** 如果选择 1，则系统提示用户选择围墙；如选择 2，则对全部围墙切除等高线，同时自动进行极大缩放。输入完成后计算机将自动对每条围墙坎切除每一根穿过该墙的等高线。

说明：选择围墙时应选择围墙的骨架线。

4）切除指定二线间等高线。

功能：切除两线间的等高线。一般用于切除穿公路等地形的等高线。

操作：依提示依次指定两线即可。

【注意】 两条线应该是复合线，并且不能相交。

5）切除指定区域内等高线。

功能：切除指定区域（封闭复合线）内等高线。

操作：依提示指定封闭复合线。

6）消隐穿独立地物的等高线。

功能：将穿过独立地物的等高线以指定的背景色覆盖。

7）切除穿独立地物的等高线。

功能：自动批量切除图形中穿过独立地物的等高线。

8）消隐穿高程注记等高线。

功能：将高程注记下的等高线以指定的背景色覆盖。

9）切除穿高程注记等高线。

功能：自动批量切除图形中穿过高程注记的等高线，如果系统要求等高线连续不间断，则不能执行该功能，可在出图时执行“文字消隐”功能隐藏高程注记下的等高线，效果是一样的。

（7）等高线注记。

1）单个高程注记。

功能：在指定点给某条等高线注记高程。

操作：执行此菜单后，见命令区提示。

提示：**“选择需注记的等高（深）线”**：指定要注记的等高线；

“依法线方向指定相邻一条等高（深）线”：依法线方向指定邻近的一根等高（深）线。

【注意】 等高线应含有高程信息，如果没有应该用“批量修改复合线高”加入复合线高。

2）沿直线高程注记。

功能：在选定直线与等高线相交处注记高程。

【注意】 直线必须是 line 命令画出的。

3）单个示坡线。

功能：给指定等高线加注示坡线，特别在等高线稀疏区。

操作：执行此菜单后，见命令区提示。

提示：**“选择需注记的等高（深）线:”** 在等高线上指定位置；**“依法线方向指定相邻一条等高（深）线:”** 依法线方向指定邻近的一根等高或等深线。

【注意】 高程注记通常字头由低向高，而示坡线通常由高向低。

4）沿直线示坡线。功能：在选定直线与等高线相交处注记示坡线。

【注意】 直线必须是 line 命令画出的。

4.3.4 右侧屏幕菜单

右侧屏幕菜单是 CASS 特有的菜单，它包括了若干页。第一页提供了四种绘数字图的方式，其中坐标定位、测点点号定位是草图法绘制地形图的基本方法；电子平板为测图内外业一体化提供了保证；利用数字化仪，可以使老图数字化。

在使用屏幕菜单的任何时候，都只有一页可见。每一页都包括一系列条目，用来发出命令和选项，或者打开另一页。需要打开某一页或某一条目时，只要将光标沿着条目移动，使某条目变为醒目。单击变为醒目显示的条目，就会执行该条目命令。

如果想从后面某一页返回到第一页菜单，可把光标移动到最顶部 CASS6.0 条目，使它变为醒目后单击，即可返回。

4.3.5 命令行

CASS 命令行窗口位于状态条的上部，缺省界面中一般显示三行命令行，其中最下面一行等待键入命令，上面两行一般显示命令提示符或与命令进程有关的其他信息。

命令行的行数是可以改变的，当需要查看前面的命令时，可把光标放在命令行的顶部边界上。当光标变成两条短平行线，上下分别有一个小箭头（改变尺度光标）时，按住左键往上拖动，即可增加命令行行数，查看之前输入和执行的命令。反之，往下拖动减少命令行的行数。

执行某命令后，如果想重复执行该命令，只需把光标放在图形编辑区，单击鼠标右键即可。如果想重复执行最近所发命令中的某一条命令，可用键盘上的上下箭头键回忆查找。

4.3.6 状态提示区

状态提示区在命令行的下部，它可用于显示光标的坐标位置。另外还有六个按钮，显示AutoCAD的捕捉、栅格、正交模式，以及AutoCAD的模型和图纸空间及模式等状态。如果将光标置于一个工具或使一个菜单项变为醒目，状态行会显示该工具或菜单项的帮助文本。

4.3.7 编辑绘图区

编辑绘图区即应用程序窗口中间区域。该区域内供绘图和编辑。图形窗口有自己的标准特征，如滚动条、最大化、最小化及控制按钮等，使用户可以在图形界面的框架内移动或改变它的大小。

当光标在编辑绘图区时，有时因不小心单击鼠标左键而在图形编辑区拉出一个矩形框，此时只需再单击一下左键即可取消该矩形框。因误操作而在平幕上留下白色十字标志，并不代表真正点位，只需在命令行键入命令“R”或选择“显示”菜单下的“重画屏幕”功能，回车确认后即可清除。

4.4 CASS6.0绘制地形图演示

对于图形的生成，CASS6.0提供了“草图法”、“简码法”、“电子平板法”、“数字化仪录入法”等多种成图作业方式，并可实时地将地物定位点和邻近地物（形）点显示在当前图形编辑窗口中，操作十分方便。本节我们以“草图法”绘制“建设新村地形图”过程的演示和“简码法”自动绘图作为例子，使我们对CASS6.0的成图过程有一个初步的了解。

4.4.1 数据传输

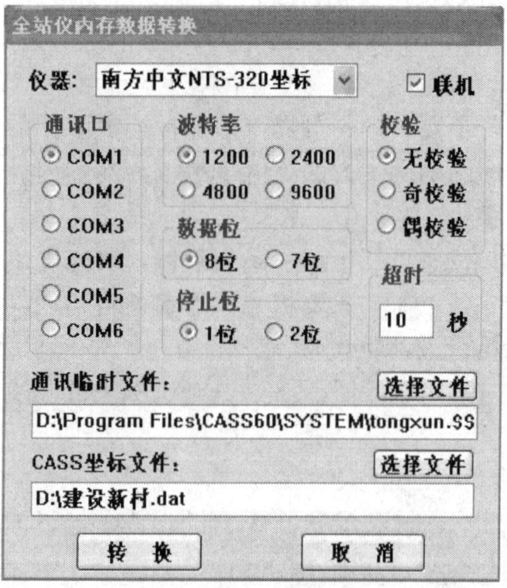

图4-18　全站仪内存数据转换

外业采集的数据一般都是存储在全站仪或电子手簿中。要作图，首先要把采集的数据传输到计算机上，传输操作如下。

（1）打开CASS6.0后，移动鼠标至“数据(D)”项按左键，即出现如图4-18所示的下拉菜单（在键盘上按Alt+D同样可实现该功能）。

（2）在下拉菜单中选“读取全站仪数据”项，使之高亮显示，按左键即出现对话窗，如图4-18所示。

（3）选择CASS坐标文件的位置和文件名后，单击“转换”，即可把全站仪采集的“建设新村”数据传入计算机，并转换成CASS坐标文件，保存在指定的位置（本例的数据是软件自带的，保存在CASS60文件夹下的DEMO文件夹中，文件名为：STUDY。为了后面使用方便，把该文件重命名为“建设新村 . dat”，并复制到 D 盘根目录下）。

（4）打开 D 盘上的“建设新村 . dat”文件，即可看到“建设新村”的 CASS 坐标数据，如图 4-19 所示。CASS 坐标数据文件的后缀是 . dat：数据的第一列是点号；第二列是编码，采用草图法测图时可以不输，这时编码项为空；第三列是 Y 坐标；第四列是 X 坐标；第五列是高程 H。各列之间用逗号分开，即使编码项为空，也必须用逗号隔开。

4.4.2　定显示区、展点

1. 定显示区

移动鼠标至“绘图处理”项，单击左键，即出现如图 4-20 所示下拉菜单。

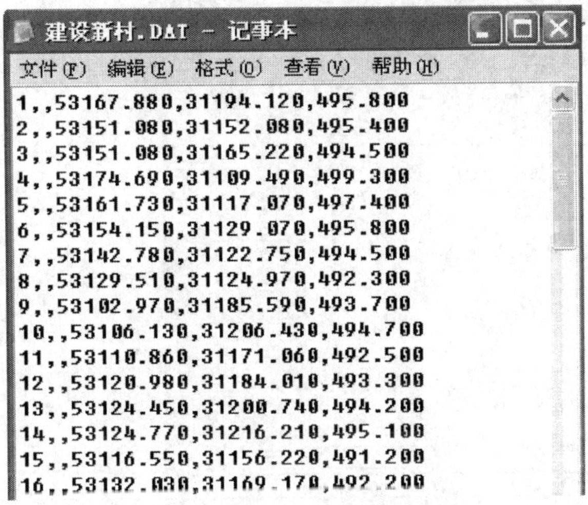

图 4-19　“建设新村”CASS 坐标数据

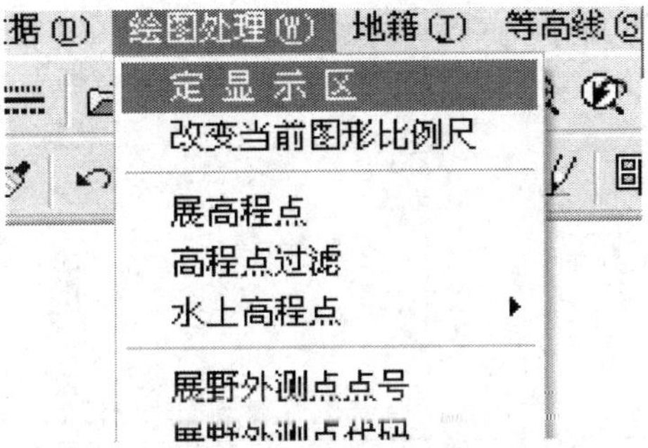

图 4-20　“定显示区”菜单

鼠标移至“定显示区”项，使之以高亮显示，按左键，即出现一个对话窗，如图 4-21 所示。在该对话窗的文件名选项里输入 D 盘的“建设新村 . dat”文件，单击“打开”，命令区显示：

最小坐标（米）：X=31056.221，Y=53097.691

最大坐标（米）：X=31237.455，Y=53286.090

这样，就确定了“建设新村地形图”的显示区。

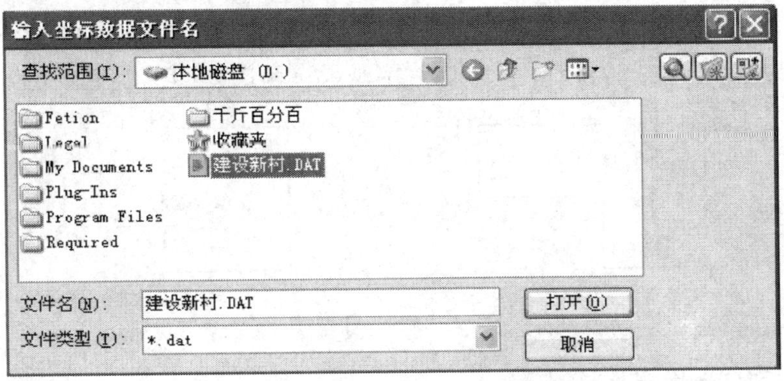

图 4-21　选择“野外测点数据文件”

2. 选择测点点号定位成图法

移动鼠标至右侧屏幕菜单区之“测点点号”项，单击左键，即出现如图4-21所示的对话框。选择D盘，双击“建设新村.dat”图标，命令区提示：

读点完成！　　共读入106个点

3. 展野外测点点号

移动鼠标至屏幕的顶部菜单“绘图处理”项单击左键，这时系统弹出一个下拉菜单。再移动鼠标选择“绘图处理”下拉菜单的“展野外测点点号”项，单击左键后，便出现如图4-21所示的对话框。选择D盘，双击“建设新村.dat”图标，便可在屏幕上展出野外测点的点号，如图4-22所示。

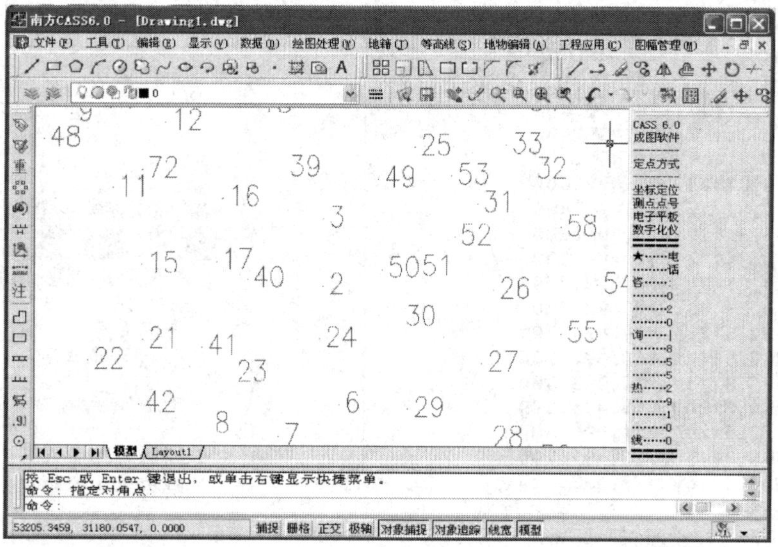

图4-22　“建设新村”展点图

“建设新村地形图”外业采集106个点，外业记录的点性及草图如下：

- 埋石图根点1、2、3，分别命名为TG121、TG123、TG135。
- 92、45、46、13、47、48是等外公路的（经纬路）一边点，对边点点号19。
- 小路上的点号有86、87、88、89、90、91（需要拟合）。
- 不依比例乡村路103、104、105、106。
- 1层多点混凝土房屋49、50、51、52、53（草图如图4-23所示）。
- 2层多点混凝土房屋60、61、62、63、64、65（草图如图4-23所示）。

图4-23　外业草图

- 4点2层砖结构房屋点号3、39、16（3个角点）。

- 68、67、66 不拟合的依比例围墙（墙体宽 0.3m）。
- 四点棚房 76、77、78（3 个角点）。
- 路灯 69、70、71、72、97、98。
- 宣传橱窗 79、74。
- 肥气池（不依比例）59。
- 水井（不依比例）79。
- 地面上输电线（低压）75、83、84、85。
- 果树独立树 99、100、101、102。
- 菜地边界点 58、80、81、82（保留边界）。
- 陡坎坎顶边界点 54、55、56、57（坎高 2m）。
- 加固不拟合陡坎坎顶 93、94、95、96（坎高 1m）。

其余点为高程点。

4.4.3　绘平面图

1. 绘制控制点

选择右侧屏幕菜单的“控制点”按钮，弹出如图 4-24 所示的界面。单击“埋石图根点”并按“确定”按钮，命令区提示：

“绘图比例尺 1：<500>” 直接回车，即选定 1∶500 比例尺。若比例尺不是 1∶500，输入比例尺分母后回车。

“鼠标定点 P/<点号>” 输入 1，回车。

“等级—点名：(罗马字母等级可用一二三四五代替)” 输入 TG121，回车。

同样的操作把点号为 2、3 作成埋石图根点 TG123、TG135。

这样 3 个图根控制点就作好了。

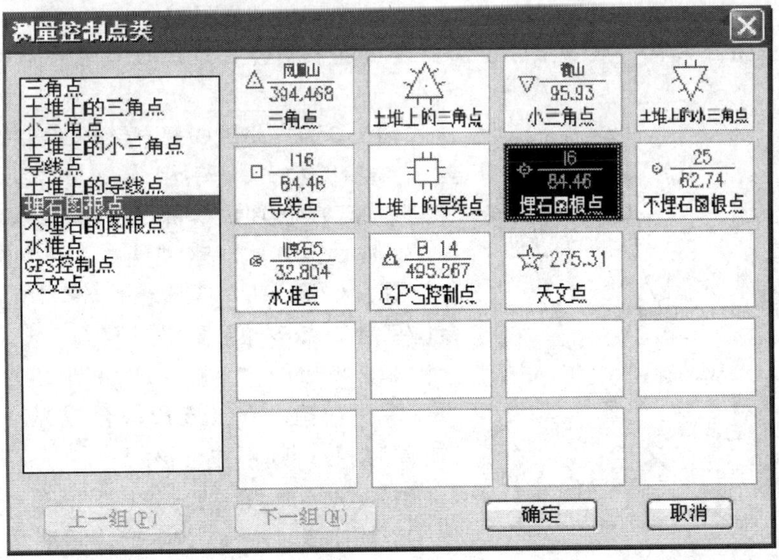

图 4-24　绘制“控制点”界面

2. 绘制交通设施

(1) 下面先作一个平行等外公路，一边边点为92、45、46、13、47、48，对边一点为19，选择右侧屏幕菜单的“交通设施”按钮，弹出如图4-25所示的界面。

图4-25 绘制“交通设施”界面

单击“平行等外公路”，再单击“确定”，命令区提示：

“鼠标定点P/＜点号＞” 输入92，回车。

“鼠标定点P/＜点号＞” 输入45，回车。

“闭合C/隔一闭合G/隔一点J/微导线A/曲线Q/边长交会B/回退U/点P/＜点号＞” 输入46，回车。

“闭合C/隔一闭合G/隔一点J/微导线A/曲线Q/边长交会B/回退U/点P/＜点号＞” 输入13，回车。

“闭合C/隔一闭合G/隔一点J/微导线A/曲线Q/边长交会B/回退U/点P/＜点号＞” 输入47，回车。

“闭合C/隔一闭合G/隔一点J/微导线A/曲线Q/边长交会B/回退U/点P/＜点号＞” 输入48，回车。

“闭合C/隔一闭合G/隔一点J/微导线A/曲线Q/边长交会B/回退U/点P/＜点号＞” 回车。

“拟合线＜N＞?” 输入Y，回车。

说明：输入Y，该边拟合成光滑曲线；输入N（缺省为N），则不拟合该线。

“1. 边点式/2. 边宽式＜1＞:” 回车（默认1）。

说明：选1（缺省为1），将要求输入公路对边上的一个测点；选2，要求输入公路宽度。

“对面一点：鼠标定点P/＜点号＞” 输入19，回车。

这时平行等外公路就作好了，如图4-26所示。

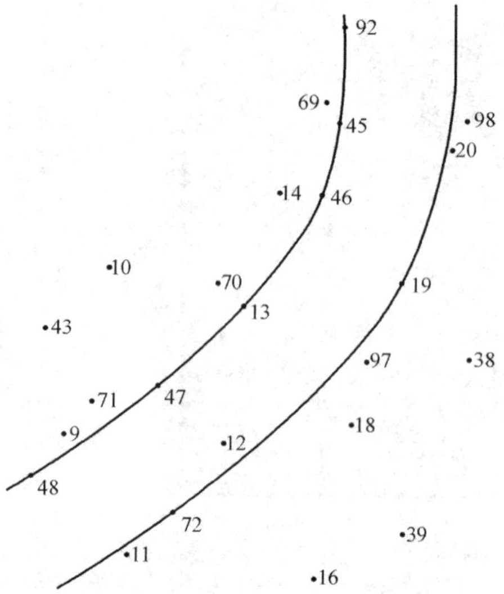

图4-26 绘制好的一条平行等外公路

（2）同样在“交通设施”菜单中用 86、87、89、90、91 绘制拟合小路；用 103、104、105、106 绘制拟合的不依比例乡村路。

3. 绘制居民地

（1）先作一个多点房屋。点号为 49、50、51、52、53（结合草图 4-23 绘制）。选择右侧屏幕菜单的“居民地”选项，弹出如图 4-27 所示界面。

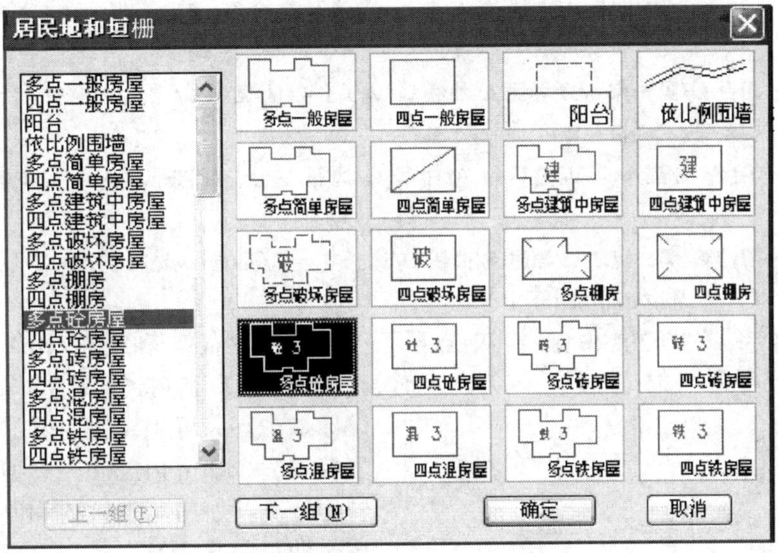

图 4-27　绘制“居民地”界面

用鼠标左键选择“多点砼房屋”，再单击“确定”按钮。命令区提示：

“第一点：鼠标定点 P/<点号>” 输入 49，回车。

“指定点：鼠标定点 P/<点号>” 输入 50，回车。

“闭合 C/隔一闭合 G/隔一点 J/微导线 A/曲线 Q/边长交会 B/回退 U/点 P/<点号>” 输入 51，回车，再输入 J，回车。

“鼠标定点 P/<点号>” 输入 52，回车。

“闭合 C/隔一闭合 G/隔一点 J/微导线 A/曲线 Q/边长交会 B/回退 U/点 P/<点号>” 输入 53，回车。

“闭合 C/隔一闭合 G/隔一点 J/微导线 A/曲线 Q/边长交会 B/回退 U/点 P/<点号>” 输入 C，回车。

“输入层数：<1>” 回车（默认为 1 层）。

说明：选择多点砼房屋后系统自动读取地物编码，不需我们逐个记忆。从第三点起弹出许多选项，这里以“隔一点”功能为例，（需输入 J）输入 J 后，再输入后一点，这时系统自动算出隔点，使隔点与前一点及输入的后点的连线构成直角。输入 C 时，表示闭合。

（2）再作一个多点砼房（点号 60、61、62、63、64、65，注意结合草图），进一步熟悉操作过程。命令区提示：

“第一点：鼠标定点 P/<点号>” 输入 60，回车。

“指定点：鼠标定点 P/<点号>” 输入 61，回车。

“闭合 C/隔一闭合 G/隔一点 J/微导线 A/曲线 Q/边长交会 B/回退 U/点 P/<点号>” 输入 62，

回车。

“闭合C/隔一闭合G/隔一点J/微导线A/曲线Q/边长交会B/回退U/点P/<点号>” 输入A，回车。

“微导线—键盘输入角度（K）/<指定方向点（只确定平行和垂直方向）>” 用鼠标左键在62点上侧一定距离处点一下（即指定下一点的方向在62点之上）。

“距离<m>”：输入4.5，回车。

“闭合C/隔一闭合G/隔一点J/微导线A/曲线Q/边长交会B/回退U/点P/<点号>” 输入63，回车。

“闭合C/隔一闭合G/隔一点J/微导线A/曲线Q/边长交会B/回退U/点P/<点号>” 输入J，回车。

“鼠标定点P/<点号>” 输入64，回车。

“闭合C/隔一闭合G/隔一点J/微导线A/曲线Q/边长交会B/回退U/点P/<点号>” 输入65，回车。

“闭合C/隔一闭合G/隔一点J/微导线A/曲线Q/边长交会B/回退U/点P/<点号>” 输入C，回车。

“输入层数：<1>” 输入2，回车。

说明：“微导线”的功能由输入当前点至下一点的左角（°）和距离（m）来决定，输入后软件将计算出导线点位并连线。输入角度时若输入K，则可直接输入左向转角；若直接用鼠标点击，只可确定垂直和平行方向。此功能特别适合知道角度和距离但看不到点的位置的情况，如房角点被树和路灯等障碍物遮挡时即可用此法。

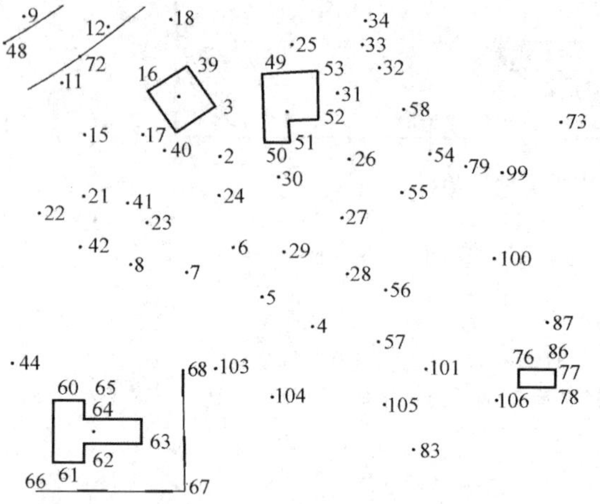

图4-28　绘制的居民地示意图

以上两栋房子绘制后的效果如图4-28所示。

（3）同样用“居民地”菜单，将3、39、16三点绘制成三点2层砖结构的四点房；用68、67、66绘制不拟合的依比例围墙，墙体宽度0.37m；用76、77、78绘制成四点棚房。

4. 绘制独立地物

用同样的方法，在“独立地物”菜单中，用69、70、71、72、97、98分别绘制路灯；用73、74绘制宣传橱窗；用59绘制不依比例肥气池。

5. 绘制水系设施

在“水系设施”菜单中，用79绘制水井。

6. 绘制管线设施

在“管线设施”菜单中，用75、83、84、85绘制地面上输电线。

7. 绘制植被园林

在“植被园林”菜单中，用99、100、101、102分别绘制果树独立树；用58、80、81、82绘制菜地（第82号点之后仍要求输入点号时直接回车），并使边界不拟合，保留边界。

8. 绘制地貌土质

在“地貌土质”菜单中，用54、55、56、57绘制拟合的坎高为2m的陡坎；用93、94、

95、96 绘制不拟合的坎高为 1m 的加固陡坎。

最后选择“编辑”菜单下的“删除”二级菜单下的“删除实体所在图层”，鼠标符号变成了一个小方框，用左键点取任何一个点号的数字注记，所展点的注记将被删除。

平面图作好后效果如图 4 - 29 所示。

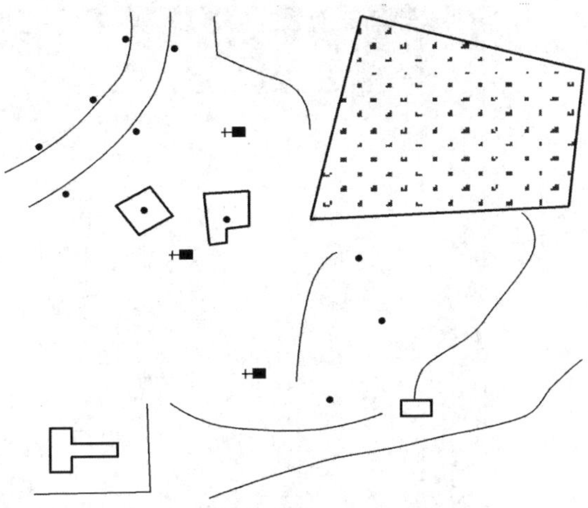

图 4 - 29　建设新村的平面图

4.4.4　绘制等高线

1. 展高程点

用鼠标左键单击“绘图处理”菜单下的“展高程点”，将会弹出如图 4 - 21 所示的数据文件对话框，选择 D 盘，文件名选项里输入“建设新村 . dat”文件，单击打开。

命令区提示：**“注记高程点的距离（米）”**：直接回车，表示不对高程点注记进行取舍，全部展出来。若采集的高程点太密，可输入点间距（注记高程点的距离），进行取舍。

2. 建立 DTM

用鼠标左键单击“等高线”菜单下的“用数据文件生成 DTM”，将会弹出如图 4 - 21 所示的数据文件对话框，选择 D 盘，文件名选项里输入“建设新村 . dat”文件，单击打开。

命令区提示：

“请选择：1. 不考虑坎高　2. 考虑坎高<1>：” 回车（默认选 1）。

“请选择地性线：（地性线应过已测点，如不选则直接回车）”

“选择对象：” 回车（表示没有地性线）。

“请选择：1. 显示建三角网结果　2. 显示建三角网过程　3. 不显示三角网<1>” 回车（默认选 1）。

这样左部区域的点连接成三角网。其他点在建设新村 . DAY 数据文件里高程为 0，故不参与建立三角网。

3. 绘等高线

用鼠标左键单击“等高线”菜单下的“绘等高线”。

命令区提示：

“最小高程为 490. 400 米，最大高程为 500. 228 米”

“请输入等高距<单位：米>：” 输入 1，回车。

“请选择：1. 不光滑　2. 张力样条拟合　3. 三次 B 样条拟合　4. SPLINE<1>：” 输入 3，回车。

这样等高线就绘好了。

再选择“等高线”菜单下的“删三角网”，这时屏幕显示如图 4 - 30 所示。

4. 等高线的修剪

利用“等高线”菜单下的“等高线修剪”二级菜单，用鼠标左键单击“切除穿建筑物等高线”，软件将自动搜寻穿过建筑物的等高线并将其进行整饰。单击“切除指定二线间等高线”，依提示依次用鼠标左键选取左上角的道路两边，CASS6. 0 将自动切除等高线穿过道路的部分。单击“切除穿高程注记等高线”，CASS6. 0 将自动搜寻，把等高线穿过注记的部分切除。

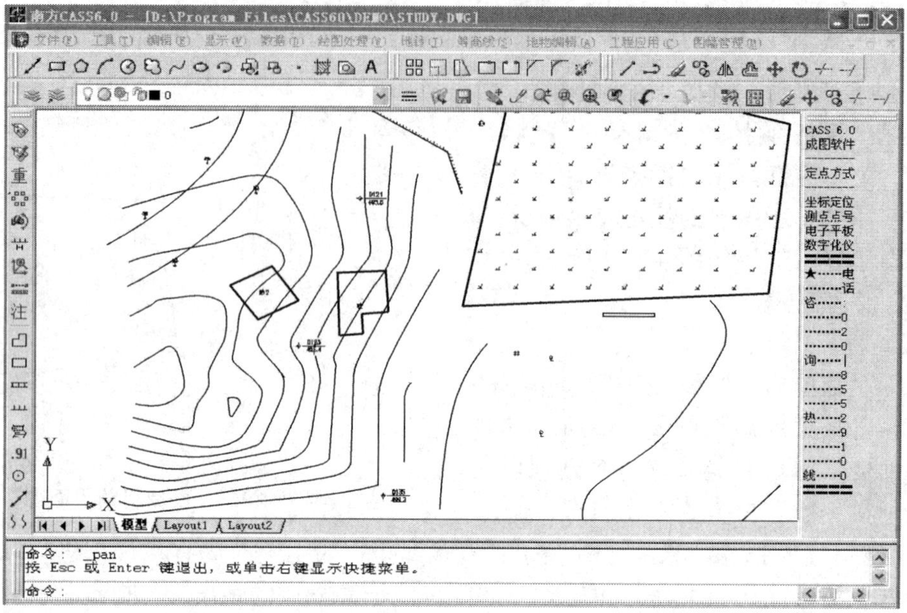

图4-30　绘好的等高线

4.4.5　加文字注记

下面我们演示在平行等外公路上加注记“经纬路”三个字。

用鼠标左键点取右侧屏幕菜单的“文字注记”项，弹出如图4-31所示的界面。单击“注记文字”项，然后单击“确定”。

图4-31　“文字注记”对话框

命令区提示：

“请输入图上注记大小（mm）<3.0>” 回车（默认3mm）。

“请输入注记内容:” 输入“经”，回车。

“请输入注记位置（中心点）:” 在平行等外公路两线之间的合适的位置单击鼠标左键。

用同样的方法在合适的位置输入“纬”、“路”二字。

4.4.6　加图框

用鼠标左键单击“绘图处理”菜单下的“标准图幅（50×40）”，弹出如图 4-32 所示的界面。

在“图名”栏里，输入“建设新村”。

在“测量员”、“绘图员”、“检查员”各栏里分别输入“张三”、“李四”、“王五”。

在“左下角坐标”的“东”、“北”栏内分别输入“53073”、“31050”（也可以用鼠标左键拾取图的左下脚，以确定图框左下脚点的坐标）。

图 4-32　图幅信息输入对话框

在“删除图框外实体”栏前打勾，取消取整，然后单击“确认”。这样该幅图就作好了，如图 4-33 所示。

另外，图名、图框左下脚和右下脚的信息可以用鼠标左键双击，在编辑文字对话框里进

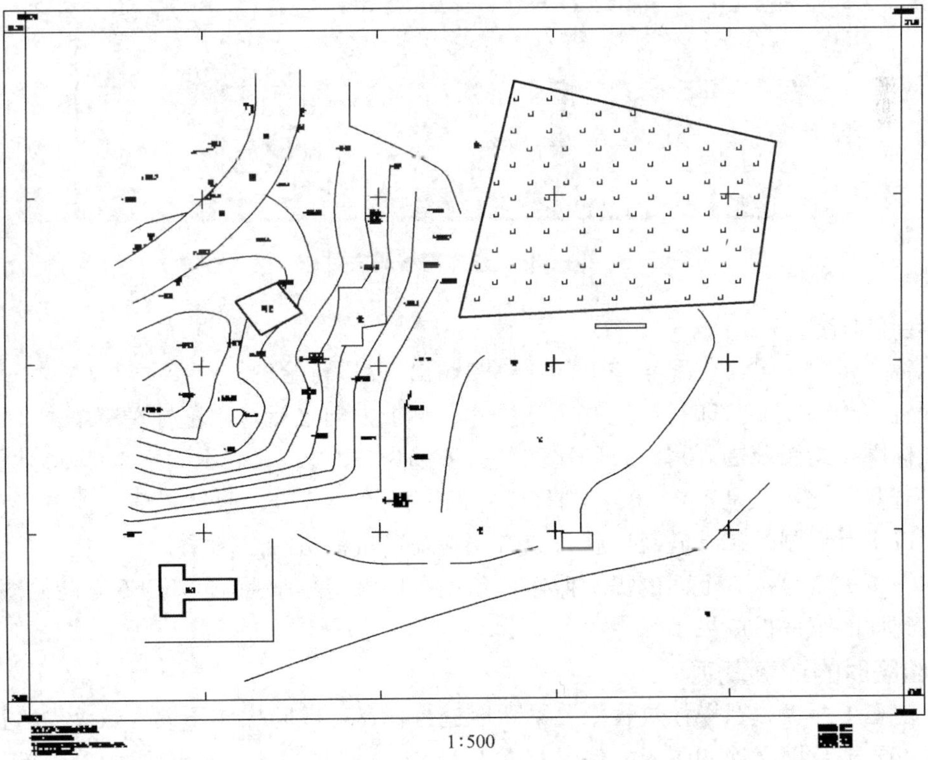

图 4-33　加上图框的“建设新村”地形图

行修改，也可以在对象特性对话框里修改字样。

4.4.7 “简码法”自动绘图方式

简码法自动绘图方式也称作“带简编码格式的坐标数据文件自动绘图方式”。与“草图法”在野外测量时不同的是，每测一个地物点时都要在电子手簿或全站仪上输入地物点的简编码。

1. 定显示区

此步操作与“草图法”中“测点点号”定位绘图方式作业流程的“定显示区”操作相同。

2. 简码识别

移动鼠标至“绘图处理”项，单击左键，即可出现下拉菜单。在该菜单中选择“简码识别”项按左键，即出现如图4-34所示对话窗。输入带简编码格式的坐标数据文件名（此处以C：\CASS60\DEMO\YMSJ.DAT为例）。当提示区显示“简码识别完毕！”同时在屏幕绘出如图4-35所示的平面图形。如果在平面图的基础上绘制等高线，则参考本章的4.4.4绘制等高线。如果要编辑平面图，则参考本章的4.4.5和4.4.6进行图形编辑。

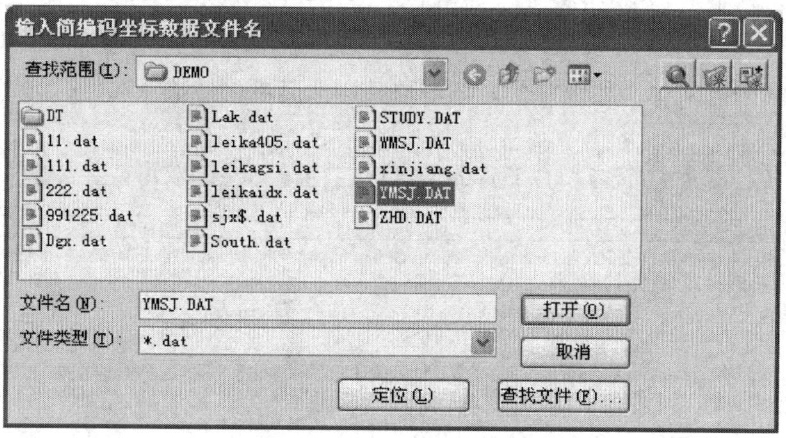

图4-34　选择简编码文件

4.4.8 绘图输出

用鼠标左键单击“文件”菜单下的“绘图输出”，进行绘图。

当配置好绘图仪或打印机，选好图纸尺寸、图纸方向之后，用鼠标左键单击“窗选”按钮，用鼠标圈定绘图范围。将“打印比例”一项选为“2∶1”（表示满足1∶500比例尺的打印要求；若测图比例尺是1∶1000，则打印比例选择“1∶1”），通过“部分预览”和“全部预览”可以查看出图效果，满意后就可单击“确定”按钮进行绘图了。

当你一步一步地按着上面的提示操作，到现在你就基本掌握了CASS6.0的绘图方法了，也可以看到你的第一份成果了。

4.4.9 绘图时的注意事项

（1）别忘了存盘。在操作过程中要不断地进行存盘，以防操作不慎导致丢失。正式工作时，最好不要把数据文件和图形文件保存在CASS6.0子目录下，应该创建工作目录。比如在D盘根目录下创建DATA目录存放数据文件，在D盘根目录下创建DWG目录存放图形文件。

(2) 时刻关注命令提示。在执行各项命令时，每一步都要注意看下面命令区的提示，当出现“命令:”提示时，要求输入新的命令；出现“选择:”提示时，要求选择对象等。当一个命令没执行完时，最好不要输入执行另一个命令。若要强行终止命令，可按键盘左上角的“Esc”键或按“Ctrl”的同时按下“C”键，直到出现“命令:”提示为止。

(3) 灵活使用 AutoCAD 的功能。在作图的过程中，要常常用到一些编辑功能，例如删除、移动、复制、回退等，具体操作同 AutoCAD2004。因此，熟练掌握和灵活使用 AutoCAD 的功能，会大大提高作图效率。

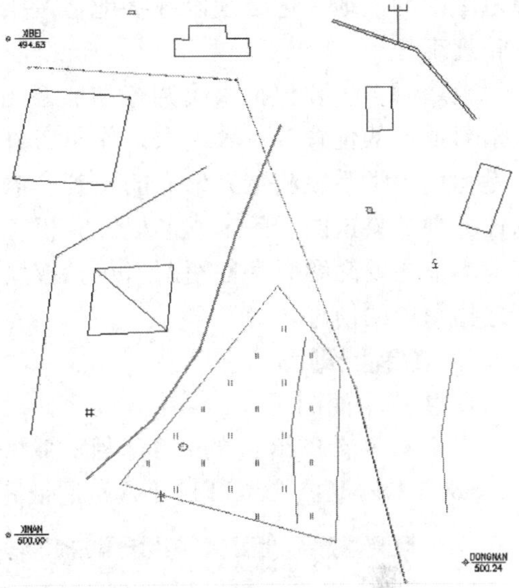

图 4-35　用 YMSJ. DAT 绘的平面图

(4) 有些命令有多种执行途径，可根据自己的喜好灵活选用快捷工具按钮、屏幕菜单、顶部下拉菜单或在命令区直接输入命令。

(5) CASS6.0 和 AutoCAD 都有一些常用快捷命令，参看表 4-1。若能熟练掌握，经常使用，会大大提高绘图效率。

表 4-1　AutoCAD 系统和 CASS6.0 系统常用快捷命令

AutoCAD 系统		CASS6.0 系统			
操作	命令内容	操作	命令内容	操作	命令内容
A	画弧（ARC）	DD	通用绘图命令	W	绘制围墙
C	画圆（CIRCLE）	V	查看实体属性	K	绘制陡坎
CP	拷贝（COPY）	S	加入实体属性	XP	绘制自然斜坡
E	删除（ERASE）	F	图形复制	G	绘制高程点
L	画直线（LINE）	RR	符号重新生成	D	绘制电力线
PL	画复合线（PLINE）	H	线型换向	I	绘制道路
LA	设置图层（LAYER）	KK	查询坎高	N	批量拟合复合线
LT	设置线型（LINETYPE）	X	多功能复合线	O	批量修改复合线高
M	移动（MOVE）	B	自由连接	WW	批量改变复合线宽
P	屏幕移动（PAN）	AA	给实体加地物名	Y	复合线上加点
Z	屏幕缩放（ZOOM）	T	注记文字	J	复合线连接
R	屏幕重画（REDRAW）	FF	绘制多点房屋	Q	直角纠正
PE	复合线编辑（PEDIT）	SS	绘制四点房屋		

4.5　CASS6.0 绘制地籍图

地籍是土地管理的基础，地籍调查是土地登记规定的必经程序，随着数字化地图的兴起和现代化信息管理的需要，建立城镇数字地籍数据库的工作已经势在必行，而城镇数字地籍调查测量则是建立城镇地籍数据库的基础。为此，国土资源部和各地方土地部门明确要求城镇范围内的土地登记必须以数字地籍调查测量的结果为依据，全面推行现代化、规范化的地籍管理工作。

地籍调查主要包括权属调查和地籍测量两大部分。前者主要工作是由相关人员实地共同认指界址点的位置及对界址点，作出正确描述并经本宗邻宗指界人员签名确认；后者主要工作是运用科学手段测定界址点的位置、测算宗地的面积、绘制地籍图等。数字地籍调查测量的任务则是将这两者的工作形成计算机存储的数字、图形、文字信息。

本节主要介绍数字地籍图（包括权属图、宗地图、地籍表格）的绘制和生成以及如何管理地籍图中的信息。

4.5.1 绘制地籍图

1. 生成平面图

用4.4.7节介绍过的“简码识别”的方法绘出如图4-36所示平面图（示例文件CASS60\DEMO\SOUTH.DAT是带简编码的坐标数据文件）。

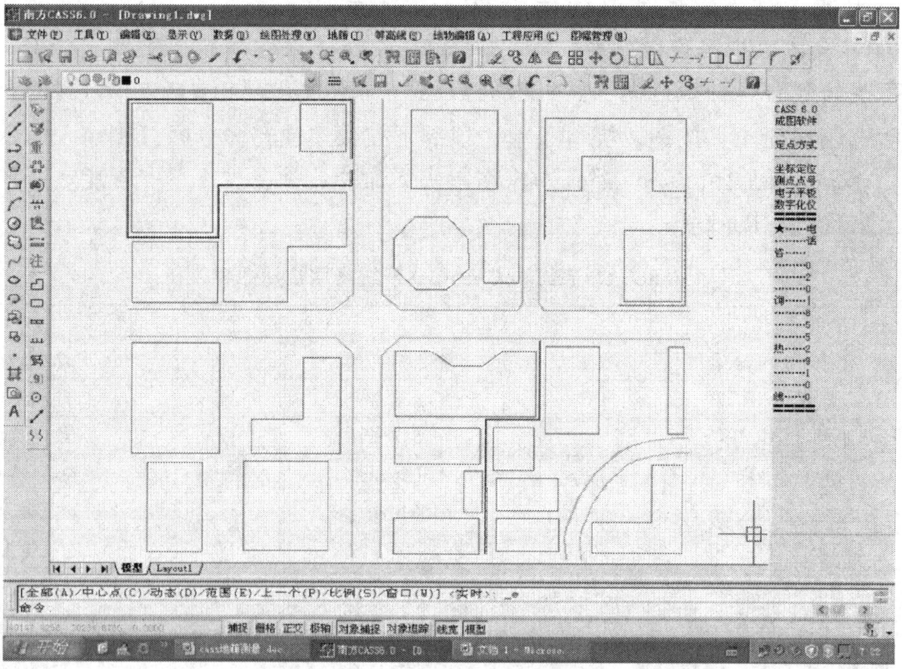

图4-36 用SOUTH.DAT示例数据绘制的平面图

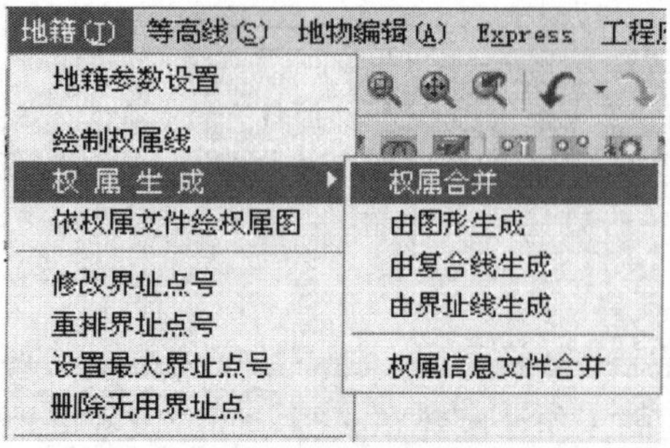

图4-37 权属生成的四种方法

地籍部分的核心是带有宗地属性的权属线，生成权属线方法有两种：

（1）直接在屏幕上用坐标定点法绘制权属线。

（2）通过生成权属信息数据文件的方法来绘制权属线。

2. 生成权属信息数据文件

选择“地籍”菜单项下的“权属生成”，如图4-37所示，可以看出有四种方法可得到权属信息数据文件。

(1) 权属合并。权属合并需要用到两个文件即权属引导文件和界址点数据文件。

权属引导文件的后缀是 yd，其格式如下：

宗地号，权利人，土地类别，界址点号，界址点号……界址点号，E（一宗地结束）

宗地号，权利人，土地类别，界址点号，界址点号……界址点号，E（一宗地结束）

E（文件结束）

权属引导文件的格式说明：

1）每一宗地信息占一行，以 E 为一宗地的结束符，E 要求大写。

2）编宗地号方法是，街道号（地籍区号）＋街坊号（地籍子区）＋宗地号（地块号），街道号和街坊号位数可在“参数设置”内设置。

3）权利人按实际调查结果输入。

4）土地类别按规范要求输入。

5）权属引导文件的结束符为 E。

权属引导文件示例如图 4-38 所示。

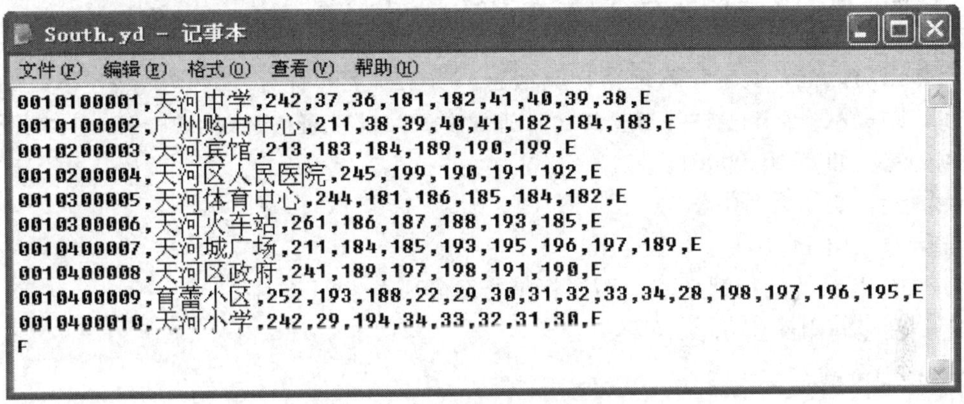
South.yd - 记事本

文件(F)　编辑(E)　格式(O)　查看(V)　帮助(H)

```
0010100001,天河中学,242,37,36,181,182,41,40,39,38,E
0010100002,广州购书中心,211,38,39,40,41,182,184,183,E
0010200003,天河宾馆,213,183,184,189,190,199,E
0010200004,天河区人民医院,245,199,190,191,192,E
0010300005,天河体育中心,244,181,186,185,184,182,E
0010300006,天河火车站,261,186,187,188,193,185,E
0010400007,天河城广场,211,184,185,193,195,196,197,189,E
0010400008,天河区政府,241,189,197,198,191,190,E
0010400009,育蕾小区,252,193,188,22,29,30,31,32,33,34,28,198,197,196,195,E
0010400010,天河小学,242,29,194,34,33,32,31,30,F
F
```

图 4-38　权属引导文件格式

若需要编辑权属文件，可用鼠标单取菜单中“编辑\编辑文本文件”命令，参考图 4-38的文件格式和内容编辑好权属引导文件，存盘返回 CASS 屏幕。

选择“地籍成图\权属生成\权属合并”项，系统弹出“输入权属引导文件”对话框，如图 4-39 所示。选择权属引导文件 south.yd，单击“打开”按钮。

系统弹出“输入坐标点（界址点）数据文件名”对话框，选择界址点数据文件 south.dat，单击“打开”按钮。

系统弹出“输入地籍权属信息数据文件名”，这里要输入保存地籍信息的权属文件名 south.qs，然后单击“保存”按钮。

当命令提示区显示 **“权属合并完毕!”** 时，表示权属信息数据文件 south.qs 已自动生成。这时按 F2 键可以看到权属合并的过程。

(2) 由图形生成权属。当外业完成地籍调查和测量后，得到界址点坐标数据文件和宗地的权属信息，内业就可以用此功能完成权属信息文件的生成工作。

先用“绘图处理”下的“展野外测点点号”功能展出外业数据的点号，再选择“地籍成图\生成权属\由图形生成”项，命令区提示：

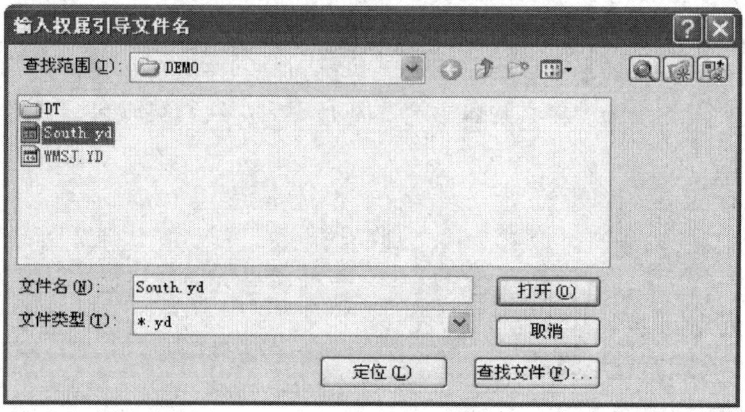

图 4-39　输入权属引导文件

是否绘出界址线？(1) 否；(2) 是<1>按要求选择，默认选 1，不绘出界址线。

请选择：(1) 界址点号按序号累加；(2) 手工输入界址点号<1>按要求选择，默认选 1。

下面弹出对话框，要求输入地籍权属信息数据文件名，保存在合适的路径下，如果此文件已存在，则提示：**文件已存在，请选择 (1) 追加该文件；(2) 覆盖该文件<1>**按实际情况选择。

输入宗地号：如 0010100001。

输入权属主：如“天河中学”。

输入地类号：如 44。

输入点：打开系统的捕捉功能，用鼠标捕捉到第一个界址点 37。

接着，命令行继续提示：

输入点：等待输入下一点。

……

依次选择 39、40、41、182、181、36 点。

输入点：回车或按空格键，完成该宗地的编辑。

请选择：1. 继续下一宗地；2. 退出<1>：输入 2，回车。

说明：选 1 则重复以上步骤继续下一宗地，选 2 则退出本功能。

这时，权属信息数据文件已经自动生成。

(3) 用复合线生成权属。该方法适合一个宗地就是一栋建筑物的情况，则否就要沿着权属线画出封闭复合线。

选择“地籍”菜单下“权属生成”后的“由复合线生成”项，在“输入地籍权属信息数据文件名”对话框下，输入权属信息数据文件的保存路径及文件名，单击“保存”，命令区提示：

输入界址号前缀字母：〈不要前缀〉直接回车。

选择复合线（回车结束）：用鼠标点取一栋封闭建筑物。

输入宗地号：如“0010100001”，回车。

输入权属主：如“天河中学”，回车。

输入地类号：如“44”，回车。

该宗地已写入权属信息文件！

请选择：1. 继续下一宗地；2. 退出<1>：输入 2，回车。

说明：选 1 则重复以上步骤继续下一宗地，选 2 则退出本功能。

(4) 用界址线生成权属。如果图上没有界址线，可用“地籍”菜单下“绘制权属线”生成，如图 4-40 所示。

使用此功能时，系统会提示输入宗地边界的各个点。当宗地闭合时，系统将认为宗地已绘制完成，弹出对话框，要求输入宗地号、权属主、地类号等。

输入完成后单击“确定”按钮，系统会将对话框中的信息写入权属线。

权属线里的信息可以被读出来，写入权属信息文件，这就是由权属线生成权属信息文件的原理。操作步骤如下：

执行“地籍\权属生成\由界址线生成”命令后，直接用鼠标在图上批量选取权属线，然后系统弹出对话框，要求输入权属信息文件名，单击“保存”即可。

用已有的权属线生成权属信息文件，用于统计地籍报表非常方便。

有了带属性的权属线后，即可用“地籍\依权属文件绘权属图”功能作权属图。

(5) 权属信息文件合并。权属信息文件合并的作用只是将多个权属信息文件合并成一个文件，即将多宗地的信息合并到一个权属信息文件中。这个功能常在需要将多宗地信息汇总时使用。

3. 绘权属地籍图

生成平面图之后，可以用手工绘制权属线的方法绘制权属地籍图，也可通过权属信息文件来自动绘制。

(1) 手工绘制。使用“地籍”菜单下“绘制权属线”功能生成，并选择不注记，可以手工绘出权属线。这种方法最直观，权属线绘制完毕后系统立即弹出对话框，要求输入属性，单击“确定”按钮后系统将宗地号、权利人、地类编号等信息加到权属线里，如图 4-41 所示。

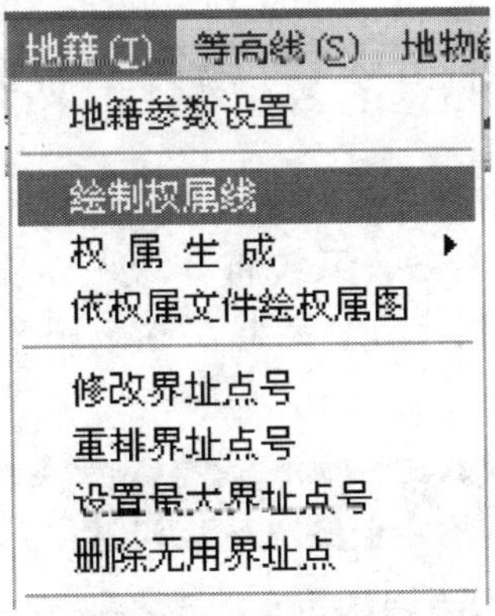

图 4-40 绘制权属线菜单

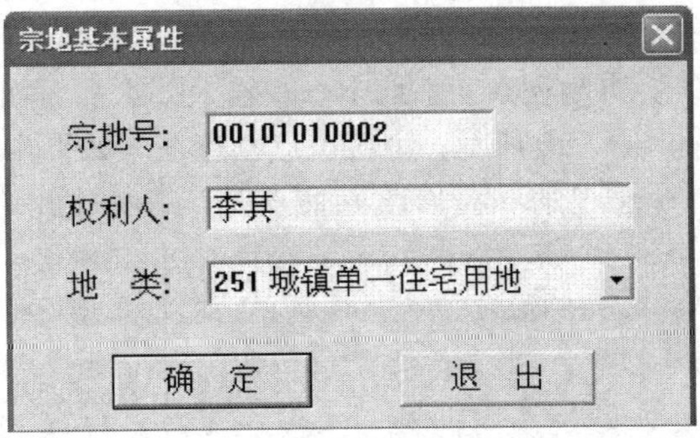

图 4-41 加入权属线属性

(2) 通过权属信息数据文件绘制。

首先可以利用“地籍\地籍参数设置”功能对成图参数进行设置。

根据实际情况选择适合的注记方式，绘权属线时要作哪些权属注记。如要将宗地号、地类、界址点间距离、权利人等全部注记，则在这些选项前的方格中打上勾，如图 4 - 42 所示。

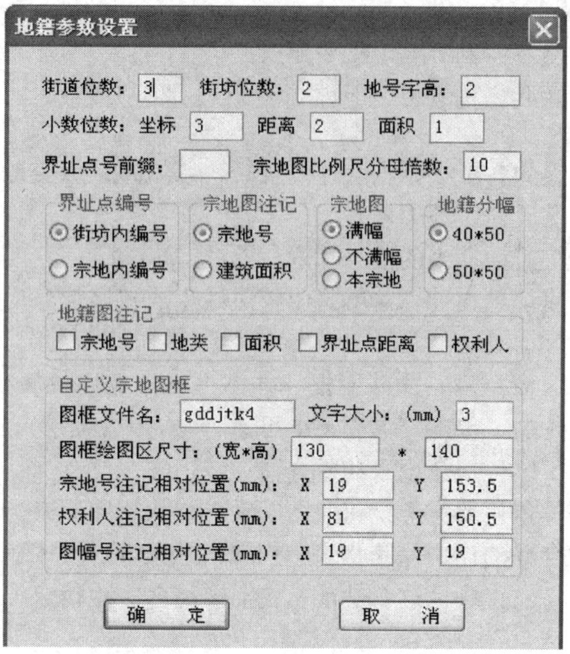

图 4 - 42　地籍参数设置

参数设置完成后，选择“地籍 \ 依权属文件绘权属图”，如图 4 - 43 所示。

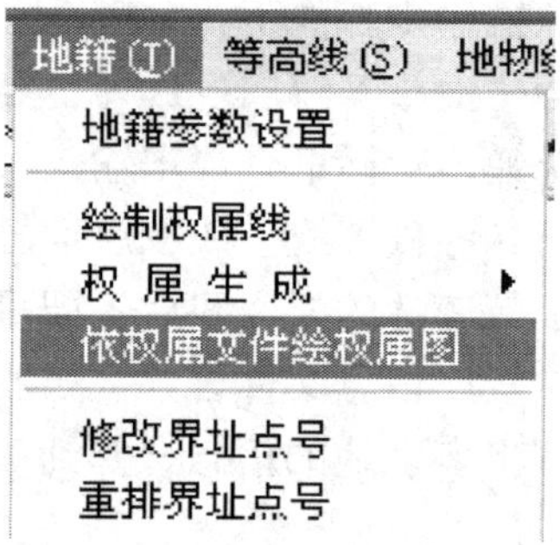

图 4 - 43　依权属文件绘权属图菜单

界面弹出要求输入权属信息数据文件名的对话框，这时输入权属信息数据文件，命令区提示：

输入范围（宗地号．街坊号或街道号）<全部>：根据绘图需要，输入要绘制地籍图的范围，默认值为全部。

如：输入 0010100001 只绘出该宗地的权属图，输入 00102 将绘出街道号为 001 街坊号为 02 的所有宗地权属图，输入 001 将绘出街道号为 001 的所有宗地权属图。

4. 图形编辑

（1）修改界址点点号。

选取“地籍”菜单下“修改界址点号”功能。

命令行显示：**选择界址点圆圈：**点取你要修改的界址点圆圈，也可按住鼠标左键，拖框批量选择。回车，出现如图 4 - 44 所示的对话框。

对话框的左上角就是要修改点的位置，提示的是它的当前点号，将它修改成所要求的点号，回车。

系统会自动在当前宗地中查找输入的点号。如果当前宗地中已有该点号，系统将弹出对话框，如图 4 - 45 所示，说明该点已存在。如果输入的点号有效，系统将其写入界址点圆圈的属性中。若选择批量修改界址点时，将依次出现图 4 - 44 所示对话框，逐个修改界址点点号。

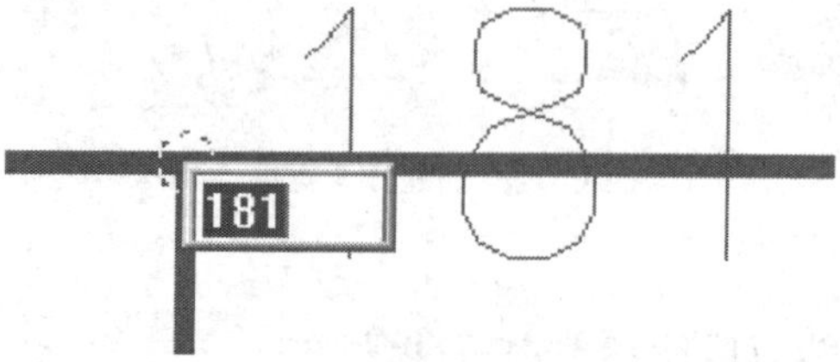

图 4 - 44　修改界址点对话框

图 4 - 45　提示已存在该点

（2）重排界址点号。此功能可批量修改界址点点号。

选取“地籍”菜单下“重排界址点号”功能。

命令行提示：**选择（1）手工选择要重排的界址点；（2）指定区域边界**<1>可以重排部分点，也可以选定一个区域，区域内所有界址点号重新编排。

选择对象：输入界址点号起始值：<1>在这里输入界址点的起始点号，该点号将被赋予选中的第一个点，按顺时针方向，其他点的点号将依次加1。

排列结束，最大界址点号为×××。

（3）界址点圆圈修饰（剪切\消隐）。当选择剪切功能，可一次性将全部界址点圆圈内的权属线切断。由于执行本功能后，所有权属线被打断，其他操作可能无法正常进行。建议执行本操作后将图形另存为其他文件名或不要存盘。一般来说，在出图前执行此功能。

当选择消隐功能，屏幕在闪烁片刻后，即可发现所有的界址点圆圈内的界址线都被消隐，消隐后所有界址线仍然是一个整体，移屏时可以看到圆圈内的界址线。

（4）界址点生成数据文件。此功能可一次性将全部界址点的坐标读出来，写入坐标数据文件中。

如果只想生成一定区域内界址点的坐标数据文件，可先用复合线画出该区域边界。然后点取所画复合线。这时生成的坐标数据文件中只包含区域内的点。

（5）查找指定宗地和界址点。

选取“地籍”菜单下“查找指定界址点”后，命令行输入界址点号回车，系统在图上寻找所输入的界址点点号，然后，将图进行平移，使得当前点居中显示。同时在命令行显示该点的坐标。

如果是查找宗地，用“查找指定宗地”功能，并输入宗地名后，系统也会将指定宗地居中显示。

4.5.2 宗地属性处理

1. 宗地合并

选取“地籍”菜单下“宗地合并”功能。

命令行提示**“选择第一宗地”：**点取第一宗地的权属线。

命令行提示**“选择另一宗地”：**点取第二宗地的权属线。

完成后，两宗地的公共边被删除。宗地属性为第一宗地的属性。

2. 宗地分割

执行此项工作前必须先将分割线用复合线画出来。

选取“地籍”菜单下“宗地分割”功能。

命令行提示**“选择要分割的宗地”：**选择要分割宗地的权属线。

命令行提示**“选择分割线”：**选择用复合线画出的分割线。

回车后原来的宗地自动分为两宗，但此时属性与原宗地相同。

3. 修改宗地属性

选取“地籍”菜单下“修改宗地属性”功能。

命令行提示**“选择宗地”：**用鼠标点取宗地权属线或注记均可。点中后系统弹出如图4-46所示宗地属性对话框，即可在该对话框内修改宗地属性。

4. 输出宗地属性

输出宗地属性功能可以将图4-46所示的宗地信息输出到ACCESS数据库。

选取“地籍”菜单下“输出宗地属性”功能。屏幕弹出“输入ACCESS数据库文件名”对话框，输入文件名后单击“保存”按钮。命令行提示**请选择要输出的宗地：**选取要输出的到ACCESS数据库的宗地后回车，系统将宗地属性写入给定的ACCESS数据库文件名。

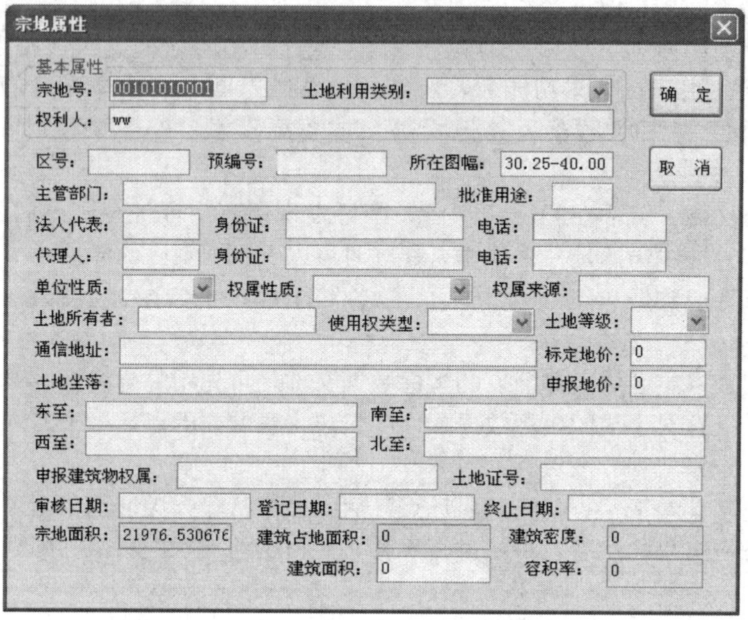

图4-46 宗地属性对话框

4.5.3 绘制宗地图

宗地图的绘制有单块宗地和批量处理两种方法，两种都是基于带属性的权属线。

1. 单块宗地

该方法可用鼠标划出切割范围。打开图形C：\CASS60\DEMO\SOUTHDJ.DWG。选择“地籍\绘制宗地图框\A4竖\单块宗地”。

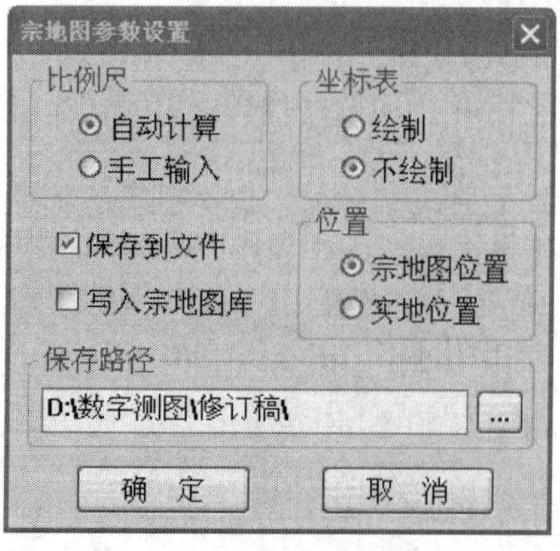

图4-47 宗地图参数设置

命令区提示**“用鼠标器指定宗地图范围—第一角”：**用鼠标指定要处理宗地的左下方。**“另一角”：**用鼠标指定要处理宗地的右上方。系统弹出如图4-47所示对话框。按要求填好内容，单击“确定”按钮。命令区提示**“用鼠标指定宗地图框的定位点”：**绘图区左键点绘图位置回车，即得到如图4-48所示的单块宗地图。

2. 批量处理

打开SOUTHDJ.DWG图形，选择“地籍\宗地图框\A4竖\批量处理”。

命令区提示：**选择对象：**选择要绘制的宗地图回车。

用鼠标器指定宗地图框的定位点：绘图区左键点绘图位置回车。

系统弹出如图 4-47 所示对话框，按要求填好内容，单击“确定”按钮，若干幅宗地图画好了，如图 4-49 所示。

4.5.4　绘制地籍表格

1. 界址点成果表

选择“地籍\绘制地籍表格\界址点成果表”项。

命令区提示：

“用鼠标指定界址点成果表的定位点”：用鼠标指定界址点成果表放置的位置回车。

“(1) 手工选择宗地；(2) 输入宗地号<1>” 手工选择宗地或输入宗地号后回车。该宗地的界址点成果表就绘制在指定的位置。

2. 界址点坐标表

选择“地籍\绘制地籍表格\界址点坐标表”命令，命令区提示：

“请指定表格左上角点”：用鼠标点取屏幕空白处一点。

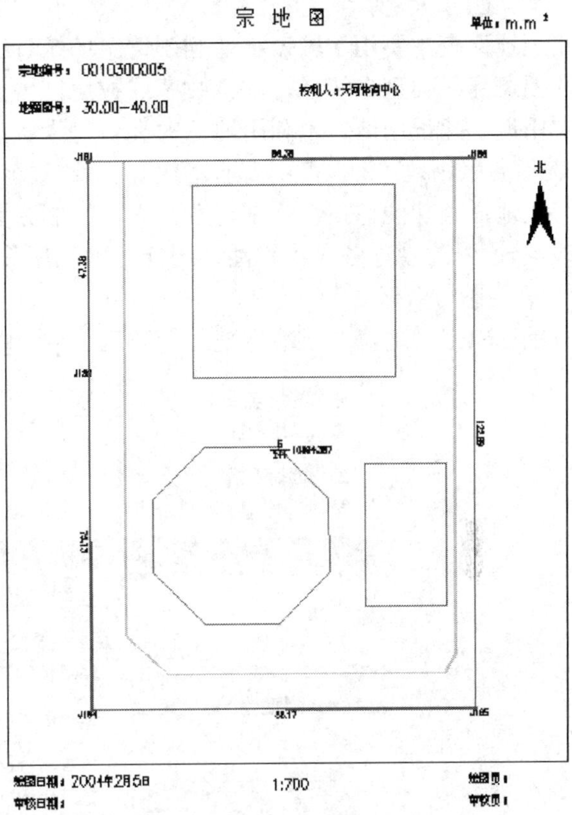

图 4-48　单块宗地图

“请选择定点方法：(1) 选取封闭复合线；(2) 逐点定位<1>” 回车默认选 1。

“选择复合线”：用鼠标选取图形上一代表权属线的封闭复合线，即得该宗地界址点坐标表。

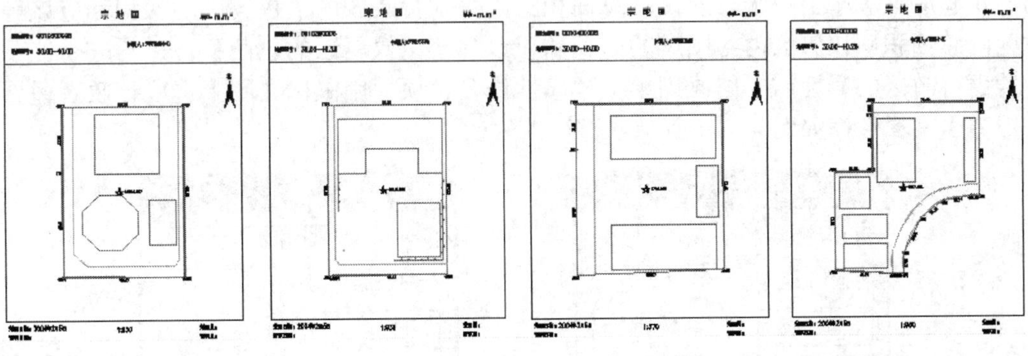

图 4-49　批量作宗地图

在绘制地籍表格子菜单下，只要按命令要求输入要求的项目，还可以绘制以街坊为单位界址点坐标表、以街道为单位宗地面积汇总表、城镇土地分类面积统计表、街道面积统计表、街坊面积统计表、面积分类统计表、街道面积分类统计表等。

4.5.5 土地详查

土地详查主要用于城镇土地利用情况的统计工作，根据行政区界线、权属界线、权属区内的图斑界线类型来统计一定行政区或权属区内土地的分类和利用情况。土地详查将土地分为农用地、建设用地、未利用地三大类，每大类下再细分至具体类型，如2表示建设用地，21表示商服用地，211表示商业用地等。

土地详查功能包括：绘制行政区界、绘制权属区界、生成地类界线（包括线状地类、零星地类）、修改管理各界线属性、统计土地利用面积等。

1. 绘制行政区

鼠标单击“地籍\土地详查\行政区”，出现如图4-50所示行政区子菜单。

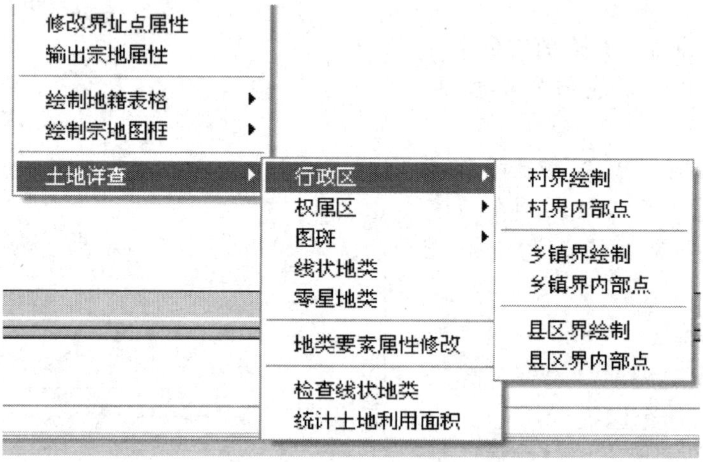

图4-50　绘制行政区子菜单

绘制行政区界有两种方式：一种是直接鼠标定点绘制边界，另一种是具有非行政区边界线时由内部点生成。绘制出边界线后弹出如图4-51所示对话框。

输入行政区属性后单击“确定”，继续绘制其他行政区界。需注意的是，低一级各行政区的面积和应该等于上一级行政区的总面积。同理，行政区内子权属区的面积和应该等于该行政区的总面积，权属区内各图斑的面积和应该等于该权属区的总面积。

若由行政区的属性需要修改则单击“属性修改”项，用鼠标在图上选取行政区边界或其注记，弹出其属性框如图4-52所示，即可以修改。

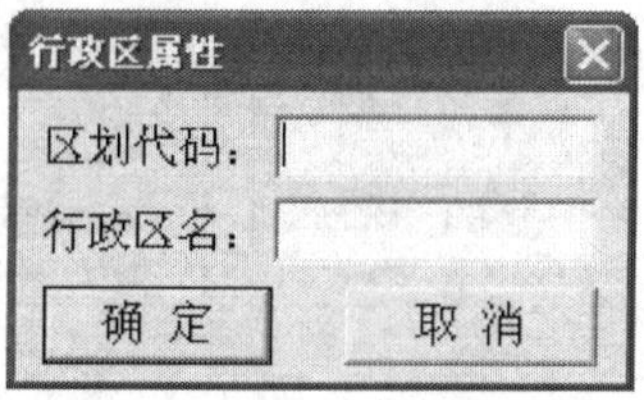

图4-51　行政区属性输入框

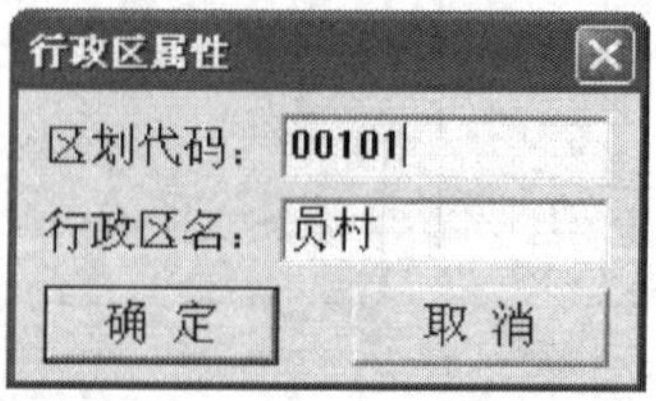

图4-52　修改行政区属性框

2. 绘制权属区

如图4-50所示，若鼠标单击“地籍\土地详查\权属区”，则进入权属区绘制。权属区的绘制方法同行政区绘制类似：一种是直接鼠标定点绘制边界，另一种是具有行政区边界线时由内部点生成。绘制完边界后弹出如图 4-53 所示对话框。输入权属区宗地号和权属区权利人，单击“OK”即可。其属性修改与 1 操作相同。

3. 绘制图斑

绘制出图斑界线后弹出如图 4-54 所示属性输入对话框，输入图斑信息单击“确定”即可。

若要统计图斑面积，选择“图斑”菜单后的“统计面积”子菜单，确定统计表的位置，选择图斑边界，可得到如图 4-55 所示图斑的面积。

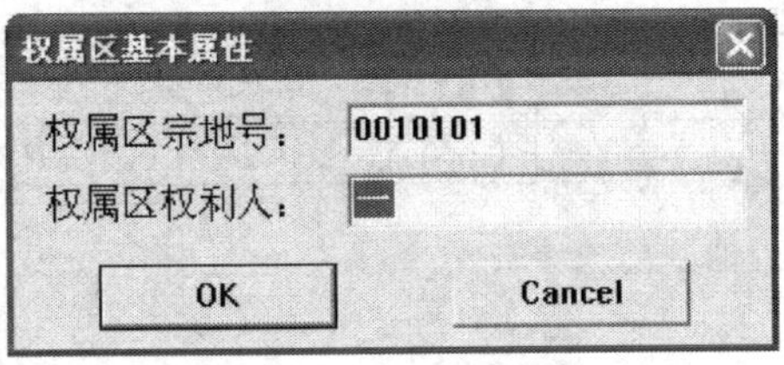

图 4-53　权属区属性输入

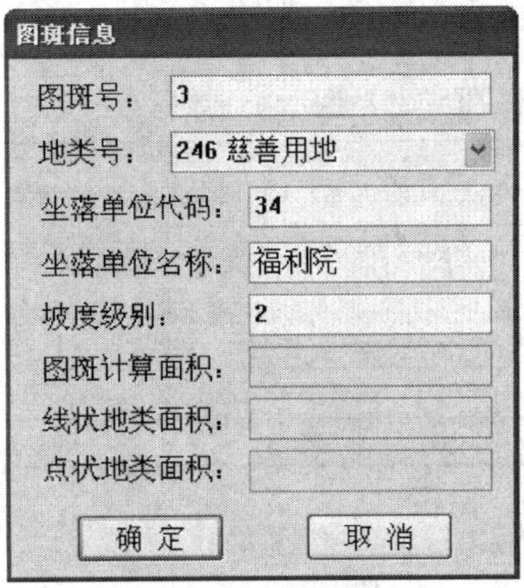

图 4-54　图斑属性信息对话框

土地分类面积统计表

序号	地类名称 (有二级类的列二级类)	地类号	面积(m^2)	备注
1	慈善用地	246	12 100.20	
合计			12 100.20	

图 4-55　土地分类面积统计

4. 检查线状地类

若有线状地类穿过不同行政区，则在统计土地利用前要进行线状地类检查，在区界线上将该线状地类打断，各部分面积记入各自所在区内。

5. 统计土地利用面积

如图 4-56 所示为绘制出的行政区界、权属区界、图斑类型的土地分类。

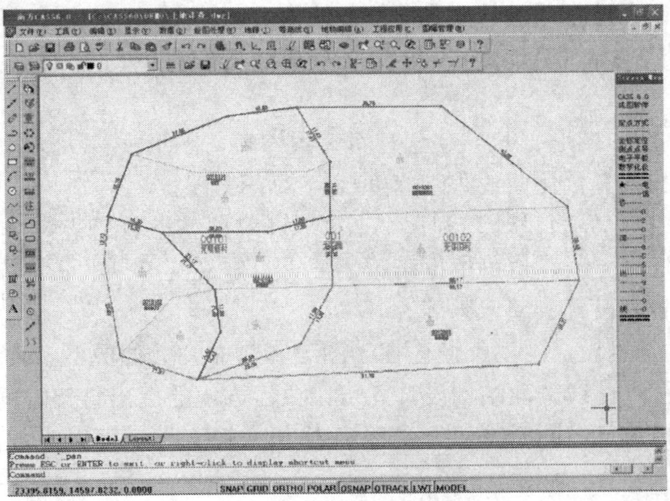

图 4-56　土地分类图

要统计图上各区界内土地利用面积，单击“地籍\土地详查\统计土地利用面积”，命令行提示**选择行政区或权属区**：选择区界线或其注记，即可绘制出该区域内土地利用面积统计表，如图4-57所示。

城镇土地分类面积统计表

填表单位：大石镇　　　　　　　　　　统计年度：2009

行政单位	城镇土地总面积	农用地									
		合计	耕地			园地		林地	牧草地	其他农用地	合计
			小计	灌溉水田	旱地	小计	果园	小计	小计	小计	
		1	11	111	114	12	121	13	14	15	2
光华旧村	4371.720	2706.622	2706.622	0.000	0.000	0.000	0.000	0.000	0.000	0.000	1665.098
光明新村	3666.267	392.995	0.000	0.000	0.000	0.000	0.000	0.000	0.000	392.995	3273.272

图4-57　城镇土地分类统计表

4.6　其他测图软件介绍

4.6.1　威远图SV300R2002测图的标准化软件

SV300R2002是威远图公司2003年推出的全新软件，是威远图SV300R14数字测图的升级版，是数字测图的标准化软件。

1. 产品概述

（1）标准化的数字化测图软件。SV300R2002实现了大中比例尺地形图成图的全部规范要求，图式图例包括从1∶500到1∶10 000，成图方法有草图法成图、野外电子平板、扫描矢量化等方法，并以生产需求为出发点，将地形测绘、地籍测绘、扫描矢量化等统一到同一环境中，兼备土方计算、线路测设等工程量算功能。

整个系统将数据采集、地图的编辑加工、等高线生成、数据的存储、面向对象的符号实体进行了集成。并依据图式规范设计了文字注记工具，理想地实现了不同比例尺图形变换，实现了自动分幅、灵活的图廓定制和图廓外整饰。

（2）经济实用、高效自动的数字化测图解决方案。SV300R2002继承了SV300R14的所有功能，采用最新的AutoCAD 2002开发技术全面升级，同时针对用户需求增加了新的功能。

1）高速度的制图。图形打开、存盘时间大大缩短，图形文件大大缩小，比例尺变化速度增快6倍以上，扫描矢量化曲线跟踪速度提高3倍以上。

2）更便捷的用户化界面设计。利用AutoCAD对象特性管理器，方便直观的查询、修改地物属性，图形实时更新。也可根据工程需要，自定义菜单。电子平板采集时，直观的用户选尺对话框，尺号可设置成助记码等。

3）面向对象的符号设计。不仅使得在制图编辑时非常方便灵活，而且按照GIS对数据的要求，所有符号按点、线、面结构设计，可以灵活方便的提出骨架数据。图形文件还包含空间数据和基本属性信息，同时提供了ASCII格式交换文件。可以完成主流GIS数据格式的导入导出。

（3）AutoCAD 2002的坚实基础。SV300R2002与AutoCAD 2002无缝连接，继承了

AutoCAD 强大的绘图编辑功能。同时使得系统运行更加稳定、快速，操作更加简单、方便，功能更加强大、适用。

2. 系统结构

SV300R2002 的系统结构如图 4 - 58 所示。

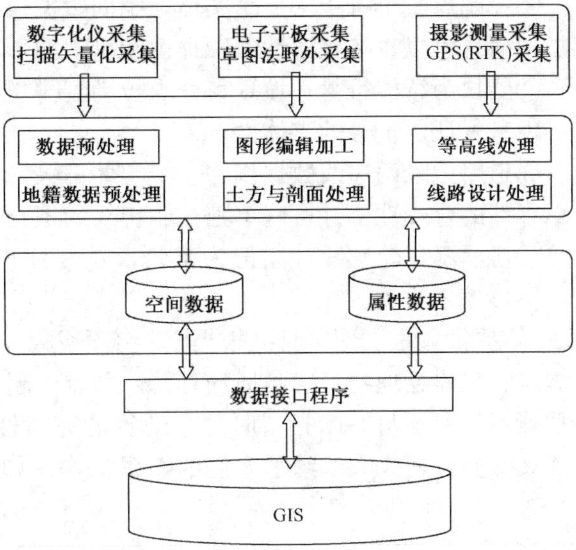

图 4 - 58　SV300R2002 的系统结构

3. 系统特性

（1）采用最新的接口技术。SV300R2002 应用 AutoCAD 2002 最新的 ObjectARX、ObjectDBX SDK 技术。ObjectDBX SDK 是以 AutoCAD 2002 为主程序（ACAD），图形文件（DWG）、用户应用程序（ARX）和用户对象文件（DBX）之间的接口。SV300R2002 应用这种手段，开发了从1∶500到 1∶10 000 比例尺的国标地形图图式符号，增强了符号的可移植性和开放性。同时，为不以 AutoCAD 为图形平台，而用 DWG 数据结构进行图形操作打下了基础。这不仅能使专业人员灵活方便的绘制编辑符号，同时方便地与同事或第三方交换 DWG 数据，无需再将图形炸碎，保障了数据的高质量。

（2）高效、强大的地图绘制功能。

1）面向对象符号的定制。SV300R2002 的符号设计采用面向对象的方法，符合 GIS 对数据的要求，同样使得用户在制图编辑时非常方便。下面举一些简单例子加以说明，如图 4 - 59所示。

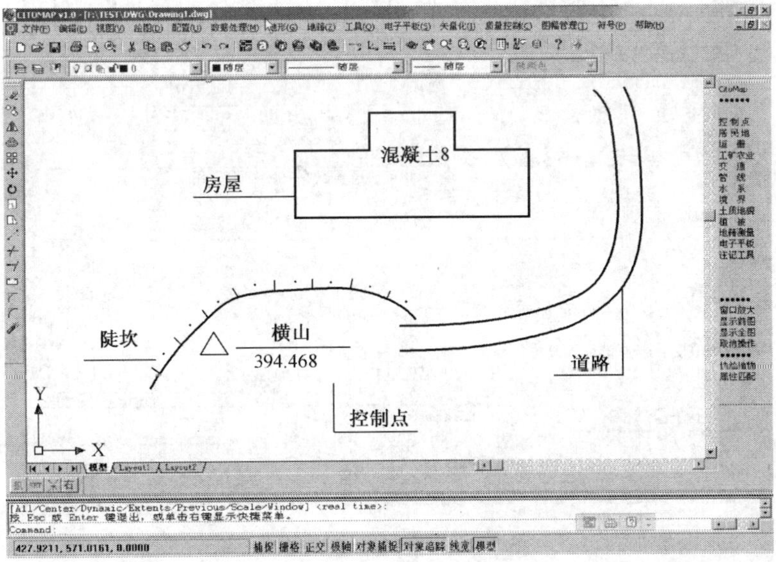

图 4 - 59　SV300R2002 对象符号

①控制点整个符号为一个实体，空间数据仅记录三角点坐标，点名、高程作为属性数据存贮，而且可以直接在属性编辑框内编辑，图形实时联动。

②陡坎为智能符号，坡顶特征点拉动到哪里，齿牙线实时跟着改变，不仅保证了制图要求，而且保证了符号的整体性。

③道路记录两边线数据作为一个实体记录，不仅保证了编辑的灵活性，而且保证了空间数据存储的合理性。并可以单独控制边线的拟合、粗细、线型等。

④房屋不仅轮廓线、注记为整体，随时打开属性编辑框，就可以修改房屋的类型或层数，图形随之改动。

2）提供大量制图工具。根据实际工作需要，提供属性修改、属性匹配、房屋改正、地物焊接、代码绘地物、线状地物翻转、加点、删点等大量丰富的编辑制图功能。例如地物焊接功能不仅保证与 GIS 接口时每个地物的完整性，同时也保证了制图的精确性，并且使图面美观漂亮，还大大节约了人们的编辑工作。如图 4-60 所示就是将两个分别采集的围墙符号合成为一个实体的实例。

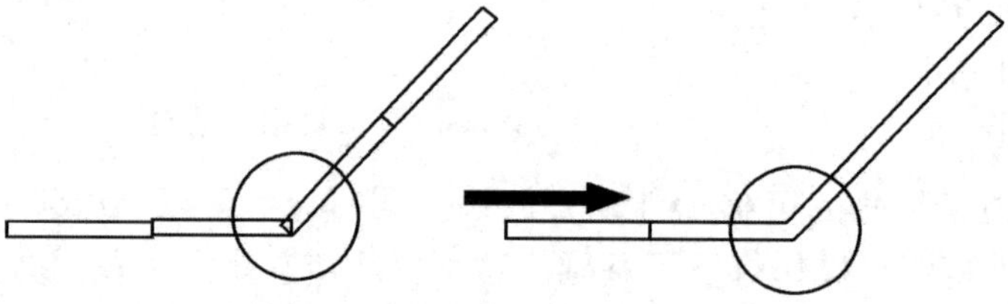

图 4-60　地物焊接

3）自动分幅。设置图幅网格后，按图 4-61 所示对话框进行设置，系统按图幅号自动切割图形为标准图幅，存放到指定目录下，并且可以灵活地进行图廓定制和图廓外整饰。

图 4-61　标准分幅对话框

4）不同比例尺图形变换。包含 1∶500，1∶1000，1∶2000，1∶5000 和 1∶10 000 五

套图库，输入新的比例尺系统就会快速、自动替换符号，大大提高效率。如图 4－62 所示的比例尺是 1∶1000，转换成 1∶2000 后，如图 4－63 所示。

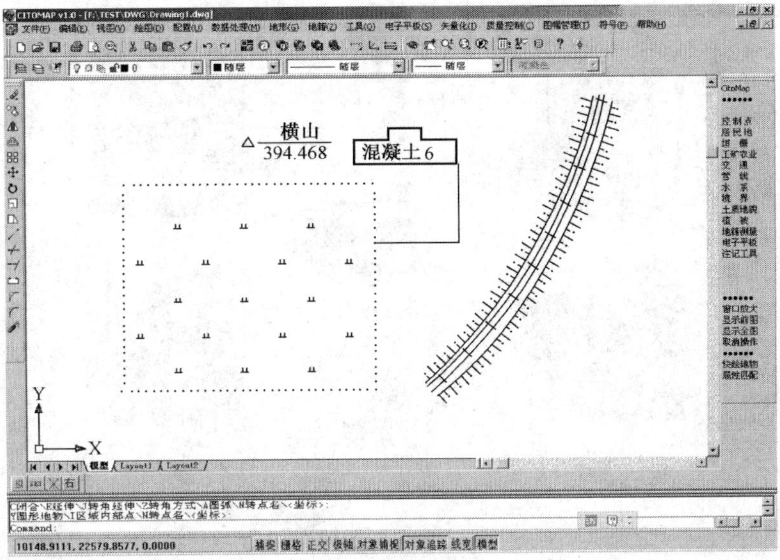

图 4－62　转换前的图形

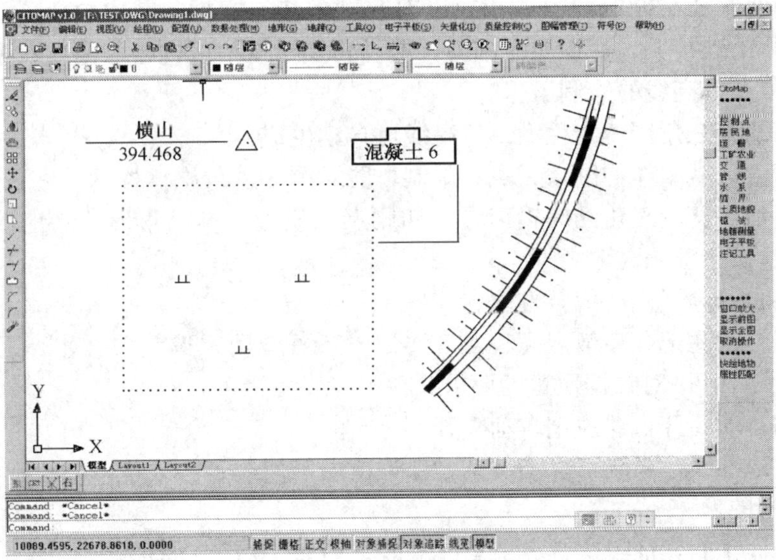

图 4－63　转换后的图形

5）文字注记工具。提供多种文字工具，如炸碎文字、文字遮盖等，并依据图式规范设计了文字注记工具，实现雁行、屈曲等注记方式。

（3）多种数据采集方式。

SV300R2002 提供了常用的草图法、电子平板法、扫描矢量化、GPS 联机测量、数字摄影测量联机操作的采集方法，而且支持相关主流硬件采集设备如图 4－64 所示。

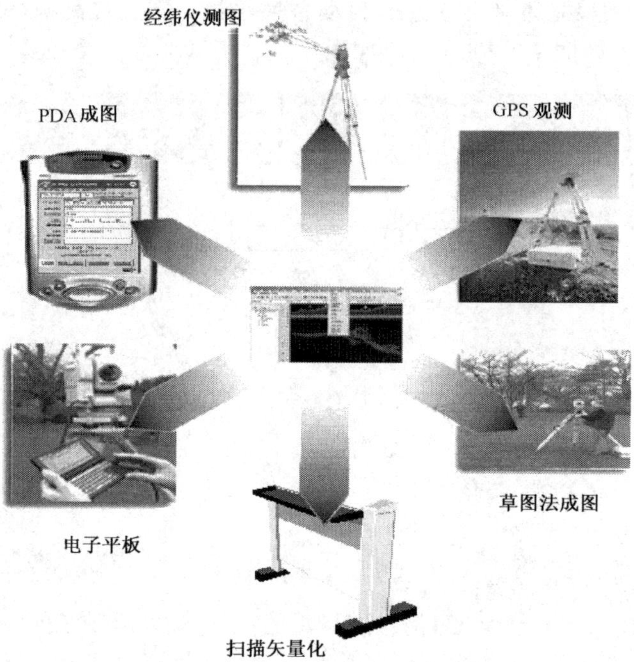

图 4-64　SV300R2002 数据采集方法

（4）数据转换。SV300R2002 提供 ASCII 格式的接口文件，其中包括了空间数据和属性数据及空间实体的连接关系。在此基础上，提供转换接口，可进行与主流数据的交换。

（5）解决复杂等高线的绘制工作。

1）采用了约束三角网建立模型，等高线可自动生成。

2）可进行大区域整体构网，无点数限制，能对测区进行整体构网，完全无接边问题。

3）提供灵活丰富的三角网编辑工具，如删点、删边、删三角形、删地性线、加点、加地性线、加坎、换边等。

4）提供多种等高线光滑拟合方法。

5）计曲线自动注记，离散点高程自动注记。还可应用“遮盖”技术，既保证了制图规范化，又满足了 GIS 中对数据质量的要求。

6）遇地物自动断开，遇注记自动断开。

7）可定义地性线，系统可自动识别，保证所绘等值线走势。

（6）地籍测量。

1）拓扑结构化的界址线。当界址点改动时，面积、边长自动变化。

2）提供快捷灵活的界址线编辑工具。可利用夹点操作、插入界址点、删除界址点、宗地分割、宗地合并等功能进行编辑，还可以方便的修改界址点、线的类型等。

3）提供全自动的宗地图、表生成功能。宗地图包括四至处理、自动比例变换、自动选择图幅大小等功能，并生成相应的各宗地的面积量算表、各街坊界址点成果表和面积统计表、各级土地分类统计表等。

4）提供统计查询功能。按街坊、地类、单位、宗地号、面积范围等进行各类查询工作。可统计选定宗地面积。

5）重名检索、重号检索。可快速查找到重名、重号宗地，以便进一步处理。

（7）施工区域三维图制作及土方量计算。在SV300R2002中，用展上的高程点或是高程数据文件，可以将施工区域的施工图及三维图绘出，并可根据设计参数方便地完成较复杂（基准面有坡度）的土方计算。

（8）纵横断面数据提取及断面图绘制。在SV300R2002中，可以录入线路中线设计数据、提取路线中心线，用图上的等值线或是高程数据文件，可以方便地绘出纵横断面图。

4. 系统特性软硬件配置说明

（1）软件环境。

操作系统：Windows 98/ME/NT/2000/XP。

系统运行平台：AutoDesk AutoCAD 2002/MAP 5/Land Desktop 3。

（2）硬件环境。

处理器：Pentium 233（最小），Pentium 450或更高（建议）兼容处理器。

内存：RAM 64MB（最小），128MB以上（建议）。

硬盘空间：安装230MB，交换空间64MB，系统目录60MB，共享文件20MB。

显示：256色800×600VGA（最小），64×1000色1024×768SVGA（建议），支持Windows操作系统的显示适配器。

定点设备：鼠标、追踪球、Windows操作系统支持的其他类型定点设备。

光驱：任意速度的光驱。

4.6.2 清华山维EPSW2003全息测绘系统成图软件

EPSW2003全息测绘系统是一种内外一体化数字测图系统。它不仅是一个地面测图系统，也是一个面向GIS的前端数据处理系统，还是一个测绘平台。在EPSW平台上，可开发一系列与测图有关的计算机辅助测量（CAS）、计算机辅助设计（CAD）、计算机辅助管理（CAM）等测图应用模块。

EPSW主要用于实测与自动绘制各种大比例尺数字地形图、地籍图、管线图、地物平面图、断面图等。该软件的最大优点是既符合老测绘工作人员的工作经验与习惯，又能高效地完成工作，开创了数字测图的新局面，对我国数字测图技术的推广起到极大的推动作用。其主要特点如下：①实时成图充分发挥了原来的平板测图优势，即测即显，所显即所测，在现场直接生成地形图，真正做到了内外业一体化的实时测图系统。②具有多种碎部测量方法。③界面友好，操作方便快捷，简单易学。④独创的一步测量法，可以一边测图根，一边测碎部，最后再平差。

1. 一般常见的作业流程

要进行一个测绘工程，一般常见的作业流程为：新建工程（或打开工程）→工作区设定→录入控制点→全站仪设置→设置测站→测站校核→极坐标测量→编辑处理→打印输出（或文件输出）。

2. 电子平板测绘法

EPSW2003系统（包括平差软件）与测绘工程的作业流程有很好的相容性，而且提供了多种数据采集模式。如常见的电子平板测绘法，全站仪内存采集数据的测记法等。下面简单介绍电子平板测绘法的作业流程。

（1）新建工程。选择文件菜单中的“新建工程”。功能启动后将出现如图4-65所示的

“工程设置”对话框。

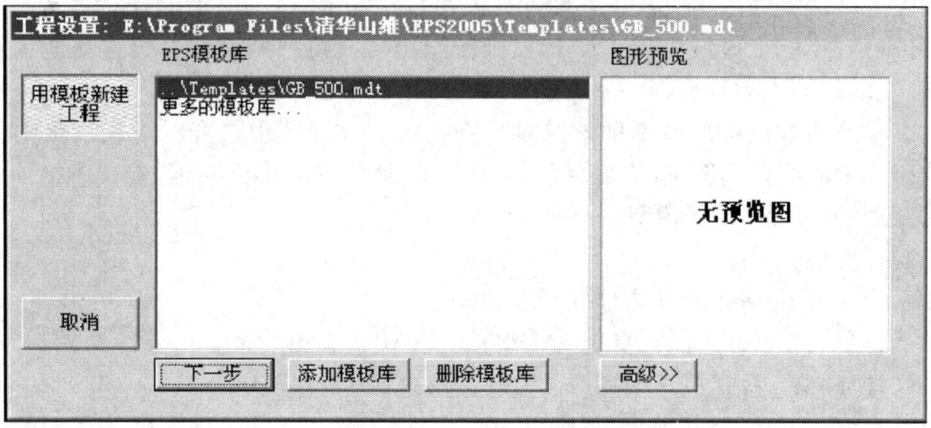

图4-65 “工程设置”对话框

指定模板文件 *.MDT（模板扩展名为.mdt），可选对话框列出的模板；如果不合适，则单击列表框中“更多的模板库”的选项，再按“下一步”按钮，选择其他模板。

打开工程：选择文件菜单中的“打开工程”，弹出如图4-66所示的“打开数据库”对话框。选择工程所在路径，选取要打开的工程名，单击“打开”按钮（或双击该图标）即可。

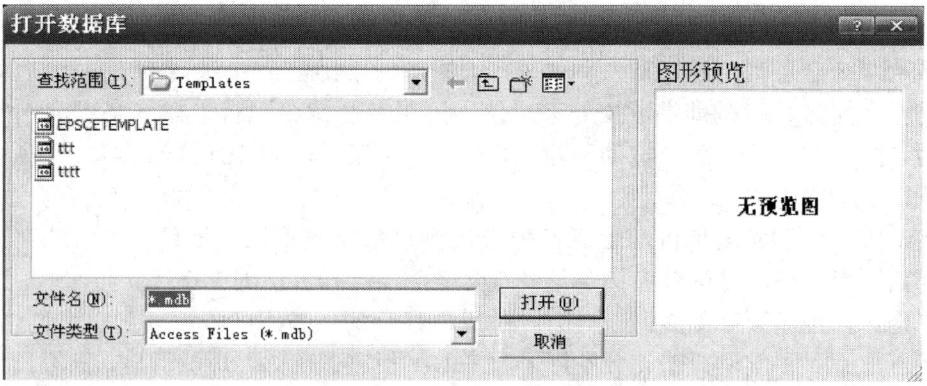

图4-66 “打开数据库”对话框

（2）工作区定位。系统所建立的任何一个工程，其管理范围是无限的。如果新建工程的当前视图区不是工作区（即作业区）所在的位置，就需要使用“工作区定位”功能进行工作区的设定。具体操作方法是：选择“设置”菜单下的“工作区设定”，弹出“指定坐标或图幅号”和“指定矩形范围”两个选项。

1）选“指定坐标或图幅号”。弹出如图4-67所示的对话框，在工作中心坐标的 X 坐标及 Y 坐标编辑框中输入要选的工作区中的任意一点［例如 A（1000，5000）］的 X、Y 坐标，然后单击“确定”按钮，就可将包含 A 点的区域设定为工作区，且将此工作区移到当前视图区中央。同时，把包含 A 点的那个图幅设定为当前图幅。

单击“确定”按钮后，按所设定的图幅号计算公式计算出每个图幅的图幅号，并把当前图幅的图幅号写入“工作中心图号”编辑框中。最后，单击“关闭”按钮，关闭此对话框。

2）选“指定矩形范围”。弹出如图 4－68 所示的对话框。在此对话框中的坐标 X 及 Y 编辑框中输入作业区的左下角和右上角 X、Y 坐标值，或用鼠标在屏幕上捕捉左下角和右上角，输入后，单击“确定”按钮，给定 X、Y 坐标的那一个矩形区域就会移到图形编辑区的中心来。

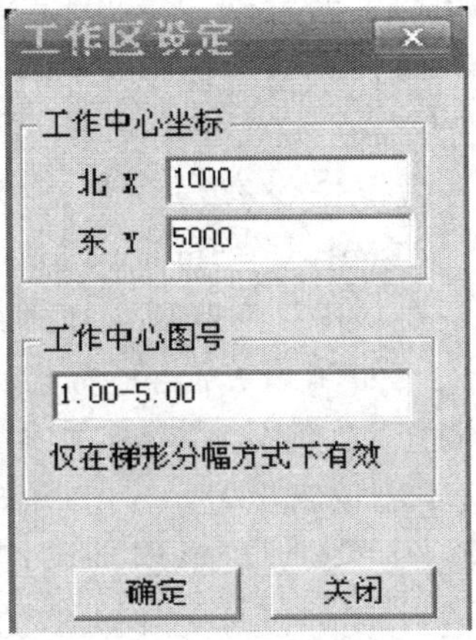

图 4－67　“指定坐标或图幅号”对话框

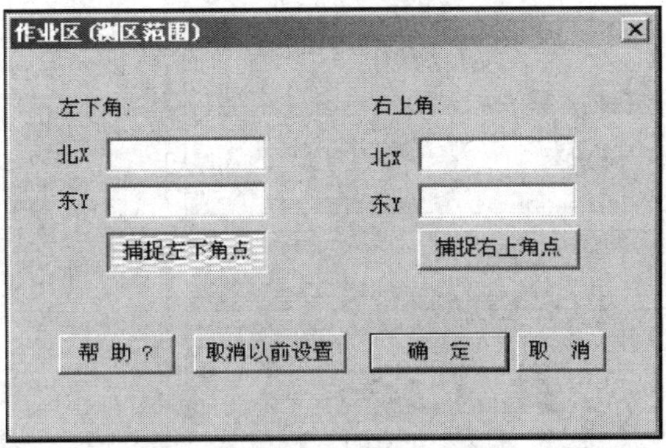

图 4－68　“指定矩形范围”对话框

(3) 控制点输入。选择菜单“启动测图/控制点管理”。功能启动后将出现如图 4－69 所示的对话框，主要完成控制点的录入、更新等。

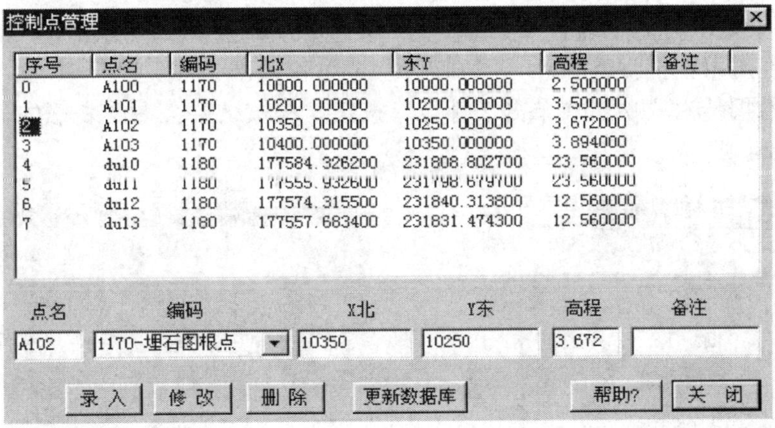

图 4－69　“控制点的录入与更新”对话框

录入：在对话框的下部输入框中分别输入点名、编码、坐标及备注，然后单击“录入”按钮，输入的数据在控制点列表框中显示。

修改：在控制点列表中点击要修改的控制点序号，该点的相关内容进入到下面的输入框中，在编辑输入框中分别修改点名、编码、坐标及备注，单击“修改”按钮完成修改。

删除：在控制点列表中点击要删除的控制点序号，单击“删除”按钮，即将该点删除。

更新数据库：上述操作完成后，单击“更新数据库”按钮，操作才有效。

关闭：单击“关闭”按钮，退出该功能。

(4) 全站仪连接。选择菜单“启动测图/全站仪设置”。功能启动后将出现如图 4－70 所

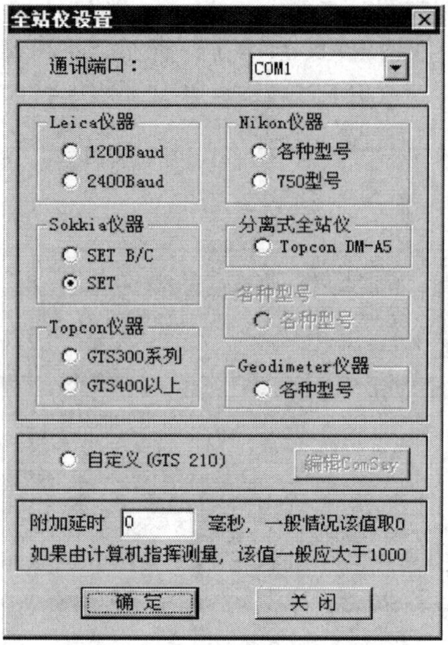

图 4-70 “全站仪连接”对话框

示的对话框，主要完成全站仪与计算机的通信连接。在对话框中选择仪器型号、通信端口，然后单击“确定”。如果连接不上，在确认仪器型号、端口正确的前提下，在“我的电脑”“属性”项中设备管理器下，鼠标右键单击“设置通讯端口”，再单击其“属性”按钮选择“端口设置”标签页，在出现的对话框中可设置所选仪器的波特率等各项与全站仪匹配的参数。如果对话框中没有写明要连接的仪器，则选择“自定义”。当选择了“自定义”后，“编辑ComSay”按钮被点亮，单击该按钮，在弹出的文本框中编辑通讯参数，如端口、波特率、奇偶校验、数据位、停止。设置一经确定后，有关参数将被自动保存，下次开机不用重新设置。

(5) 测站设置。选择“菜单启动测图/设置测站”。功能启动后将出现如图 4-71 所示的对话框，主要完成测站点、后视点、仪器高的设置。测站点及后视点也可捕捉屏幕上的已知点进行设置。单击“确定”按钮，测站设置完毕，状态栏上会出现当前测站、后视、仪高显示信息。

(6) 测站检核。选择“菜单启动测图/测站检核”。功能启动后将出现如图 4-72 所示的对话框，主要检查测站点、后视点、仪器高等设置是否正确。在弹出的对话框中单击“鼠标拾取”按钮，在屏幕上捕捉检核点（已知点），全站仪照准该点，然后单击“读全站仪”按钮，待全站仪数据传送成功后，单击“计算”按钮，检核结果会在列表框中显示。根据计算结果可判断有无问题。

图 4-71 “设置测站”对话框

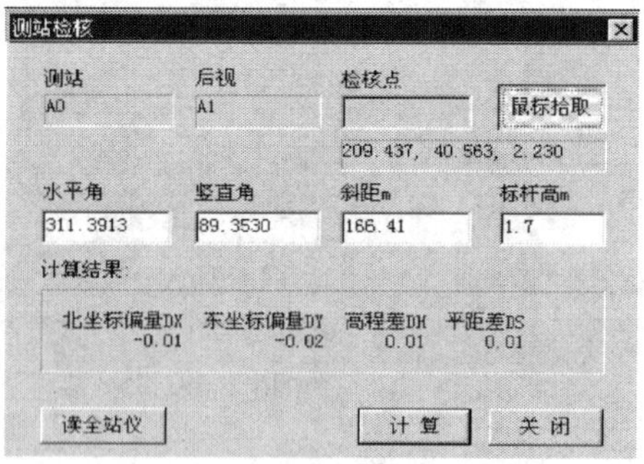

图 4-72 “测站检核”对话框

(7) 极坐标测量（碎部测量）。选择“菜单启动测图/极坐标测量”。功能启动后将出现如图 4-73 所示的对话框。主要完成碎部点的采集、连线等工作。

读数：按“读数”按钮或 F1 键从全站仪读取一个点。

测尺输入编辑框：测某地物点时，可在测尺的下拉框中选择测尺号及其所跑地物的编码和名称。一般跑尺员可同时跑多个地物，跑同一地物时，可记为同一测尺号、编码和名称。系统提供 3 个测尺号。

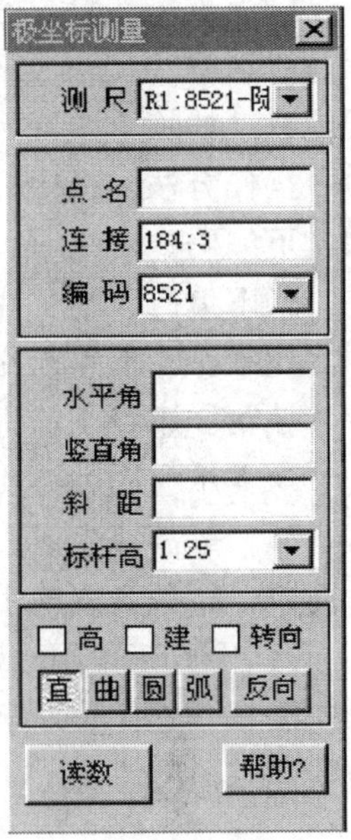

图 4-73　“极坐标测量”对话框

点名输入编辑框：直接键入点名，也可以为空。

连接点输入编辑框：可以在下一点测量之前用鼠标左键在绘图区捕捉连接点，测量之后，此点自动与捕捉的连接点连线。也可以在测点没回车之前，将鼠标左键移至要连接点，按 F3 键，右键确认。不需要连线时按 F6 键便清空连接。

编码输入编辑框：编码的获取有几种方法。在其下拉列表框中记录了最近用过的 10 个编码可供选择；如果周围有该编码的地物，鼠标移至该地物，用 T 键拾取编码；还有一个获得编码的方法就是打开工具条上的编码工具，在那里去点击也很方便。细部点数据采集进来之后，画成什么符号，决定于输入的编码。

高、建、转向：“高”代表是否高程注记，“建”代表此点是否参加建模（数字地面模型），“转向”代表是否设为转点（用于 E 类符号，如坎坡，坡上线的终点应设置为转点，绘坡符号时有用）。

直、曲、圆、弧：分别代表 4 种线型。

反向：当所测的地物所示符号需要反向时，单击此按钮。

下面介绍几种地物测量和等高线绘制。

(1) 独立地物测量。选择菜单“启动测图/坐标输入”。功能启动后，将出现如图 4-74 所示的对话框。主要完成已知坐标点的输入。界面的操作方法与极坐标测量类似。输入一已知坐标及其编码，即可画一个地物，比如路灯。

(2) 房屋测量。选择菜单“启动测图/房屋测量/三点房”。功能启动后，将出现如图 4-74所示的对话框。主要完成通过 3 个已知点生成一个四边形房屋（地物）。

操作方法：①输入编码；②在图形区移动鼠标，连续选择 3 个房角点（A，B，C）；③回车确定，操作结果如图 4-75 所示；④如果再选择了平差，生成的四边形保证是一个矩形。房屋测量的功能也可用于其他矩形地物的测量。

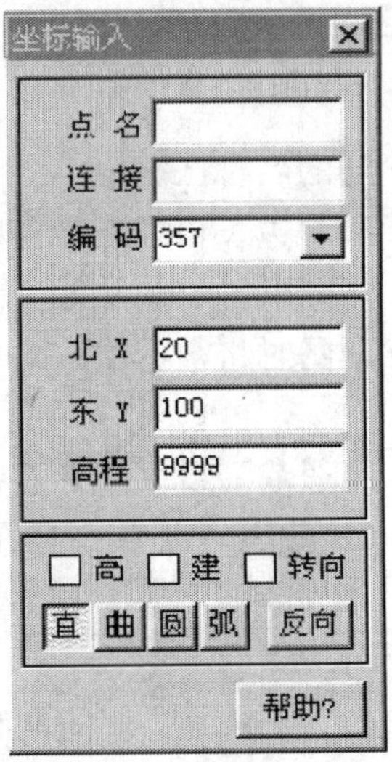

图 4-74　“坐标输入”对话框

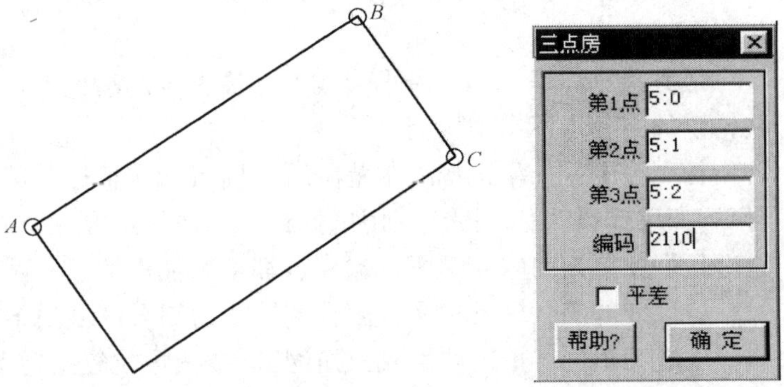

图 4-75　三点房屋测量

（3）坎类测量。选择菜单“启动测图/坎类测量”。功能启动后将出现如图4-72极坐标测量对话框。在完成一个线状地物（如坎上）测量的同时，还能同时生成与该地物并行的附线地物（如坎下线）。

操作方法与极坐标测量相同，只是在确认一个点之前，应在对话框下面输入比高、偏距和坎下编码。

坎下编码：与主线并行的附线编码。

比高：坎上点与相应坎下点之间的高差。

偏距：垂直于前进方向的两线水平距离。

坎类示意图如图4-76所示。

（4）等高线生成。根据野外采集并参加建模的离散高程点，就可以自动生成等高线。下面简单介绍等高线的生成步骤。

1）生成三角网（DTM）。选择菜单“启动地模/生成三角网（DTM）”。功能启动后弹出如图4-77所示的任务窗。主要完成根据指定范围内建模高程点（包括线上的点）和特性线构建三角网。

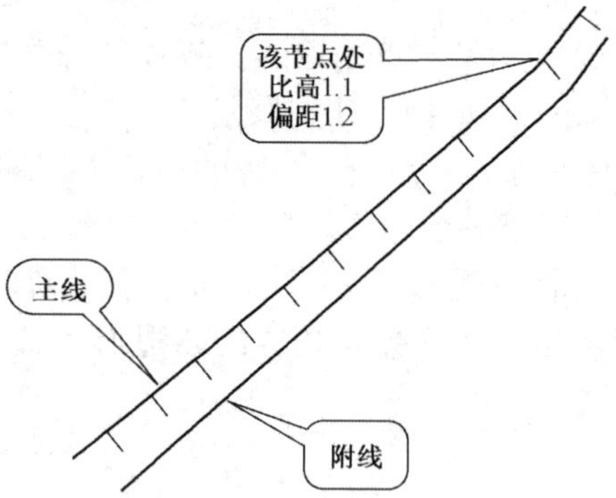

图4-76　坎类示意图

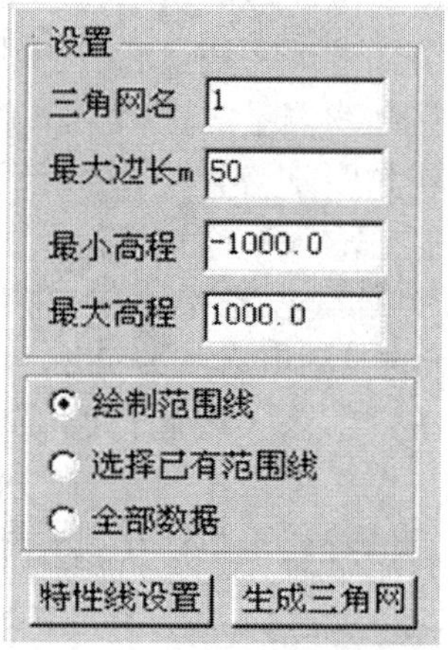

图4-77　“生成三角网”任务框

三角网名：系统可以同时管理多个三角网，不同的三角网用不同的名称区分。

最大边长：生成三角网时所允许的最大三角形边长，通过设置最大边长可以有效控制狭长三角形的生成。

最大最小高程：小于最小值或大于最大值的高程点，在生成三角网时将被忽略。可使一些错误的高程点不参加构网。

构网范围：如果选择绘制范围线，用鼠标在目标区域画一个多边形范围线（鼠标右键闭合）；如果选择已有范围线，用鼠标在目标区域选择一个闭合地物（线或面对象）；如果选择全部数据，则当前内存中所有建模点都将参加构网。

特性线的闭合区不构网：闭合特性线的闭合区域内不生成三角网。

生成三角网：单击“生成三角网”，系统将收集指定区域内的全部可参加建模的高程点按照角度最大化原则自动构网。

图4-78是一个已经构建好的三角网。

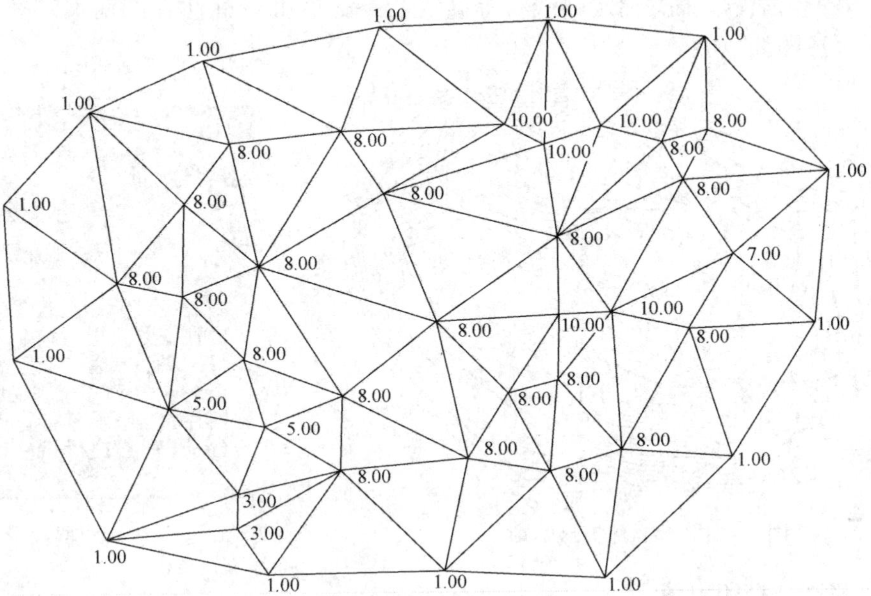

图 4-78　构建好的三角网

2）生成等高线。选择菜单“启动地模/自动生成等高线”。功能启动后弹出如图 4-79 所示的对话窗。根据当前激活的三角网自动跟踪生成等高线。操作方法如下：首先选择等高线的地表模型，此处选择三角网，然后输入等深线的最大高程值，即小于该值的等高线绘制为等深线，最后单击“开始”键即生成等高线。上述的三角网生成的等高线如图 4-80 所示。

3）等高线修改。选择菜单“启动编辑/连线（局部线修改）”。用鼠标输入一条连续的折线用于替代原线（面）地物中的某一段。鼠标输入线的首尾点必须靠近目标线。

4）等高线区域裁剪。选择菜单“启动数据处理/等高线/等高线裁剪”。裁剪掉封闭区域内的等高线（指定编码的地物），闭合区即可以是一个已经存在的地物，也可以用鼠标画出。等高线区域裁剪后如图 4-81 所示。

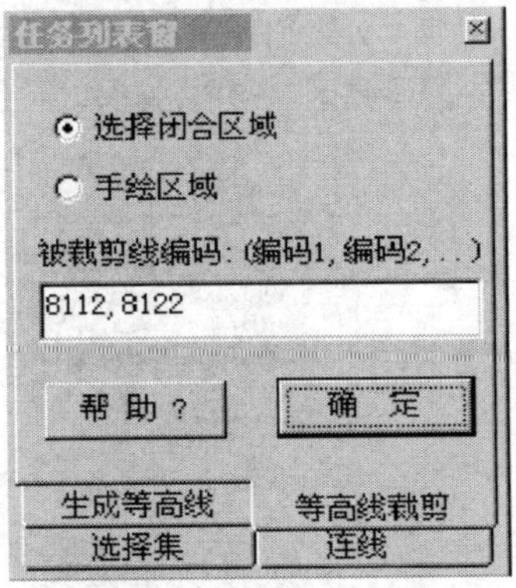

图 4-79　“生成、裁剪等高线”对话窗

图 4-80　生成的等高线

5）等高线注记。选择菜单“启动数据处理/等高线/等高线标注”。功能启动后弹出如

图 4－82所示的对话窗。根据给定路线将等高线的高程值批量标注在图面上。图 4－83 是一计曲线注记示意图。

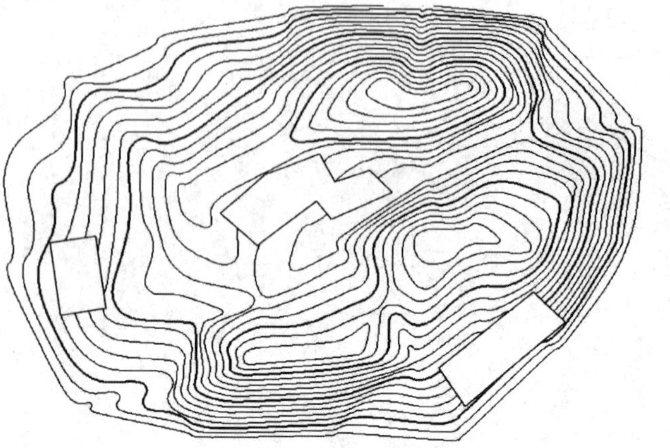

图 4－81　等高线区域裁剪

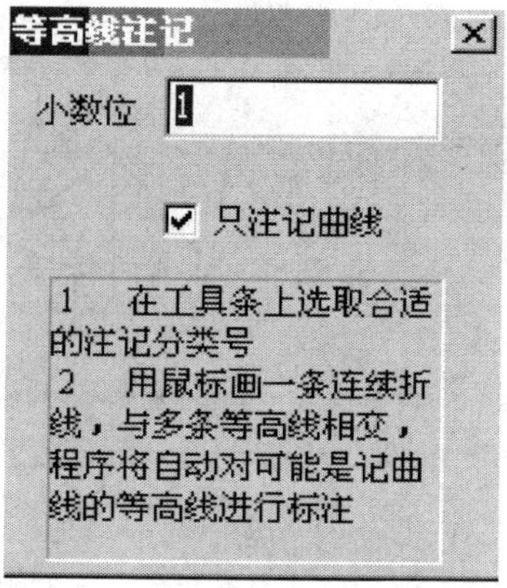

图 4－82　“等高线注记”对话窗

3. 图幅整饰与打印出图

（1）图幅整饰。在 EPEW2003 系统，图廓就是一个对象（实体）。为了满足生产需要，系统提供两种图廓定制方式，即标准图廓和系统图廓。标准图廓是指在模板中已用符号描述语句根据国标定义的图廓，其符号编码为 10000；系统图廓是系统依据国家标准和用户生产的需要而在整合中定制的绘制图廓，使用时用户可以根据具体的出图要求进行取舍，从而生成不同样式的图廓，其编码是 99。

1）生成图廓。任何时候，在希望套图廓的地方点击鼠标右键，在随即弹出的快捷菜单上点击当前图幅设定，将在鼠标点所在的分幅图上自动生成一个图廓符号，符号的编码已经在模板中预设，也可在“系统环境设置＼图幅信息”中更改。

2）标准图廓属性定制。如果在图幅信息中定义的图廓编码为 10000，在设置菜单中选择“当前图幅设定”，即可生成标准图廓。也可在如图 4－84 中用“选择集”修改图廓的属性。属性值修改后，图廓上的相关标注将自动变化。

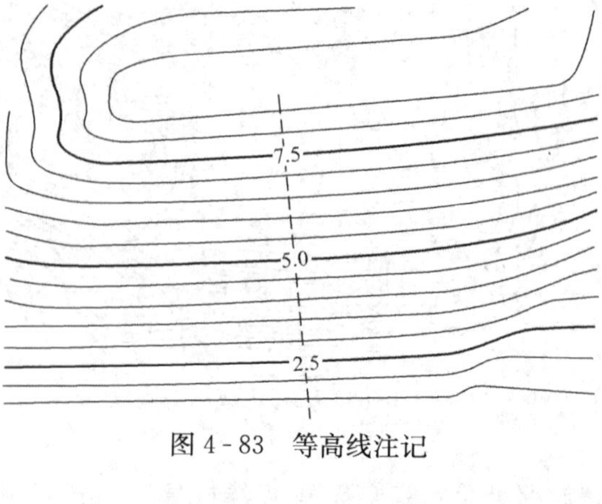

图 4－83　等高线注记

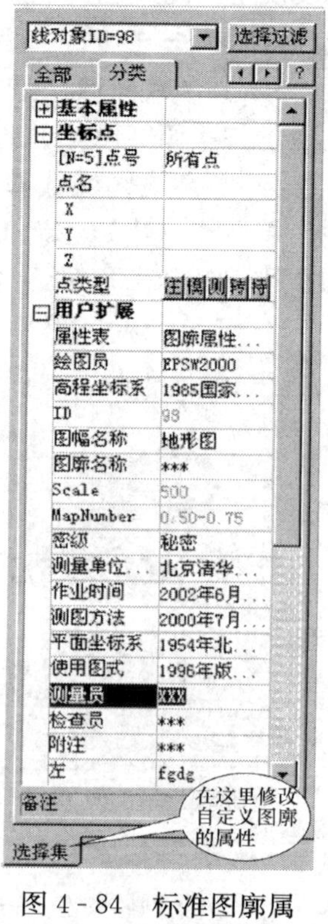

图 4－84　标准图廓属性定制与修改

3）系统图廓属性定制。如果在图幅信息定义的生成的图廓为编码 99，生成系统图廓。和标准图廓相比，系统图廓不仅允许用户修改属性值（如测量员），而且还允许设置图廓的样式，对符号图形进行取舍，从而在满足实际生产需要上表现出更大的灵活性。

（2）打印出图。

1）打印机设置。在“文件”菜单下选择“打印设置”。可以对打印机的类型、打印机的属性以及打印纸张进行设定。如果打印图纸很大，打印机的内存不足，在打印机的属性中设置打印缓存在计算机中。“打印设置”对话框如图 4－85 所示。

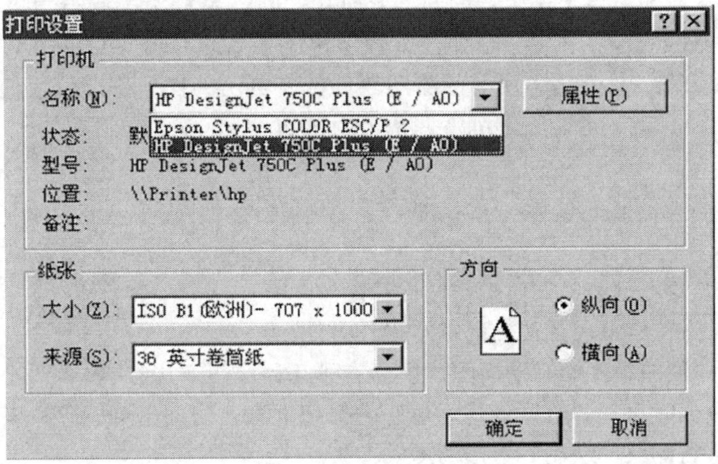

图 4－85　“打印设置”对话框

2）打印范围设置。在“文件”菜单下选择“打印区域设置…”，如图 4－86 所示，弹出一个对话框。在对话框中设置打印范围、打印比例、打印效果等打印出图参数。

3）打印效果设置。在“打印范围设置”对话框中单击“打印效果…”，将弹出如图4-87所示“打印效果设置”对话框，通过输入不同的参数和选择不同选项，可以控制打印效果，用以消除由于设备精度、油墨色彩等带来的不理想输出。

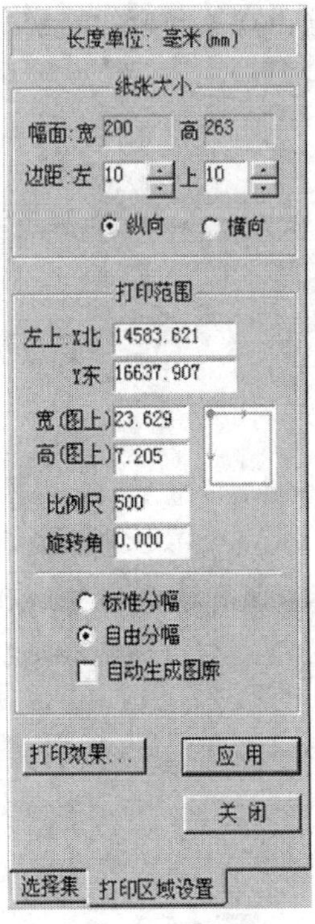

图4－86　“打印范围设置”对话框

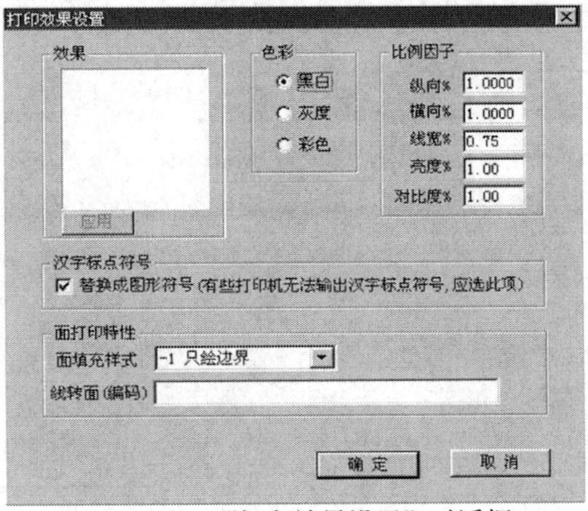

图 4－87　“打印效果设置”对话框

4）打印预览。在“文件”菜单下选择“打印预览”，将显示打印预览图。如果不满意效果，可重新设定打印参数。

5）打印出图。预览满意后，在“文件”菜单下选择“打印…”，即可打印出图。

小　　结

本章学习一定要结合软件上机操作，否则难以掌握。另外，还有一些测图软件如中地集团研发的Mapgis6.6、广州凯恩公司生产的SCS for GIS2000、武汉大学测绘学院和广西第一测绘院联合研制开发的SZCT数字测图系统、测绘e数字化成图系统CHe7.1等也各有自己的特色。包括本章介绍的3种测图软件在内，所有的测图软件都有自己的操作手册（或使用说明书），只要详细阅读并反复实践，就一定能够熟练掌握，运用自如。

习　　题

1. 使用CASS6.0右侧菜单如何操作捕捉功能？
2. 简述“测点点位定位成图法”的基本操作方法。
3. 用CASS6.0测图软件绘制平面图，主要有哪几种成图方法？
4. 读全站仪数据时出现“数据格式不对”的提示信息，请列出可能导致该问题的因素。
5. 如何用屏幕右侧菜单绘制多边形房屋？
6. 简述用CASS6.0绘制等高线的主要操作步骤。
7. 结合CASS6.0软件，自定义一个工具条，把常用的命令图标加进去。
8. 读全站仪数据时出现“数据格式不对”的提示信息，请列出可能出现该问题的因素。
9. 数字测图产品检查提交验收的资料有哪些？
10. 简述实施检验验收工作的内容及方法。
11. 简述质量评定的基本规定和等级划分标准。

第 5 章　数字图的质量检查与验收

数字测图产品的检查验收是数字测图过程必不可少的环节，是对数字产品质量的最终评价。本章内容主要包括数字图检查验收的基本规定与实施、检查验收的内容和方法、数字测图成果的质量评定。

5.1　检查验收的基本规定与实施

数字测绘产品实行二级检查一级验收制度，即实行过程检查、最终检查和验收制度。过程检查是由生产单位的中队（室）检查人员承担，是作业人员产品上交以后，质检人员对产品所进行的第一次全面检查。最终检查由生产单位的质量管理机构负责实施，是在过程检查的基础上，质检人员对产品所进行的第一次全面检查。验收工作室为判断受检批是否符合要求或能否被接收而进行的检验，是由任务的委托单位组织实施，或由该单位委托具有检验资格的检验机构验收。

5.1.1　检查验收的基本规定

1. 提交检查验收的资料

（1）提交的成果资料必须齐全，凡资料不全或数据不完整者，承担检查或验收的单位有权拒绝检查验收。

（2）一般成果资料应包括：项目设计书、技术设计书、技术总结；文档簿、质量跟踪卡等；数据文件，包括图廓内外整饰信息文件、元数据文件等；作为数据源使用的原图或复制的二底图；图形或影像数据输出的检查图或模拟图；技术规定或技术设计书规定的其他文件资料。提交验收时，还应包括检查报告。

2. 检查验收的依据

（1）有关测绘任务书、合同书中有关产品质量特性的摘录文件或委托检查、验收文件。

（2）有关法规和技术标准。

（3）技术设计书和有关的技术规定。

3. 检查验收的记录及存档

检查验收记录包括质量问题记录、问题处理的记录以及质量评定的记录等。记录必须及时、认真、规范、清晰。检查、验收工作完成后，需编写检查、验收报告，并随产品一起归档。

5.1.2　检查验收工作的实施

1. 检查工作的实施

（1）作业人员经自查，确认无误后方可按规定整理上交资料成果。中队（室）进行过程检查，生产单位进行最终检查，二级均为100%的成果全面检查。

（2）在过程、最终检查时，如发现有不符合质量要求的产品时，应退给作业组、中队（室）进行处理，然后再进行检查，直到检查合格为止。

（3）产品经最终检查、返回作业人员进行修改处理后，按“单位产品质量评定方法”评定产品的质量，并按规定编写检查报告。检查报告经生产单位领导审核后，随产品一并提交检验。

（4）测绘生产单位应书面向委托生产单位或任务下达部门申请验收。

2. 验收工作的实施

（1）验收工作应在测绘产品经检查合格后进行。

（2）检验批一般应由同一区域、同一生产单位的测绘产品组成。同一区域范围较大时，可以按生产时间不同分别组成检验批。

（3）验收部门在验收时，一般按检验批中的单位产品数量 N 的10%抽取样本（n）。当检验批单位产品数量 $N \leqslant 10$ 时，$n=2$；当 $N>10$ 时，且 $N \times 10\%$ 不为整数时，则取证加1作为抽检样本数。

（4）抽样方法可采用简单随机抽样法或分级随机抽样法。对困难类别、作业方法等大体一致的产品，可采用简单随机抽样法。否则，采用分级随机抽样法。

（5）对样本进行详查。按规定进行产品质量核定，对样本以外的产品一般进行概查。如样本中经验收有质量不合格产品时，须进行二次抽样详查。

（6）按相关规定判断检验批质量。经验收判为合格的检验批，被检单位要对检验中发现的问题进行处理；经验收判为一次检验未通过的检验批，要将检验批全部或部分退回被检单位，令其重新检查、处理，然后再重新复检。

（7）凡是复检的产品，必须重新抽样。

（8）验收工作完成后，按规定编写验收报告，验收报告经验收单位上级主管部门审核（委托验收的验收报告送委托单位审核）后，随产品归档，并送生产单位一份。

5.2 检查验收的内容与方法

1. 文件名及数据格式检查

检查文件名、命名格式与名称的正确性；检查数据格式、数据组织是否符合规定。

2. 数学基础的检查

检查采纳的空间定位系统的正确性。将图廓点、首末公里网、经纬网交点、控制点等的坐标按检索条件在屏幕上显示，并与理论值和控制点的已知坐标值核定。

3. 平面和高程精度检查

（1）选择检测点的一般规定。数字地形图平面检测点应是均匀分布、随机选取的明显地物点。平面和高程检测点的数量视地物复杂程度、比例尺等具体情况确定，每幅一般各选取20～50个点。

（2）检测方法。野外测量采集数据的数字地形图，当比例尺大于1∶5000时，检测点的平面坐标和高程采用外业散点法按测站点精度施测。用钢尺或测距仪量测相邻地物点间距离，量测边数量每幅一般不少于20处。

（3）检测数据的处理。分析检测数据，检查各项误差是否符合正态分布。检查点的平面和高程中误差按下列方法计算。

地物点的平面中误差按式（5-1）计算

$$\left.\begin{aligned} M_x &= \pm\sqrt{\frac{\sum_{i=1}^{n}(X_i - x_i)^2}{n-1}} \\ M_y &= \pm\sqrt{\frac{\sum_{i=1}^{n}(Y_i - y_i)^2}{n-1}} \end{aligned}\right\} \tag{5-1}$$

式中　M_x——坐标 X 的中误差（m）；

M_y——坐标 Y 的中误差（m）；

X_i——坐标 X 的检测值（m）；

Y_i——坐标 Y 的检测值（m）；

x_i——坐标 X 的原测值（m）；

y_i——坐标 Y 的原测值（m）；

n——检测点数。

相邻地物点之间间距中误差（或点状目标位移中误差、线状目标位移中误差）按式（5－2）计算：

$$M_s = \pm\sqrt{\frac{\sum_{i=1}^{n}\Delta S_i^2}{n-1}} \tag{5-2}$$

式中　ΔS——相邻地物点实测边长与图上同名边长较差（m）；

n——量测边条数。

高程中误差按式（5－3）计算：

$$M_h = \sqrt{\frac{\sum_{i=1}^{n}(H_i - h_i)^2}{n-1}} \tag{5-3}$$

式中　H_i——检测点的实测高程（m）；

h_i——数字地形图上相应内插点高程（m）；

n——高程检测点的个数。

4. 接边精度的检查

通过量取两相邻图幅接边处要素端点的距离 Δd 是否等于 0 来检查接边精度，未连接的记录其偏差值；检查接边要素几何上自然连接情况，避免生硬；检查面域属性、线划属性的一致情况，记录属性不一致的要素实体个数。

5. 属性精度的检查

（1）检查各个层的名称是否正确，是否有漏层。

（2）逐层检查各属性表中的属性项类型、长度、顺序等是否正确，有无遗漏。

（3）按照地理实体的分类、分级等语义属性检索，在屏幕上将检测要素逐一显示或绘出要素全要素图（或分要素图）与地图要素分类代码表，和数字原图对照，目视检查各要素分层、代码、属性值是否正确或遗漏。

（4）检查公共边的属性值是否正确。

6. 逻辑一致性的检查

（1）用相应软件检查各层是否建立了拓扑关系及拓扑关系的正确性。

（2）检查各层是否有重复的要素。

（3）检查有向符号、有向线状要素的方向是否正确。

（4）检查多边形的闭合情况，标识码是否正确。

（5）检查线状要素的结点匹配情况。

（6）检查各要素的关系是否合理，有无地理适应性矛盾，是否能正确反映各要素的分布特点和密度特征。

（7）检查水系、道路等要素是否连续。

7. 完备性及现势性的检查

检查数据源生产日期是否满足要求，检查数据采集时是否使用了最新的资料。

8. 整饰质量检查

（1）检查各要素符号是否正确，尺寸是否符合图式规定。

（2）检查图形线划是否连续光滑、清晰，粗细是否符合规定。

（3）检查各要素关系是否合理，是否有重叠、压盖现象。

（4）检查各名称注记是否正确，位置是否合理，指向是否明确，字体、字大、字向是否符合规定。

（5）检查注记是否压盖重要地物或点状符号。

（6）检查图面配置、图廓内外整饰是否符合规定。

9. 附件质量检查

（1）检查所上交的文档资料填写是否正确、完整。

（2）逐项检查元数据文件内容是否正确、完整。

5.3 质量评定

5.3.1 数字测量成果质量要求

对数字测图成果检查后，根据检查的结果，对单位成果和批成果进行质量评定，并划分质量等级。单位成果是为实施检验而划分的基本单位，一般以幅为单位；批成果是指同意技术设计要求下生产的同一测区的单位成果的集合。

数字测图成果的质量是通过若干质量元素或质量子元素来描述的。数字测绘成果种类不同，其质量元素组成也不同。数字地形图的质量元素见表5-1。

表5-1　数字地形图的质量元素

数字地形图质量元素	数字地形图质量子元素	描　述
空间参考系	大地基准	采用的大地基准
	高程基准	采用的高程基准
	地图投影	采用地图投影及参数
位置精度	平面精度	平面坐标值与真值的接近程度
	高程精度	高程值与真值的接近程度
属性精度	属性项完整性	属性项完整、顺序正确、数据类型及小数位正确
	分类正确性	要素分类的正确一致程度
	属性正确性	要素属性的正确程度

续表

数字地形图质量元素	数字地形图质量子元素	描　述
完整性	数据层的完整性	含有多余的数据层或缺失数据层
	数据层内部文件完整性	包括空间数据文件与属性文件完整
	要素完整性	含有多余要素或缺少应包含的要素
逻辑一致性	概念一致性	对概念莫斯规则的遵循程度
	格式一致性	物理存储结构、格式的符合程度
	拓扑一致性	对拓扑关系反映的准确程度
时间准确度	数据更新	数据更新的时间
	数据采集	数据采集的时间
元数据质量	元数据完整性	元数据的完整程度
	元数据准确性	元数据的准确程度
表征质量	几何表达	对几何形态反应的准确程度
	符号正确性	符号使用的正确性
	地理表达	对要素地理形态反应的准确程度
	注记正确性	注记使用的正确性
	图廓整饰准确性	图廓整饰的正确性
附件质量	图历簿质量	图历簿的完整性和准确性
	附属文档质量	各类附属文档的完整性

5.3.2　数字测图成果的质量评定

1. 质量评定的检查项

单位成果质量评定是通过单位成果质量元素、质量子元素及其他检查项的分值评定成果质量的等级。一般以一幅图或几幅图作为一个单位成果。每个单位成果包含多个质量元素，每个质量元素又分为多个质量子元素，每个质量子元素又分为多个检查项。在实践应用中，根据技术设计、成果类型、用途等具体情况，可对检查项进行扩充和调整。扩充和调整的检查项，应经过生产委托方的批准，并适用于批成果内的所有单位成果，具体可参考中华人民共和国国家标准《数字测绘成果质量检查与验收》（GB/T 18316—2008）。比如，位置精度是质量元素之一，又分为平面精度和高程精度两个质量子元素。平面精度质量子元素又分为平面位置中误差、控制点坐标等检查项；高程精度质量子元素也分为高程注记点高程中误差、等高线高程中误差等多个检查项。在位置精度进行质量评定时，要分别计算每一检查项的质量分值，例如平面位置中误差的质量分值可由式（5-4）计算，其他各检查项质量分值可参照《数字测绘成果质量检查与验收》（GB/T 18316—2008）规定。

$$S=\begin{cases}60+\dfrac{40}{0.7\times m_0}(m_0-m) & m>0.3m_0\\ 100 \quad m\leqslant 0.3m_0\end{cases} \tag{5-4}$$

式中　S——检查项质量分值；

m_0——中误差限差；

m——检测中误差。

2. 单位成果质量评定

单位成果质量等级分为优级品、良级品、合格品、不合格品四级。概查是对单位成果质量要求的特定检查项的检查，只评定合格品、不合格品两级。详查是对单位成果要求的所有检查项的检查，评定四级质量等级。其主要评定规则如下；

（1）根据质量检查的结果计算质量元素分值，当质量元素检查结果不满足规定的合格条件时，不计入分值，该质量元素为不合格。

（2）根据质量元素分值，利用式（5-4）评定单位成果质量分值，附件质量可不参与计算。根据式（5-5）计算结果，评定单位成果质量等级见表5-2。

$$S = \min(S_i) \quad (i = 1,2,\cdots,n) \tag{5-5}$$

式中 S——单位成果质量得分值；

S_i——第 i 个质量元素的得分值；

min——求最小值；

n——质量元素的总数。

式（5-5）实际是根据某个质量元素所有检查项的质量分值，将其中最小的质量分值确定为这个质量元素的质量分值。再根据各个质量元素的分值，将其中最小的质量分值确定为单位成果质量分值，最好评定单位成果质量等级。

表5-2　　单位成果质量评定等级

质量得分	质量等级	质量得分	质量等级
90分≤ S≤100分	优级品	质量元素检查结果不满足规定合格条件	不合格品
75分≤ S <90分	良级品	位置精度检查中粗差比例大于5%	
60分≤ S <75分	合格品	质量元素出现不合格	

3. 批成果质量判断

批成果质量判断是通过表5-3的合格判定条件确定批成果的质量等级，批成果质量等级分为合格批、不合格批二级。

表5-3　　批成果质量评定

质量等级	判定条件	后续处理
合格批	样本中未发现不合格单位成果，且概查时未发现不合格单位成果	测绘单位对验收中发现的各类质量问题均应修改
不合格批	样本中发现不合格单位成果，或概查时发现不合格单位成果，或不能提交批成果的技术性文档（如设计书、技术总结、检查报告等）和资料性文档（如接合表、图幅清单）	测绘单位对批成果逐一查改合格后，重新提交验收

5.3.3 数字测图成果检查报告

最终检查和质量评定工作结束后，测绘生产单位应编制检查报告。检查报告经生产单位领导审核后，随数字测图成果一并提交验收。检查报告的主要内容包括：

（1）任务概况。

（2）检查工作概况（包括仪器设备和人员组成情况）。

(3) 检查的技术依据。

(4) 主要技术问题及处理情况，对遗留问题的出理意见。

(5) 质量统计和检查结论。

小　　结

数字测图是一项精度高、作业环境复杂、工序多、组织较为困难的系统工程。为保证数字测图的质量，在整个数字测图外业、内业流程中都要严格执行技术设计和有关规范，实施全过程质量控制。本章要求学生熟悉数字测图成果检查验收的内容和方法，了解数字测图质量要求和质量评定方法。

习　　题

1. 简述数字测图成果检查验收的基本规定。
2. 数字测图成果检查验收的内容和方法是什么?
3. 简述数字测图成果的质量要求。
4. 简述数字测图成果质量评定的基本方法。

第6章 CASS电子平板作业简介

电子平板作业是内外业一体化的测量成图方法。它主要是将便携机和全站仪连接起来，利用测图软件，在外面边测边绘，同时给地物输入相应的属性，直接生成数字化地形图。本章以CASS电子平板作业为例，介绍电子平板的作业过程。

6.1 概述

CASS电子平板测绘系统是在传统数字化成图系统的基础上开发而成。其数据采集与图形处理在同一环境下完成，实时处理所测数据，具有现场直接生成地形图“即测即显，所见所得”的特点。其主要作业过程如下：

（1）外业工作前准备，将控制点坐标数据输入便携机，并保存该坐标数据文件。

（2）在野外设置测站，安置全站仪，并将全站仪与便携机连接，设置通讯参数，进行数据通讯。

（3）测站准备，启动“电子平板”，确认后，输入测站点点号、定向点点号、定向起始值、检查点号、仪器高、数据通讯的参数等。

（4）开始各测站的边测边绘，如图6-1所示。

（5）经过内业编辑修改和图幅整饰，即可进行图形输出。

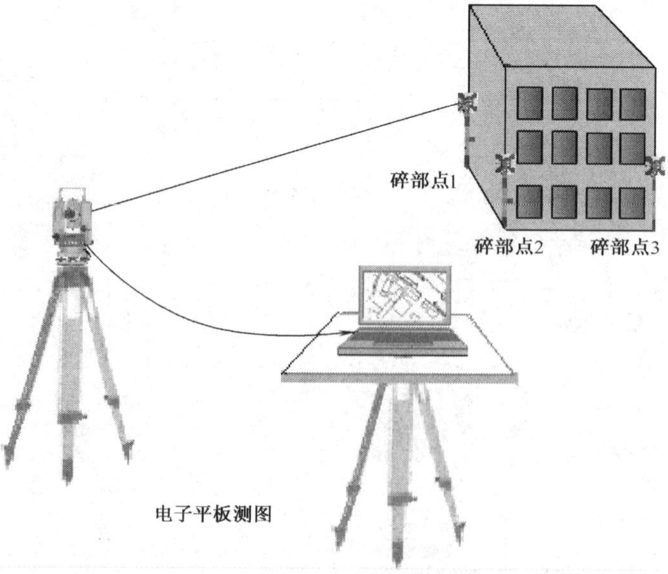

图6-1 电子平板作业

6.2 准备工作

在测区内进行电子平板测图前，应做好必要的准备工作，具体包括仪器设备准备和图根控制测量等。

6.2.1 仪器设备

进行电子平板作业所需的仪器设备主要有：

（1）安装好 CASS 软件的便携计算机 1 台。

（2）全站仪 1 套（主机、三脚架、棱镜和对中杆若干）。

（3）数据传输电缆 1 条。

（4）对讲机若干。

6.2.2 图根控制测量

首先，应根据测图的要求、地形的实际情况和规范布设图根控制点。布设的原则类似于常规的地形测量，尽量使控制点位于较高且通视效果良好的地方，以便测图时能将地物地貌看得更清楚，从而准确地反映出地表特征。另外，当视线比较开阔时，可将点位的边长适当放长；当地物复杂时，控制点的点位就要密些。

然后，测图人员利用已有的坐标数据和仪器设备进行图根控制测量，并用相应的平差软件处理观测数据，得到所有图根点的平面坐标和高程。测区很大时，可利用 GPS 进行控制测量工作。

6.3 电子平板测图过程

根据电子平板的特点，一个作业小组的人员一般配置为：测站观测员 1 名、计算机操作员 1 名，跑尺员 1～2 名（共计 3～4 人）。根据测量作业熟练程度等实际情况，为了加快数据采集的速度，跑尺员可适当增加；若人员不足时，测站上可只留 1 个人，同时进行观测和计算机操作。电子平板作业的方法概述如下。

6.3.1 录入测区的已知坐标

当完成测区的各种等级控制测量，并得到测区的控制点成果后，要把成果（控制点坐标数据）输入全站仪和计算机中，以便野外进行测图时调用。

1. 将控制点坐标手工输入计算机

在 CASS 系统中单击主菜单“编辑”下的“编辑文本文件”，弹出如图 6 - 2 所示“输入文件”对话框。此时应键盘输入控制点坐标数据的文件名及其完整的存储路径，并按回车键打开。假设文件名为“D：\ 控制点．DAT”，如果是新建文件名，系统便弹出如图 6 - 3 所示的对话框；如果输入的文件是先行创建好的，系统便出现记事本的文本编辑器并读入该文件内容，如图 6 - 4 所示。这样，我们就可以进行编辑或按照以下“点名，编码，*Y* 坐标，*X* 坐标，高程”的格式输入控制点的坐标。

值得注意的是：①控制点点号可以是点名，也可以是按 1，2，3，…的顺序编号；②编码可输可不输，即便编码为空，其后的逗号也不能省略；③每个点的 *Y* 坐标、*X* 坐标、高程的单位是米；④文件中间不能有空行；⑤输完最后一点后要敲回车键结束不输，但只能敲一次，否则系统用该文件时会出错。

输完控制点的坐标数据后，选择记事本菜单“文件”的下拉菜单“退出”，系统会弹出

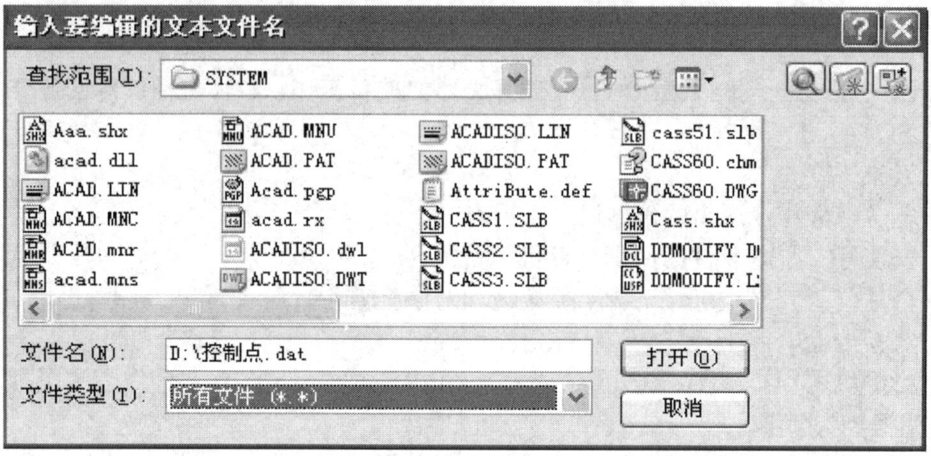

图 6 - 2 “输入文件”对话框

一个如图 6 - 5 所示的对话框，用鼠标左键单击“是（Y）”或在键盘上敲回车，即可保存并退出文件。

2. 将控制点坐标输入全站仪

把控制点坐标输入全站仪有两种方法：一种是手工输入，另一种是通过 CASS6.0 的坐标数据发送来完成。第一种方法简单、易操作，且随时随地可以输入，但是，易发生输入错误。特别是当数据量大时，第二种方法就会显示出无比的优越性。下面就第二种方法的操作作一说明。

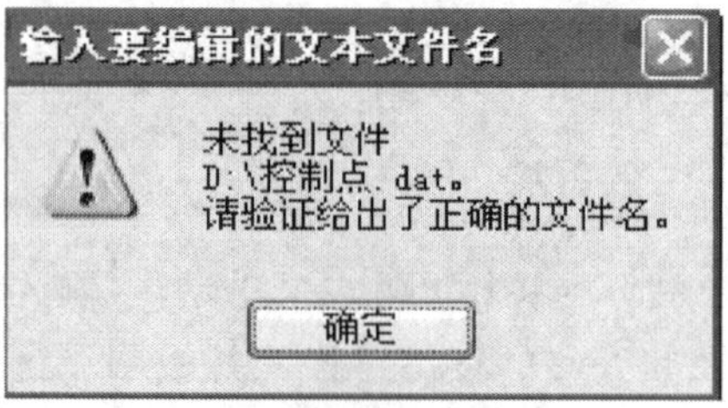

图 6 - 3 创建新文件名对话框

图 6 - 4 记事本的文本编辑器

进行数据通讯操作之前。首先要用通讯电缆将计算机与全站仪连接好，然后打开 CASS6.0，单击“数据（D）”下拉菜单的“坐标数据发送”的“微机→南方 NTS—320”菜单（根据不同的全站仪点击相应的菜单），如图 6 - 6 所示。屏幕上弹出如图 6 - 7 所示的“选择文件”对话框，选择要发送的控制点坐标数据文件填入“文件名”栏里，单击“打开”后，命令区提示：

“请选择通讯口：1. 串口 COM1 2. 串口 COM2 <1>:” 选择好通讯电缆连接的 COM 接口位，默认为 COM1。

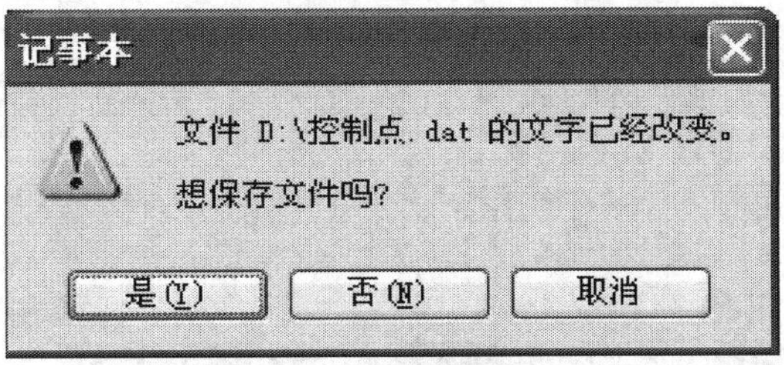

图 6-5　保存文件的对话框

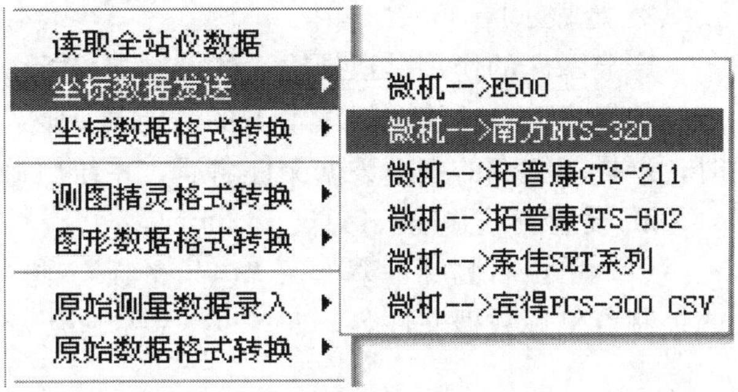

图 6-6　“坐标数据发送”菜单

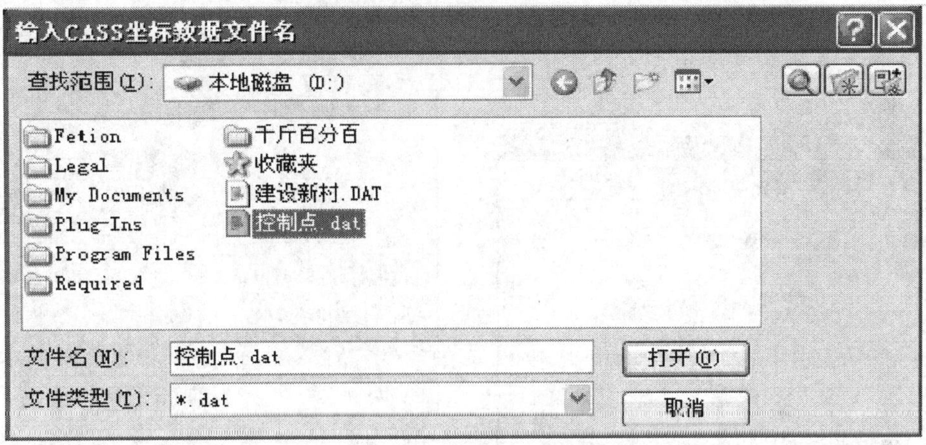

图 6-7　“选择文件”对话框

“请设置南方 NTS-320 通讯参数为：单向（通讯协议），1200（波特率），N（校验），8（数据位），1（停止位）” 按要求设置好全站仪的其他通讯参数后，回车。

屏幕弹出如图 6-8 所示的提示框。当全站仪准备好接受数据后回车，然后在计算机上回车，控制点坐标数据就传到全站仪上。

图 6-8　数据通讯操作提示

6.3.2　测站安置

在完成测区的控制测量工作和输入测区的控制点坐标等准备工作后，便可以开始野外测图了。

1. 安置仪器

先在控制点上安置好全站仪，对中、整平。然后用和所使用全站仪相对应的数据传输电缆将全站仪和便携机连接好，并设置好全站仪上的通讯参数。

便携机开机后，进入 CASS6.0。选取主菜单“文件”下的“CASS6.0 参数配置”，选择“电子平板”页，如图 6-9 所示。选定所使用的全站仪类型。系统默认仪器型号是“手工输入观测值”。根据所使用的全站仪，点选后，单击“确定”键确认。这项设置只需进行一次，之后只要不更换全站仪，迁站后无需重新设置。

2. 定显示区

定显示区的作用是根据输入的控制点坐标数据文件的数据大小定义屏幕显示区的大小。

选择主菜单“绘图处理”下的“定显示区”，系统会弹出如图 6－7 所示的对话框。这时，选择控制点的坐标数据文件名后，系统就确定了显示区的大小。

3. 设置测站并输入信息

（1）单击右侧屏幕菜单区“电子平板”项，则弹出如图 6－10 所示的对话框。选择测区的控制点坐标数据文件名，如“D：\ 控制点 . dat”。

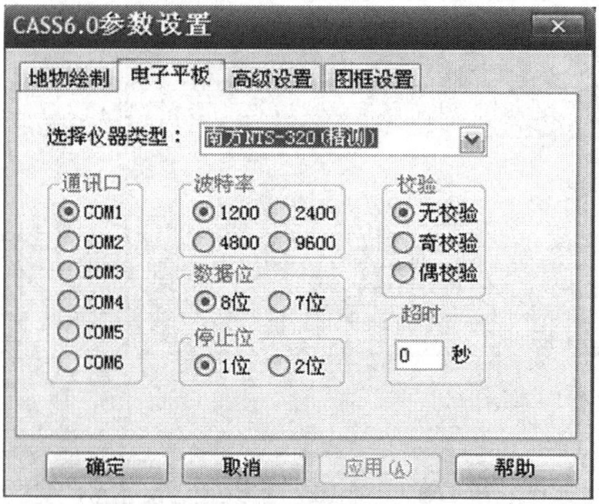

图 6－9　CASS6. 0 参数设置

图 6－10　“测站设置”对话框

（2）若事前已经在屏幕上展绘出了控制点，则可以直接单击“拾取”按钮，再在屏幕上捕捉作为测站、定向点的控制点；若屏幕上没有展控制点，则手工输入测站点点号及坐标、定向点点号及坐标、定向起始值。利用展点和拾取的方法输入测站信息如图 6－10 所示。

（3）同样的方法，在测站设置对话框中设置检查点。检查点是用来检查该测站相互关系，系统将根据测站点和检查点的坐标反算出测站点与检查点的方向值（该方向值等于由测站点瞄向检查点的水平角读数）。这样，便可以检查出坐标数据是否输错、测站点是否给错或定向点是否给错，单击“检查”按钮弹出如图 6－11 所示检查信息。

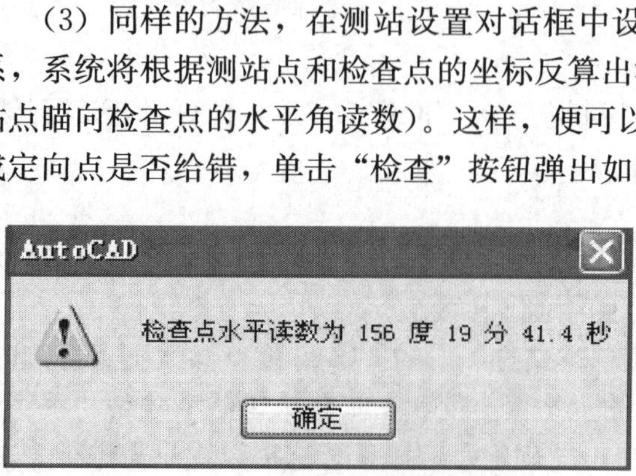

图 6－11　测站点检查对话框

（4）全站仪进行定向，瞄准检查点如图 6－12 所示。检查无误即可以进行下一步——测图。

6. 3. 3　实施测图

在电子平板测图的过程中，主要是利用系统屏幕的右侧菜单功能进行测图。如要测绘一条道路、一座水塔等，需要用鼠标选取相应图层的图标，也可以同时利用系统的编辑功能，如进行文字注记、移动、拷贝、删除等操作；也可以同时利用系统的辅助绘图工具，如画复合线、画圆、操作回退、查询等操作；若图面上已经存在某实体，则可用“图形复制（F）”功能绘制相同的实体。

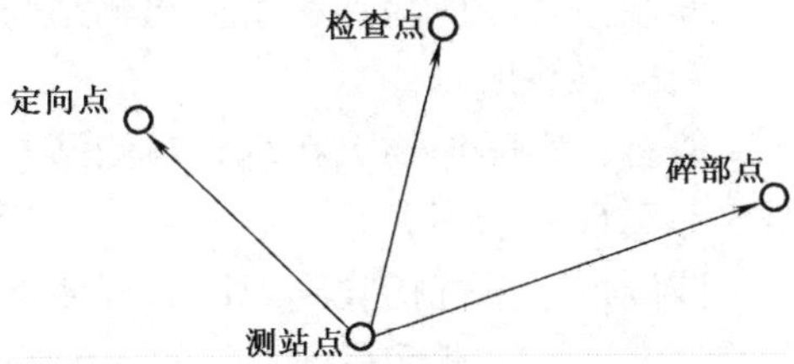

图 6 - 12　测站点的示意图

CASS 系统中所有地形符号都是根据最新国家标准地形图图式、规范编制的，并按照一定的规律分成各种图层，如所有表示控制点的符号都放在控制点层（导线点、三角点、GPS 点等），所有表示房屋的符号都放在居民地层（包括房屋、楼梯、围墙、栅栏、篱笆等符号）。

下面介绍几类使用电子平板测图的例子。

1. 测量独立地物

以测绘一组路灯为例，说明操作方法。

（1）用鼠标在屏幕右侧菜单处选取“独立地物”项，系统便弹出如图 6 - 13 所示的对话框。

（2）在对话框中按鼠标左键选择表示路灯的图标，图标变亮则表示该图标被选中，然后鼠标单击“确定”，弹出如图 6 - 14 所示“数据输入”对话框。

此处仪器类型如果选择为手工，则在此界面中可以手工输入观测值；若选择为全站仪，则系统自动驱动全站仪观测并返回观测值。当输入水平角、垂直角、斜距、棱镜高等值，系统即自动绘出该碎部点。对话框中其他几项选项说明如下：

不建模：所测的碎部点不参与等高线绘制时，选中此项。

不注高：不需标注高程的碎部点测量时，选择此项。

不偏：对所测的数据不作任何修改。

偏前：指棱镜与地物点、测站点在同一直线上，即角度相同，偏距为实际地物点到棱镜的距离。

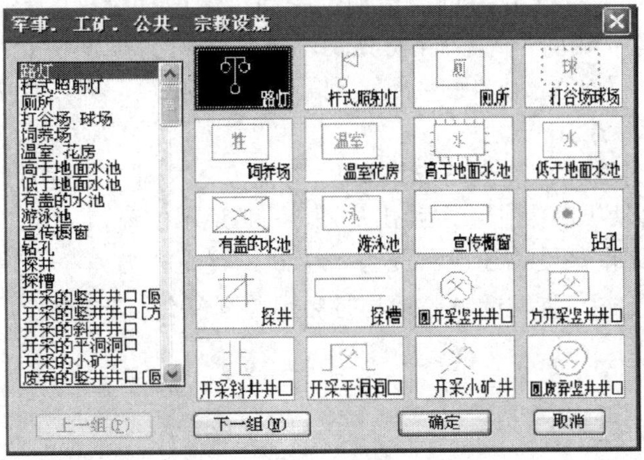

图 6 - 13　选择“独立地物”项的对话框

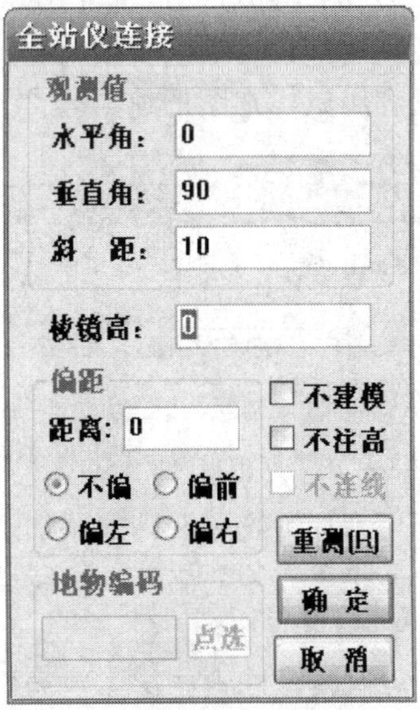

图 6 - 14　电子平板“数据输入”对话框

偏左：实际地物点在垂直与测站与棱镜连线左边，偏距为实际地物点到棱镜的距离。如图 6-15（a）所示。

偏右：实际地物点在垂直与测站与棱镜连线右边，偏距为实际地物点到棱镜的距离。如图 6-15（b）所示。

该例中，系统接收到观测数据便在屏幕上自动将第一个路灯的符号展出来，并且将被测点的 X、Y、H 坐标写到先前输入的测区的控制点坐标数据文件中。图 6-16 为通过第一个路灯点偏前、偏左、偏右等测出的其他钻孔符号。如此继续，如图 6-16 所示，即可测绘出其他路灯。

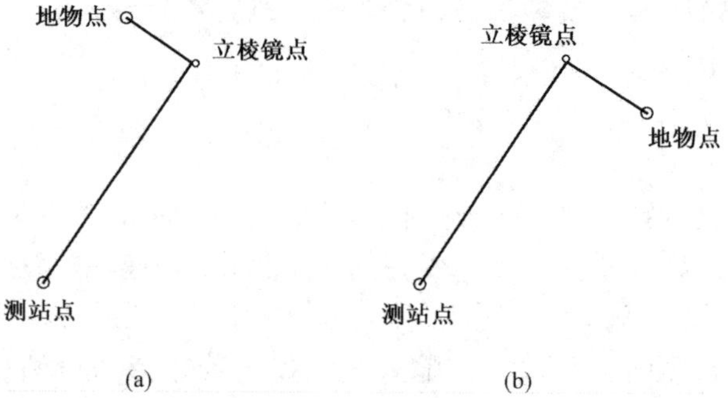

图 6-15　立棱镜点偏离地物点示意图

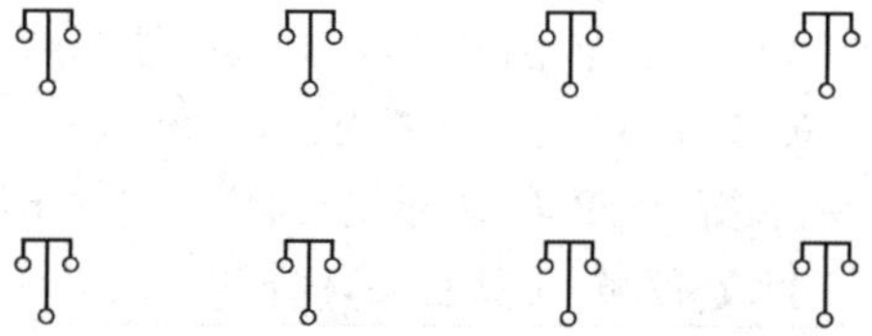

图 6-16　系统在屏幕上展出的路灯符号

（3）注意事项。

1）如选择手工输入观测值，系统会提示输入边长、角度。如选择全站仪，系统会自动驱动全站仪测量。

2）标高默认为上一次的值。当测某些不需参与等高线计算的地物（如房角点）时，则在“不建模”，“不注高”的选项前打勾。

3）测碎部点的定点方式分全站仪定点和鼠标定点两种，可通过屏幕右侧菜单的“方式转换”项进行切换。全站仪定点方式是根据全站仪传来的数据算出坐标后成图；鼠标定点方式是利用鼠标在图形编辑区直接绘图。

图 6-17　“通讯超时”窗口

4）观测数据分为自动传输、手动传输两种情况。自动传输是由程序驱动全站仪自动测距、自动将观测数据传至计算机，如宾得全站仪；手动传输则是全站仪测距、人工干预传输，如徕卡全站仪。

5）当系统驱动全站仪测距后 20～40s 时间还没完成测距时，将自动中断操作，并弹出如图 6-17 所示的窗口。

6）如果某地物还没测完暂时中断，转而去测另一个地物，可利用“加地物名”功能添加地物名备查，待继续测该地物时利用“测单个点”功能的“输入要连接本点地物名”项继续连接测量。

2. 测量居民地

以测绘“四点砼房屋”为例，说明操作方法。

首先移动鼠标在屏幕右侧菜单中选取“居民地”项，单击后系统便弹出如图 6-18 所示的对话框。

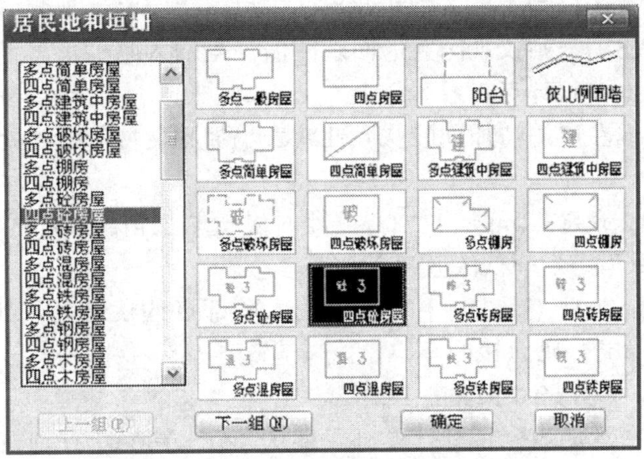

图 6 - 18　选择“居民地”项的对话框

当房屋为混凝土结构，形状呈矩形时，可通过测量房屋的三点或测量两个点和一条边来完成该房屋的测绘工作。具体的操作方法如下：

将棱镜立于第一个房角点，移动鼠标到表示“四点砼房屋”的图标处按鼠标左键，被选中的图标和汉字都呈高亮度显示。然后单击“确定”按钮，弹出如图 6 - 14 所示的数据输入对话框。

系统驱动全站仪测量并返回观测数据（手工则直接输入观测值），方法同前。当系统接收到数据后，便自动在图形编辑区将表示房屋的符号展绘出来，如图 6 - 19 所示。

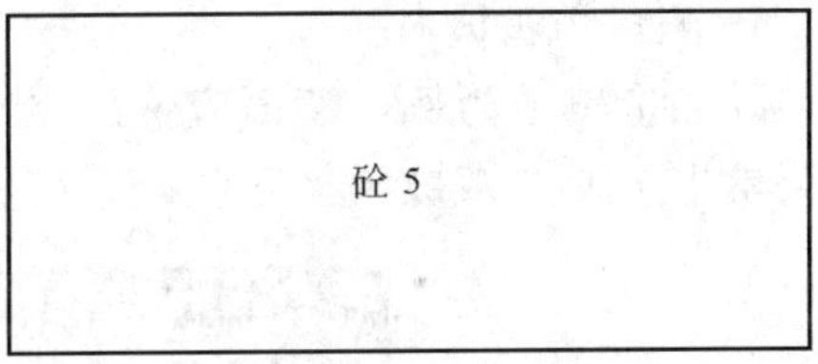

图 6 - 19　绘出的房屋符号

3. 测量地貌土质

以测绘一加固陡坎为例，说明操作方法。

测量陡坎时，棱镜应立于坎顶，并量取坎高。在屏幕右侧菜单中选取“地貌和土质”项，系统便会弹出如图 6 - 20 所示的对话框。

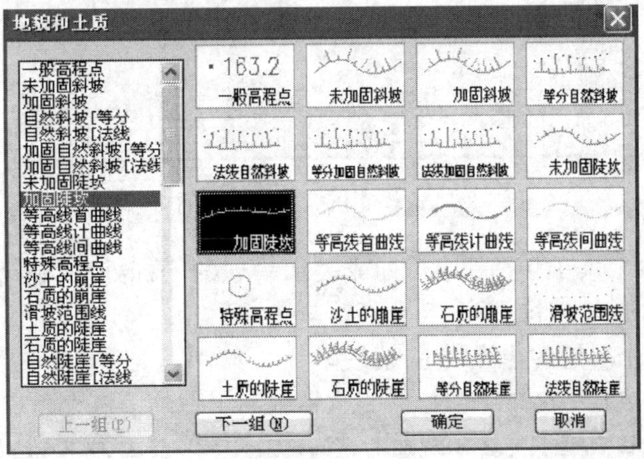

图 6 - 20　选择“地貌和土质”项的对话框

此处仪器类型如果选择为手工，则在此界面中可以手工输入观测值。若仪器类型选择为全站仪，则系统自动驱动全站仪观测并返回观测值。当输入水平角、垂直角、斜距、棱镜高等值，系统即自动绘出该碎部点。

移动鼠标到对话框左边的“加固陡坎”处或表示加固陡坎的图标处按鼠标左键，然后单击“确定”。

命令区显示：**“输入坎高：(m) <1.000>”** 此时应量取坎顶至坎底的铅垂距离，并将其输入，如 2.5m，然后回车。系统默认值为 1.0m。

命令区显示：**“输入标高（1.500 米）：”** 则应输入碎部点的棱镜高，如 2.0m，并回车；若默认为上次标高“1.5m”，则直接回车。

命令区接着显示：**“等待全站仪信号……”**

稍候，全站仪便将观测数据传到计算机。重复进行上述操作直到整段陡坎全部测完，然后按回车或单击鼠标右键即可结束陡坎的测绘。

命令区显示：**“拟合吗？<N>”** 拟合的作用是对陡坎进行圆滑处理。若所测陡坎是曲线陡坎，则需要拟合，应输入“Y”并回车；否则直接回车即可。

这时屏幕上将会展出陡坎，系统同时将被测点的 X、Y、H 坐标写到先前输入的测区的控制点坐标数据文件中保存。

4. 测量植被园林

以测量旱地为例，棱镜应依次立于旱地的边界线上，然后用全站仪瞄准棱镜。在屏幕右侧菜单中选取“植被园林”项，系统便会弹出如图 6-21 所示的对话框。

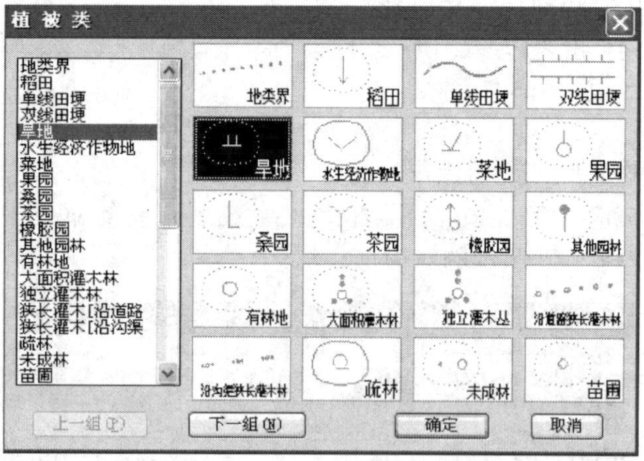

图 6-21　选择“植被园林”项的对话框

移动鼠标到对话框左边的“旱地”处或表示旱地的图标处按鼠标左键，然后单击“确定”按钮，弹出如图 6-14 对话框。

将仪器瞄向第一个旱地的边界线上的棱镜。

命令区显示：**“<跟踪 T/区间跟踪 N>”** 将仪器瞄向旱地的第二个角点。

命令区显示：**“曲线 Q/边长交会 B/跟踪 T/区间跟踪 N/垂直距离 Z/平行线 X/两边距离 L/<鼠标定点，回车键连接，ESC 键退出>”** 将仪器瞄向第三个角点。

命令区显示：**“曲线 Q/边长交会 B/跟踪 T/区间跟踪 N/垂直距离 Z/平行线 X/两边距离 L/隔一点 J/**

微导线 A/延伸 E/插点 I/回退 U/换向 H<指定点>”将仪器瞄向第四个角点。

命令区显示：“**曲线 Q/边长交会 B/跟踪 T/区间跟踪 N/垂直距离 Z/平行线 X/两边距离 L/闭合 C/隔一闭合 G/隔一点 J/微导线 A/延伸 E/插点 I/回退 U/换向 H<鼠标定点，回车键连接，ESC 键退出>。**”

操作说明：

(1) 输入“Q”为绘曲线。系统驱动全站仪测点，然后自动在两点间画一条曲线。

(2) 输入“B”为边长交会定点。指定两点延伸的距离交会定点。

(3) 输入“T”为跟踪，选择一条现有的线，程序自动沿该线，绘线。

(4) 输入“N”为区间跟踪，命令行会依次提示如下：

“**选择跟踪线起点:**”选择要跟踪的线的起点；

“**居中点:**”如果跟踪存在两个或两个以上的路径，则要选择居中点；

“**结束点:**”选择跟踪结束点。

(5) 输入“Z”为垂直距离，命令行会依次提示如下：

“**垂直与其他线方向 [请选择线]:**”选择参照线；

“**相对于被选线的方向:**”指定垂直的方向；

“**距离:**”输入垂距。

(6) 输入“X”为平行线，命令行会依次提示如下：

“**平行与其他线方向 [请选择线]:**”选择参照线；

“**相对于被选线的方向:**”指定平行的方向；

“**距离:**”输入要沿平行方向延伸的距离。

(7) 输入“L”为两边距离，命令行会依次提示如下：

“**求和两边相距一定距离的点 [请选择第一条线]:**”选择第一条线；

“**哪一侧:**”点击要计算的一侧；

“**距离:**”输入平行的距离；

“**求和两边相距一定距离的点 [请选择第二条线]:**”选择第二条线；

“**哪一侧:**”点击要计算的一侧；

“**距离:**”输入平行的距离。

(8) 输入“C”复合线将封闭，结束。

(9) 输入“G”为隔点闭合。如图 6-22 所示，绘出 1、2、3、4、5 点，∠561 是一直角，此时，当选择“G”回车后，系统自动计算出一个 6 点位置，并从最后点 5 点经过 6 点闭合到第 1 点。

(10) 输入“J”为隔一点垂直。如图 6-22 所示，当绘出 1、2 点后，选“J”，系统驱动全站仪新测一点 4，并计算出 3 点位置，使 2 点、新测的 4 点和计算出的 3 点连成直角。

(11) 输入“A”为微导线。输入推算下一点的微导线边的左角或指定平行或垂直方向，根据输入的边长计算出该点并连线。

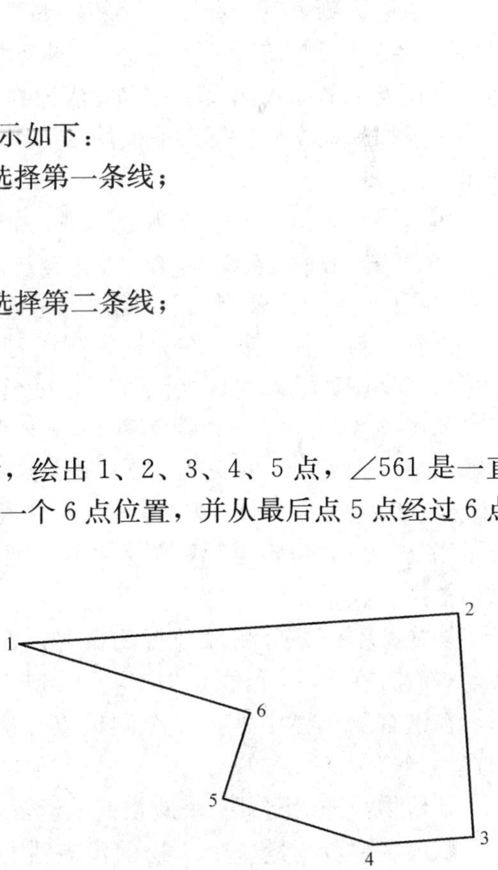

图 6-22　隔点与隔点闭合图

命令区提示：“**微导线－键盘输入角度 (K)/<指**

定方向点（只确定平行和垂直方向）＞。”

操作：键入“K”系统提示输入角度、边长定点。默认为鼠标指定平行或垂直方向，然后输入边长定点。（程序识别模糊方向，判断平行或垂直）

（12）输入“E”为延伸，在当前线条方向上延伸合适的距离。

（13）输入“I”为插点，在已连接的线段间插入新点。

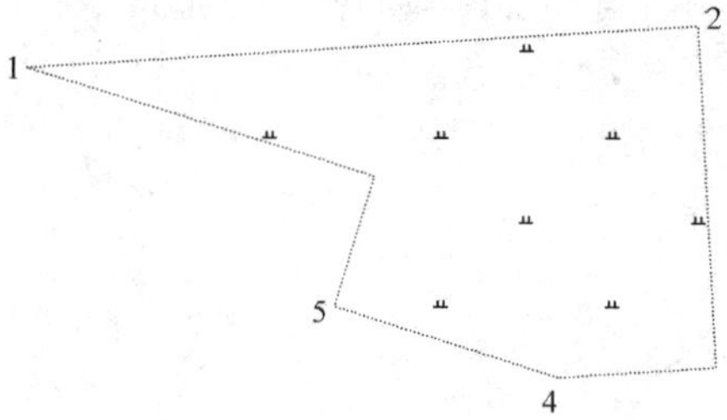

图6-23　展绘出的旱地符号

（14）输入“U”为回退，删除上一步操作。

（15）输入“H”为换向，即确定当前观测点与已有地物是顺时针方向连接还是逆时针方向连接。

（16）默认为鼠标指定点，回车弹出连接窗口，ESC键退出。

以上的各项选择，按测图需要进行选择。最后回车结束测量，成果如图6-23所示。

测完平面图便可绘制等高线，进行等高线的绘制、编辑，最后进行图幅整饰，得到完整的数字化地形图。

6.3.4　多棱镜测量

如果某地物还没测完就中断了，转而去测另一个地物，之后可根据多测尺方法继续测量该地物。

中断地物测量时，利用“多镜测量”功能设置测尺，待要继续测量该地物时，再利用“多镜测量”中测尺转换功能在多个测尺之间切换。利用“多镜测量”时直接驱动全站仪测点，自动连接已加入测尺名的未完成地物符号。

一般如果地物比较复杂或使用多名跑尺员时，都要用多镜测量。以下介绍多镜测量的方法步骤：

单击屏幕菜单的“多镜测量”项，命令区提示：

“选择要连接的复合线：＜回车输入测尺名＞”。选择已有地物则不需设尺，回车则弹出如图6-24所示的“设置测尺”对话框。

选择“新地物”项，在“输入测尺名”下方的文本框输入测尺名，测尺名可以是数字、字母和汉字，如输入“1”后确定，则命令行提示：

“切换S/测尺R＜1＞/曲线Q/边长交会B/跟踪T/区间跟踪N/垂直距离Z/平行线X/两边距离L/闭合C/隔一闭合G/隔一点J/微导线A/延伸E/插点I/回退U/换向H＜鼠标定点，回车键连接，ESC键退出＞。”命令行中**“测尺R＜1＞”**表示当前进行的是1号尺，输入“R”则回到“设置测尺”对话框换尺或添加尺。

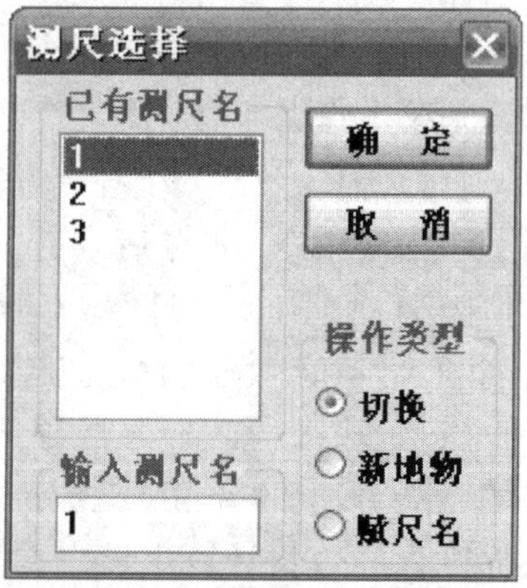

图6-24　“设置测尺”对话框

切换：不止一个测尺进行测量时，在几个测尺之间变换，观测时在命令行输入“R”后回到“设置测尺”对话框，在已有测尺栏中选择一个测尺点“确定”后则将该地物置为当前。

新地物：开始测量一个地物前就设置测尺名。

赋尺名：若测量一个地物前没有进行设尺，测量过程中又要中断，此时可以赋予其测尺名。

命令行各个选项功能：

（1）输入“S”可以在不同的地物之间切换，指不用测尺功能，直接凭记忆来选择要连接的地物。

（2）输入“R”回到“设置测尺”对话框进行测尺切换、新建或赋尺名。

（3）输入“Q”为绘曲线。系统驱动全站仪测点，然后自动在两点间画一条曲线。

（4）输入“B”为边长交会定点。指定两点延伸的距离交会定点。

（5）输入“C”复合线将封闭，测制结束。

（6）输入“G”为隔点闭合。系统会驱动全站仪测第 5 点，并自动从第 4 点经过第 5 点闭合到第 1 点。第 5 点即所谓的“隔点”，它满足这样一个条件：角 4 和角 5 均为直角。

（7）输入“J”为隔一点垂直。系统驱动全站仪新测一点，并计算出一个点使最后点、新测点、计算点 3 点连成直角并连线。

（8）输入“A”为微导线。输入推算下一点的微导线边的左角（° ′ ″）或指定平行或垂直方向，根据距离（m）计算出该点并连线。

（9）输入“E”为延伸，在当前线条方向上延伸合适的距离。

（10）输入“I”为插点，在已连接的线段间插入新点。

（11）输入“U”为回退，删除上一步操作。

（12）输入“H”为换向，即确定当前观测点与已有地物是顺时针方向连接还是逆时针方向连接。

（13）鼠标定点即直接用鼠标在屏幕上输入点而不从全站仪读数据。

（14）回车为全站仪测点模式，根据提示测量。

（15）按 ESC 键退出测量。

6.4　平板测图时的注意事项

在野外采用电子平板的作业模式测图时，除了做好充分的准备、组员之间协调配合及按照正确的方法进行施测之外，还应注意一些问题：

（1）当测量三点房时，应注意立尺的顺序，必须按顺时针或逆时针立尺。当测量陡坎时，应根据陡坎毛刺的方向在坎顶立尺，毛刺在立尺前进方向的左侧，并量取坎高，如果方向与实际相反，可用主菜单“地物编辑”下的“线型换向”进行换向。

（2）跑尺员在野外立尺时，尽可能将同一地物编码的地物连续立尺，以减少在计算机处来回切换。

（3）测图过程中，为防止意外应该每隔 20min 或 40min 存一下盘，这样即使在中途因特殊情况出现死机，也不致前功尽弃。

（4）如果选择“手工输入观测值”，系统将提示“输入边长”、“输入角度”，这时应按照提示输入正确值即可；如选择全站仪，如“南方全站仪”，系统会自动驱动全站仪进行测量，而且测量的数据会自动传送到计算机。

（5）标高默认值为上一次的值。当测量某些不需参与等高线计算的地物（如房角点）时，应在系统提示输入标高时输入 0，不可直接回车。

（6）测量碎部点的定点方式有全站仪定点和鼠标定点两种，两者可通过屏幕右侧菜单的“方式转换”项进行相互切换。全站仪定点方式是根据全站仪传送的数据计算出坐标成图；

鼠标定点方式是利用鼠标在图形编辑区内直接绘图。

（7）观测数据分为自动传输、手动传输两种情况。自动传输是由程序驱动全站仪自动测距，并自动将观测数据传至计算机，如南方全站仪；手动传输则是在全站仪上手动测距，然后人工干预传输。

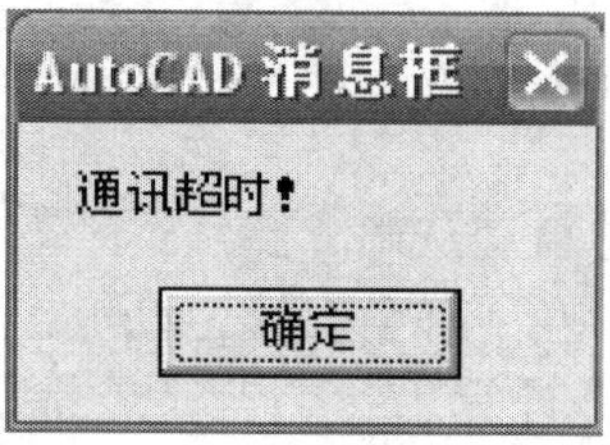

图 6-25 “通讯超时”窗口

（8）当系统驱动全站仪测距后 20～40s 时间还没完成测距时，将自动中断操作，并弹出如图 6-25 所示的窗口。这时应检查全站仪是否瞄准目标，并按照正确的方法重新操作一遍，直到测量完成为止。

（9）如果某地物还没测完就中断了，转去测另一个地物，可利用“加地物名”功能添加地物名备查，待继续测该地物时利用“测单个点”功能的“输入要连接本点地物名”项继续连接测量，即多棱镜测量。

（10）右侧菜单“找测站点”使测站点出现在屏幕的中央。

电子平板由于其灵活的工作方式、直观的测图效果受到了广大测绘工作者的喜爱。现在各类成图软件电子平板方面的开发都已很完善，但电子平板在硬件方面一直受到限制。便携机本身价格较贵，同样配置一般是台式机价格的 2～3 倍。另外，迄今为止市场上还没有防尘、防水的便携机面世，野外观测条件一旦恶劣，便携机的零部件会受到很大伤害，寿命也会受到很大缩减。虽然这种方法比较直观，不易出错，但受野外条件影响较大，目前较少采用。

小　　结

电子平板测图是利用电子平板测绘成图系统，将便携机与全站仪相连接，在野外现场进行实时数据采集、数据处理、连线成图及图形编辑。其特点是野外现场直观性强，“所测即所得”；可以及时发现错误，立即修改；但对阴雨天、暴晒或灰尘等条件难以适应。

另外，电子平板测图将实地图形显示在屏幕上，操作员可根据实地信息直接成图，也可先把点展在图上，一站结束后再成图。在现场对某些实体作简单的编辑、修改，较复杂的工作可回到室内去做，最后通过绘图仪打印输出。

相对而言，草图作业模式观测效率较高，野外观测时间较短，硬件配置要求也低，使用寿命更长。所以用户在选择作业模式时，应综合考虑各项因素，选择更经济、方便的作业模式。

习　　题

1. CASS 软件“电子平板法”作业前应该做哪些准备工作？

2. 简述 CASS 软件电子平板测图的优点和不足之处。

3. 在电子平板测图过程中，测绘多点房屋时，命令区会显示“**闭合 C/隔一闭合 G/隔一点 J/微导线 A/曲线 Q/边长交会 B/回退 U/连全站仪 T/<指定点>**”，若键入“G”或键入“J”将会出现什么结果？举例说明。

4. 简述 CASS 软件“电子平板法”的操作过程。

5. 利用全站仪配合便携机进行野外电子平板作业实验。

第7章 地形图数字化

本章主要介绍手扶跟踪数字化和扫描屏幕数字化的作业方法，并简单介绍摄影测量和遥感技术在数字测图中的应用。

地形图扫描屏幕数字化是目前地形图数字化的主要方法。CASSCAN5.0扫描矢量化软件已经广泛应用，它是一套综合图像处理、图形输入、属性采集、地图输出为一体的扫描数字化软件系统。

航空摄影测量是利用航空飞行器上拍摄的航空像片进行的摄影测量，主要用于测绘1∶1000～1∶100 000各类比例尺的地形图。

7.1 概述

数字地形图除了可以用地面数字测图方法获得外，也可以用地形图数字化方法或航测法获得。目前各级规划及建设等部门拥有大量的各种比例尺的纸质地形图，这些都是非常宝贵的地理信息资源。为了充分利用这些资源，可将大量的纸质地形图通过图形数字化仪或扫描仪等设备输入到计算机中，用专用的软件进行处理和编辑，将其转换成计算机能储存和处理的数字地形图，这个过程称为地形图的数字化。

进行地形图的数字化实质上就是将图形转化为数据，再进行处理和编辑。由于这个过程是一个复杂的过程，它涉及数字化的设备、数字化软件、原纸质地形图的固定误差、数字化过程的误差等多方面，因此，通过地形数字化方法得到的数字地形图，其精度不会高于原地形图的精度。目前常用的地形图数字化方法有手扶跟踪数字化法和老图扫描屏幕数字化法。

手扶跟踪数字化是利用跟踪数字化仪对地图的每一个特征点进行跟踪，并进行数据采集，经过相关软件处理后，把数据发给计算机，然后进行编辑、处理，获得最终的矢量化数据，即数字化地形图。高精度的数字化仪适用于地质、测绘、国土等行业。

扫描屏幕数字化也称扫描矢量化，实质是使用扫描仪及相关扫描图像处理软件，对底图进行扫描，将数据输入计算机储存、处理，生成按一定的分辨率且按行和列规则划分的栅格图像，此时数据仅为栅格数据。然后利用软件进行矢量化处理，最终获得矢量化数据，即数字化地形图。目前扫描仪已广泛应用于各类图形图像处理、出版、印刷、图文通信、工程图纸输入等许多领域。老图扫描屏幕数字化是目前地形图数字化处理的主要方法，与手扶跟踪数字化方法相比，有速度快、精度高的优点。

数字制图具有成本低、成图周期短、功能强、便于保存等优点，而且一个普通人员经过短期培训就能掌握，要比培养一个具有较高作业水平的清（刻）绘人员费时少得多。数字制图能以最快的速度满足不同层次用户的要求，它把编绘与制印两个工序有机地结合起来，为快出图、出好图，开拓市场和增强地图市场竞争力及创造较高的经济效益提供了广阔的前景。随着计算机技术的发展以及相应制图软件的不断开发和完善，数字制图将具有更大的发展前景。

摄影测量与遥感技术主要是通过对航空摄影影像、高分辨率卫星遥感影像、地面摄影影像等的处理，综合运用计算机立体视觉、影像处理和图像识别等多种先进技术，制作数字影像产品或提取地物信息。摄影测量与遥感技术和应用的不断创新与发展，将极大地丰富地球信息科学的构建。地球信息科学的发展也必将为“数字地球”战略的发展提供理论、方法与技术支持。

7.2 地形图手扶跟踪数字化

手扶跟踪数字化是利用跟踪数字化仪将图解地形图直接转化成矢量格式的数字地形图。其操作过程如下。

1. 地形图定位

在对纸质地形图进行数字化数据转换时，数字化仪所发送的坐标数据是数字化仪坐标系的坐标，与地形图的坐标系不一致，因此必须把数字化仪坐标系的坐标数据转换为地形图坐标系的坐标数据。地形图定位就是求出两坐标系之间的转换参数，同时还要能有效地克服图纸的变形误差，以提高数字化的精度。

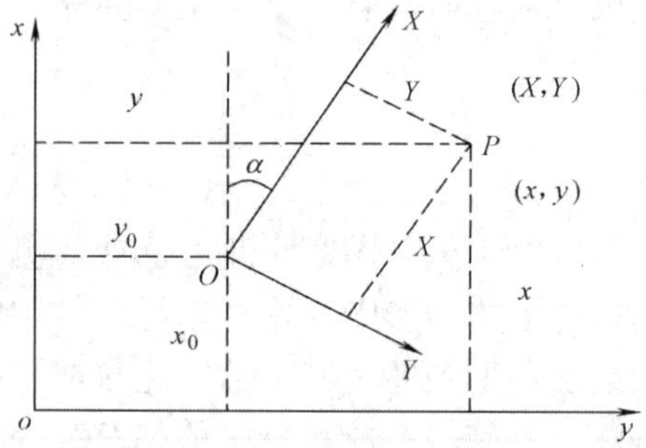

图 7-1 坐标变换

地形图坐标系与数字化仪坐标系之间的转换关系如图 7-1 所示，XOY 为地形图坐标系，xoy 为数字化仪坐标系，两坐标系的坐标轴之间的夹角为 α。地形图西南角图廓点 O 的地形图坐标为 X_0 和 Y_0，数字化仪坐标为 x_0 和 y_0。对于任一已知点 P 点的地形图坐标（X，Y）和数字化仪坐标（x，y）有以下关系：

$$\left.\begin{aligned} X - X_0 &= \lambda(x - x_0)\cos\alpha + \lambda(y - y_0)\sin\alpha \\ Y - Y_0 &= \lambda(-x + x_0)\sin\alpha + \lambda(y - y_0)\cos\alpha \end{aligned}\right\} \tag{7-1}$$

令

$$a=\lambda\cos\alpha \qquad b=\lambda\sin\alpha$$

则

$$\left.\begin{aligned} X&=a(x-x_0)+b(y-y_0)+X_0 \\ Y&=b(x_0-x)+a(y-y_0)+Y_0 \end{aligned}\right\} \tag{7-2}$$

令

$$\left.\begin{aligned} Q_x&=-(ax_0+by_0)+X_0 \\ Q_Y&=bx_0-ay_0+Y_0 \end{aligned}\right\}$$

则

$$\left.\begin{aligned} X&=ax+by+Q_x \\ Y&=-bx+ay+Q_y \end{aligned}\right\}$$

式中 λ——长度比；

a、b、Q_x、Q_y——待定转换系数，也称变换定向系数。

当有 3～5 个已知点（地形图控制点）时，对于每个已知点可列出一对误差方程式，即

$$\left.\begin{aligned} v_{xi} &= ax_i + by_i + Q_x - X_i \\ v_{yi} &= - bx_i + ay_i + Q_y - Y_i \end{aligned}\right\}(i = 1,2,3,\cdots,n) \tag{7-3}$$

$$m = \pm\sqrt{\frac{[vv]}{2n-t}} \tag{7-4}$$

根据式（7-3）和式（7-4），可求出定位中误差 m。中误差在允许范围内，则认为此 4 个为定向系数；若超限，则需重新进行地形图定位。地形图定位及计算出定向系数后，即可开始对地形图要素逐点进行数字化。

在实际作业时，若图幅内没有已知控制点，或虽有控制点但控制点不满足地形图定位要求（点数不够、点位不清晰等）时，可以采用 4 个内图廓点作为已知点进行地形图定位。

2. 地形图菜单定位

数字化过程中，用数字化仪定标器十字丝对准地物特征点采集，得到相应的平面坐标，同时还要输入该点相应的属性信息。为了提高速度，通常数字化软件都会建立图板菜单，在数字化仪桌面右边开辟一个区域作为菜单区。该菜单是固定在该区上的一个菜单表格，菜单区内按行和列分成相同大小的方格（正方形和矩形），每个格子对应一个菜单项，菜单项用来表示常用的地形图图式符号和各种图形处理功能，用定标点点击相应的菜单项，就可输入地形图要素代码或执行相应的命令操作。图 7-2 是南方数字测图软件 CASS 系统图板菜单的一部分。

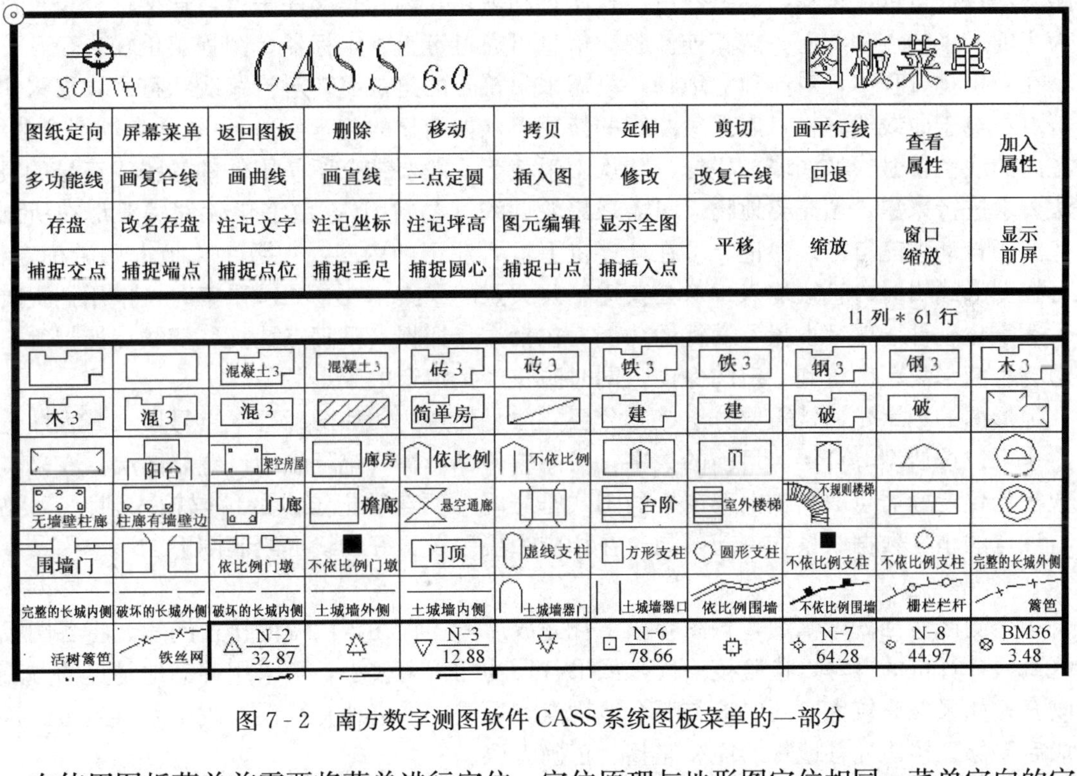

图 7-2　南方数字测图软件 CASS 系统图板菜单的一部分

在使用图板菜单前需要将菜单进行定位，定位原理与地形图定位相同。菜单定向的定向点一般取菜单的左上、左下和右下角三点（如图 7-2 所示左上角小圆心中的小黑点），定向点在坐标系中的坐标为：左上角：$X=L$，$Y=0$；左下角：$X=0$，$Y=0$；右下角：$X=0$，$Y=W$。

这里，L 为菜单的竖向长度，W 为菜单的横向宽度，单位均为 mm。

菜单定位完成后，菜单区内某一位置的行号和列号都可由数字化仪坐标换算出来。

在地形图数字化系统程序中，每一对行号和列号都和方格所对应的代码或程序功能联系起来，因此只要在数字化地形图要素之前或之后，将数字化仪游标移到菜单相应的地形图图式符号的小方格内，就可把该地形图要素的代码和图形的坐标（几何位置）连在一起，形成一个规定格式的数据串储存在计算机内。图板菜单除用于输入图形要素代码外，还可输入程序执行命令，进行数字化数据的处理和屏幕图的编辑，作为人机交互系统中的一个输入设备。

3. 地形图手扶跟踪数字化

在地形图定位和菜单定位完成后，即可开始对大比例地形图进行数字化。地物数字化的采集是整个数字化最实质的环节。地图数字化的数据采集与野外数字化采集类似，只需对地形的特征点进行数字化采集，即得到每一特征点的点位坐标。采集的同时必须输入它们的编码（由编码绘制图式符号）和连接点（使本点与应该连接的点相连），所不同的是数字化在图上采集，可不受地域的限制，因而采集特征点可分类按一定的顺序有规律地进行。例如可先采集房屋，再采集道路等。一个地物采集完后，再采集其他的地物，这样不仅可提高效率，而且防止了地物的漏采。如采集一条道路，只须在采集第一点时输入道路的编码，这条道路其他特征点依次采集，其编码可由程序自动默认，因为是顺序采点，连接信息也可以默认为当前所采的点都与上一点相连。各种信息可通过键盘、定标器、图板菜单输入。

在数字化过程中，对于独立地物，只需采集符号的定位点；对折线线状符号，需采集各转折点；对于曲线线状物，需采集曲线的特征点（如明显的转弯点），由软件自动拟合曲线；有方向的线性符号，如围墙、栏杆、陡坎、斜坡等一般要结合所使用软件的图式符号的具体算法要求进行采集；填充类地物，只需采集轮廓线（要封闭），数字化软件一般都在所划定的范围内自动填充符号。注记，可在计算机上输入注记的内容，在数字化板上用游标定位，也可在图形编辑时再直接加入；对公共边、公共点的采集，在第二次采集时，采用捕捉的方法，数字化软件一般都设置了捕捉的功能，包括端点捕捉、垂直点捕捉、切线点捕捉等，捕捉地物可使采集精度得到一定的保证，同时防止产生多余的废点。

地形图的数字化通常需要分层，其分层方法是任意的，如图廓层、点号层、高程注记层等，也可以按线型等分层。目前的数字化成图软件都已在系统环境中设置好图层，在采点时用数字化仪定标器点取图板上菜单上的图式符号时，便自动把该点的编码输入到计算机中，并与该点的坐标数据联系在一起，同时在相应图层用设置好的线形绘制图形。

4. 图幅接边

一个测区包括若干幅图，各图幅数字化完成后，还存在各图幅的接边问题。将各图幅接边区调入计算机的屏幕，检验接头处，如果各地物的偏离较小，可采用移动地物点的方法使之吻合；如果偏离较大，则要检查哪个地物点测量或者采集地有错误，改正后再接边。接边完成后要保证接边处各地物的连续完整、正确无误。

5. 手扶跟踪数字化精度

数字化精度是数字化工作必须考虑的问题，首先要保证原图的质量，要求图纸变形小和图面清晰。跟踪数字化过程中引起的误差比较复杂，它包括图纸的定位误差、数据采集误差、仪器误差等。

（1）定位误差受到定位点本身的误差、定位点分布情况以及坐标变换模型等因素的影响。在进行图纸定位时，尽量选用分布均匀的定位点，而且要多选点，以增加多余观测，一方面提高精度，另一方面也为剔除粗差创造条件，从而减少粗差的影响。

(2) 数据采集误差主要有采点时的对中误差和取点时的代表性误差。采集误差属于偶然误差。当数字化一条粗线时，很难连续地把光标对准线的中央，特别对等高线数字化时，操作上就可能产生更多的偏移误差，所以数字化的精度很大程度上受到操作员的技能和责任心及疲劳程度的影响，还受到被数字化要素的宽度、密度及复杂性的影响。数据采集误差是数字化地形图的主要误差来源。

(3) 仪器误差是指由于数字化仪本身的结构和分辨率等因素引起的误差，属于系统误差。目前数字化仪精度一般能达到 0.1～0.2mm，分辨率可达到 10 000LPI。仪器误差是影响数字化精度的主要原因。

6. 手扶跟踪数字化采集数据时应注意的事项

(1) 在数字化过程中发现图纸有移动，必须对图纸进行重新定位。

(2) 特征点采集时按顺时针方向进行。

(3) 对任何要进行二次及超过二次以上采集的点，再次采集时只需对其进行捕捉，公共边上的点不需再采集，软件会自动组合到多边形中。

(4) 对一组多边形的特征点数字化后，这组多边形的总面积（即外环多边形的面积），应等于其所包含在内部的全部相邻多边形面积之和，通过计算面积可检验多边形采点的正确性。

7.3　地形图扫描屏幕数字化

地形图扫描屏幕数字化是利用扫描仪将原地形图进行扫描后，生成一定分辨率并按行和列划分的栅格数据，应用扫描矢量化软件进行栅格数据矢量化，采用人机交互与自动化跟踪结合方法来完成地形图矢量化。扫描屏幕数字化方法是目前地形图数字化处理的主要方法。

7.3.1　地形图扫描屏幕数字化工作步骤

扫描屏幕数字化过程实质就是一个解释光栅图像用矢量元素替代的过程，工作流程可用图 7 - 3 来表示。

1. 扫描图像

利用扫描仪扫描的地形图，一般要求图纸无污点、无折压，干净，整洁，线划、注记要

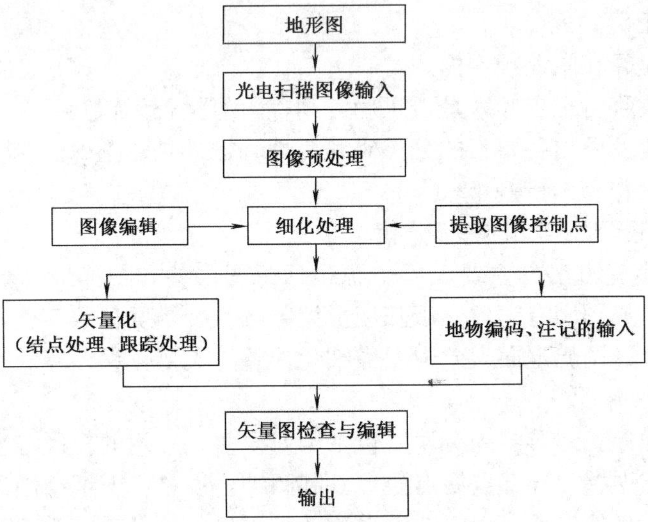

图 7 - 3　扫描屏幕数字化工作流程

清晰。地形图扫描后，得到地形图的点阵图像数据，即栅格数据。栅格数据由像素组成，每一个像素代表着被扫描图像中一个极小的块，它是可以调节的，以适应复杂程度不同的图形。显然，像素越小，扫描越详细，精度越高，但数据量越大。

2. 原始栅格数据预处理

预处理是指由于图纸不净、线不光滑以及受扫描、摄像系统分辨率的限制，给扫描出的图像线划带来黑色斑点、孔洞和毛刺、凹陷等噪声。在细化前要采用消噪声和平滑的方法除去噪声平滑图像。对原始栅格数据的预处理实际上就是对原始栅格数据进行修正，经修正最后得到正式的栅格数据。

3. 细化处理

细化是指把扫描图像线条的图形原骨架（中心线）抽取出来的技术。细化处理速度、所需内存容量、处理精度和细化畸变是细化好坏的综合性能指标。细化不能增减骨架分支，不能改变图像的连通性。细化后，图像上难免存在一些断点（细线断开的点）和毛刺，需要进行断线修补和毛刺删除。细化的结果要求是原曲（直）线的中心线。

4. 地形图的矢量化

矢量化是指将栅格图像转换为矢量图形的过程。一般的线段可做到自动跟踪矢量化，但由于地形图上线划分布比较复杂，尤其是大比例尺地形图，地物要素的多样、重叠、交叉以及一些文字符号、注记等，使全自动跟踪矢量化更加困难。一般都采用人机交互与自动跟踪相结合的方法完成地图的矢量化，这一过程都是在屏幕上进行的，所以也称屏幕数字化。

5. 矢量图的检查与编辑

地形图图形矢量化结束后，要对照原图进行注记符号的输入及适当的检查和编辑工作，检查的主要内容包括：

（1）图内要素的采集是否有错漏。

（2）图幅定位误差是否符合限制规定。

（3）图内各要素代码及附属信息是否完整、正确。

（4）分层是否正确。

（5）接边误差是否在限差规定内。

（6）高程点和高程特征点输入是否正确，高程附值是否无错漏。

（7）等高线高程及图内各要素的分类码和属性码输入是否正确。

（8）图形编辑工作有无错差。

7.3.2 地形图扫描屏幕数字化精度分析

地形图扫描数字化方法的主要误差来源包括原图误差和扫描屏幕数字化方法产生的误差。原图误差主要有原图固有误差、纸张变形误差等；扫描屏幕数字化方法本身产生的误差主要有图纸扫描误差、图幅定向误差、图像细化误差、矢量化误差等。

1. 原图的误差来源

（1）原图固有误差。地形图固有误差包括测量误差、采用的投影方法误差、坐标格网绘制误差、控制点展点误差、碎部点展点误差、制图综合误差、图纸绘制误差等。

（2）纸张变形产生的误差。由于图纸受湿度和温度的变化产生膨胀和收缩引起的误差。如对于50cm×50cm格网、图幅宽度为500mm的白纸地图来说，因湿度而产生的误差可达到8.0mm。此外在印刷过程中，纸张先随温度的升高而变长变宽，又由于冷却，而产生收缩，最后，图纸在长、宽方向的净增长约为1.25%和2.5%，变形误差的范围为0.24～0.48mm。聚酯薄膜的底图与纸质图相比，材料变形产生的误差相对较小，因此建议最好采用聚酯薄膜作为扫描底图。

2. 扫描屏幕数字化法误差来源

(1) 图纸扫描误差。由于光学误差、电信号传输过程中造成的辐射误差、沿导轨扫描过程中机械运动或其他原因造成的直线性误差、线阵方向误差与扫描方向不垂直所引起的线阵的直线性误差、随机性误差等诸多因素的影响，扫描所得到的图形存在旋转或者扭曲。影响其精度的主要是扫描分辨率。扫描时最大点位误差是扫描的响应误差，它受扫描仪的几何分辨率、原图中线划的粗细、线划的密度、曲线复杂程度、图面洁净程度等多种因素影响。

扫描仪的几何分辨率误差是该项误差的主要误差来源。要减小该误差，只有提高扫描仪的分辨率。但是当提高扫描仪分辨率时，会使栅格数据量以平方级增长，造成计算机内存溢出和处理时间的平方级延长，这对计算机的配置提出了更高的要求。在扫描地形图时，对于图面负载量较少的平地地图，采用分辨率300dpi即可满足精度要求；对于地形图中含有非常密集等高线的山区地形，扫描分辨率不应低于500dpi。

(2) 图纸定向误差。定向误差一方面受到定位点本身的误差、定位点的分布情况以及坐标变换模型选择等因素的影响；另一方面定位点的精度与扫描分辨率的大小有很大关系。

不同的变换模型对于克服图纸的各种变形的效果不一样，一般需要通过实验选用。定位点均匀分布。图纸定位时应保证有一定的多余观测，即应有多余的定位点，一方面提高定位精度，另一方面也为剔除粗差创造条件，从而减少粗差的影响。

提高扫描分辨率可减小图幅定向误差。试验证明，当分辨率为100dpi时，定向精度较差。随着扫描分辨率的增大，定向精度提高。当分辨率大于300dpi时，定向精度小于0.1mm，且精度提高不明显。因此，对于常规地形图来说，一般采用300dpi的扫描分辨率即可达到图纸定向的精度要求。

(3) 图像细化误差。许多扫描数字化软件都能正确地获得线段的中心线，即使在线段交叉处变形也是很小的，细化误差产生的点位误差为1个像素点。按300dpi计算所产生的图上误差约为0.09mm，所以，图像细化误差可取为±0.1mm。

(4) 矢量化误差。在跟踪矢量化过程中，一般采用变步长保精度跟踪矢量化法。用折线代替曲线所产生的最大点位误差是1个像素点；用分辨率为300dpi计算所产生的图上误差约为0.09mm，取矢量化误差为±0.1mm。

由于扫描矢量化在同等条件下（如纸张的变形与清晰程度），效率和精度都比手扶跟踪数字化仪数字化高。自动化程度高，劳动强度小，是地图数字化的发展方向。随着大比例尺地形图矢量化软件的成熟，扫描屏幕数字化将逐渐取代数字化仪数字化，而成为地形图数字化的主流。目前，国内已有一些扫描屏幕数字化软件投入使用，经过一个阶段的磨合与完善，对扫描数字化必有很大的帮助。

7.3.3 扫描数字化作业示例

CASSCAN是南方测绘仪器公司在AutoCAD 2002上开发的扫描矢量化软件，它是一套

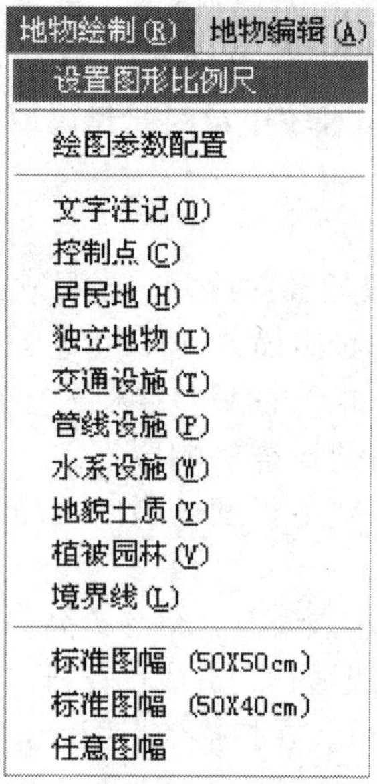

图 7-4 “地物绘制（R）”菜单项

综合图像处理、图形输入、属性采集、地图输出为一体的扫描数字化软件系统。它能将扫描后形成的栅格图像以 PCX、GIF、TIF、BMP、TGA 等格式保存，还能生成 CAD 标准图形数据库文件，并提供了与各种 GIS 数据库进行数据交换的接口，能将白纸图方便的制作成矢量地图，并能快捷的进行 GIS 数据库入库工作。下面就 CASSCAN 对一幅扫描地图的矢量化来说明其使用与操作过程。

1. 设定比例尺

打开 CASSCAN5.0，用鼠标选取“地物绘制（R）/设置图形比例尺”菜单项，如图 7-4 所示。在命令行上输入“500”并回车。此时，比例尺就设为 1：500。

2. 插入矢量图框

用鼠标选取“地物绘制（R）/标准图幅（50cm×40cm）”菜单项，在弹出的“图幅整饰”对话框中输入相应的图框信息和图框左下角坐标，单击“确认”按钮，此时，在工作窗口中将会出现一个有完整信息的矢量图框。

3. 插入光栅图

用鼠标单击“图像处理（I）/插入（I）…”，菜单项如图 7-5 所示，在弹出的“插入图像”对话框中选择要插入的“all.bmp”光栅图文件。单击“插入”按钮后弹出图像“插入参数设置”对话框，参数选择后，单击“拾取”按钮。用鼠标在先前插入的矢量图框周围选取插入点，此时点击鼠标右键跳过插入图旋转角的设定，拖动鼠标将插入的光栅图调整到与矢量图框基本相同的大小，单击鼠标左键回到“图像插入参数设置”对话框，单击“确定”按钮，此时光栅图就插入到工作区中了，如图 7-6所示。

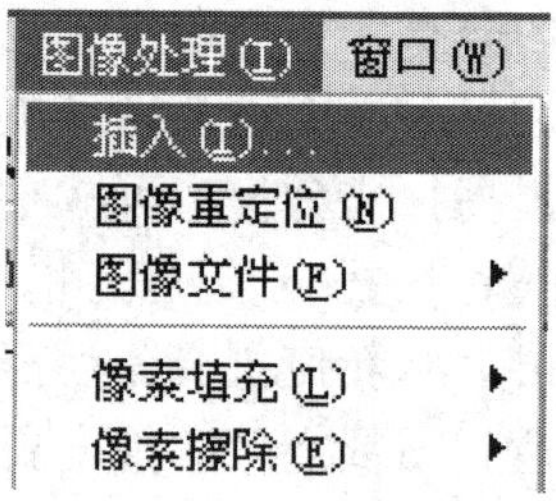

图 7-5 “插入（I）”菜单项

4. 光栅图纠正

（1）两点匹配。用鼠标单击“图像处理（I）/几何纠正（R）/两点匹配（H）”菜单项（在工作区中有多幅光栅图时，要用鼠标拾取框拾取要进行编辑的光栅图），如图 7-7 所示。在命令行的提示（**“请指定源点＃1:”**）下用鼠标定位第一点的匹配源点（光栅图上的内图框左下角点），此时命令行提示变为**“请指定目标点＃1:”**，用鼠标指定第一点的匹配目标点（矢量图框上的内图框左下角点）。接着按照第一点的做法定位第二点的匹配源点（光栅图图框上的内图框右上角点）和目标点（矢量图框上的内图框右上角点），此时，光栅图将会自动的匹配到指定的位置上，如图 7-8 所示。

（2）多点纠正。用鼠标单击“图像处理（I）/多点纠正（A）”菜单项，弹出“多点纠正”对话框，在对话框中单击“（A）添加”按钮，添加图像纠正控制点。此时对话框隐藏，回到工作窗口，用鼠标十字光标依次选取纠正点的源点和目标点（源点为光栅图上的内图框点，目标点为相应的矢量图框上的内图框点），当 4 个纠正点拾取完成后单击回车键回到“多点纠正”对话框，此时在对话框中出现 4 个点的坐标量与误差值，单击“确定”按钮，

图 7-6　插入的光栅图

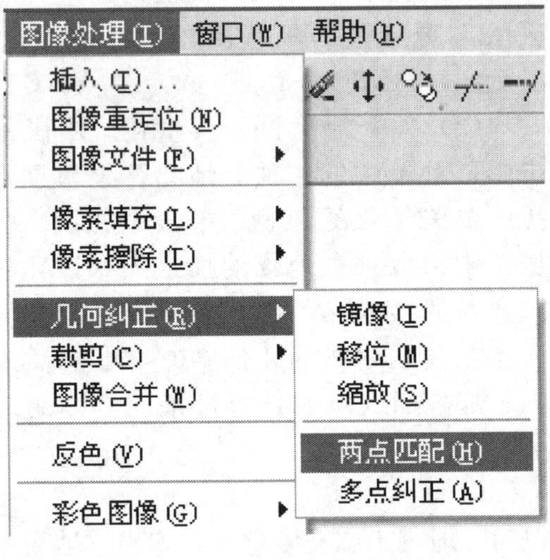

图 7-7　“图像处理（I）”菜单

光栅图的纠正将自动完成［在多点纠正中提供了 6 种纠正的算法，此处我们使用的是第三种“（L）线性（4 点）”纠止算法，所以在取纠正点时应等于或多于 4 个点］。

5. 光栅图的保存

用鼠标单击“图像处理（I）/保存（S）”菜单项，选择好光栅图的存放路径后，单击“保存”，文件将自动保存。

6. 点状地物的矢量化

（1）高程点的矢量化。用鼠标单击“地物绘制（R）/绘制参数设置”菜单项，弹出“绘制参数设置”对话框，在“高程注记位数”中选择两位，将高程注记中小数点后需要注记的位数设定为两位，单击“确定”按钮回到工作视图。用鼠标单击屏幕菜单中的“地貌土质”菜单项，弹出“地貌和土质”的图像菜单，选择“一般高程点”，单击“OK”按钮，在光栅图上用鼠标单击高程点的中心，在

图 7-8　两点匹配后的光栅图

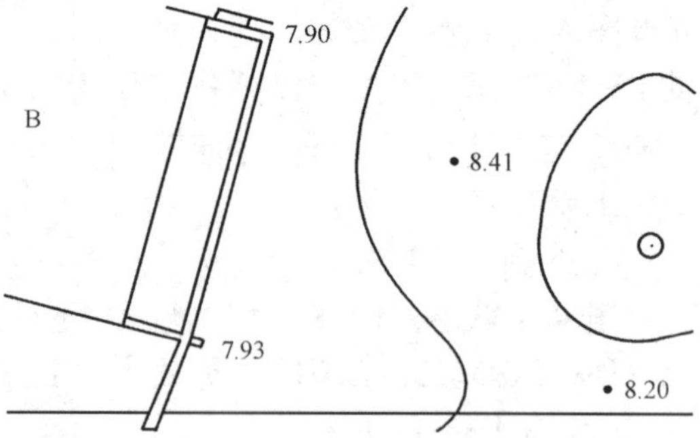

图 7-9　矢量化后的高程点

命令行的提示下输入高程值，此时在工作区中出现红色的矢量高程点，如图 7-9 所示。

（2）独立地物符号矢量化。用鼠标单击屏幕菜单中的“独立地物”菜单项，选择所要矢量化的地物，单击“OK”。在光栅图中拾取独立地物的插入点（**注意：**不同地物的插入点位置是不相同的，有的插入点在独立地物的几何中心，有的插入点在底部，插入点的选择可根据具体的地物而定），这样一个地物的符号就被矢量化了。

7. 线状地物的矢量化

（1）等高线的矢量化。用鼠标点选屏幕菜单中的“地貌土质”菜单项，弹出“地貌和土质”图像菜单，选“等高线首曲线”后，单击“OK”。在命令行提示下输入等高线的高程值，用鼠标点取光栅图上等高线的中心，移动鼠标并对准光栅线上的下一点，此时屏幕上出现预跟踪的导线，在预跟踪导线出现时单击鼠标左键，在光栅线上生成矢量线。由于自动跟踪是根据光栅图上光栅像素的连接关系来完成的，所以在工作时由于光栅的连接关系不理想使得跟踪工作要由人工来干预和控制。在出现跟踪生成的矢量线有误时，可以用以下操作实现任意位置的回退：

在命令行提示“**锚点（P）/反向（R）/闭合（Q）/手工（M）/撤销（U）/回退到（G）/设置（T）/结束（X）：<P>**”下输入“**G**”并回车，用鼠标在当前矢量线上点取希望回退到的位置，这样跟踪生成的矢量线就会回退到指定的位置。

“**反向（R）**”可以将跟踪的方向切换为跟踪线的另一端。

“**手工（M）**”可以将跟踪过程由自动状态切换为手动状态。

在命令行上输入“**X**”并回车结束后，一条“等高线首曲线”就跟踪完成了。跟踪的过程与加属性的过程在一步操作中完成。

（2）陡坎的矢量化。用鼠标单击屏幕菜单中的“地貌土质”菜单项，弹出“地貌和土质”图像菜单，在该菜单中选“未加固陡坎”后，单击“OK”。用鼠标点取光栅图上陡坎上的主线中心，移动鼠标并对准光栅线上的下一点，此时屏幕上出现预跟踪的导线，在预跟踪导线出现时单击鼠标左键，此时，在光栅线上生成矢量线。当跟踪完成时，在命令行上输入“**X**”并回车结束后，一条“未加固陡坎”就跟踪完成了，跟踪的过程与加属性的过程在一步操作中完成。

8. 面状地物的矢量化

（1）有地类界的植被符号矢量化。用鼠标单击屏幕菜单中的“植被园林”菜单项，弹出“植被类”图像菜单，在该菜单中选取“稻田”菜单项（以稻田为例），用鼠标依次点取光栅图上一块稻田的地类界的转折点（**注意**：当进行线跟踪时，跟踪的基础是光栅图上光栅点的连接关系，当光栅点间的间隔大于一定范围后，即认为光栅点间没有连接关系，跟踪会在这样的光栅点上停顿），当地类界转折点被依次点取后，在光栅图的地类界上生成了矢量线。并且命令行有如下提示“**请选择：（1）保留边界（2）不保留边界<1>**”，此时回车默认“**<1>保留边界**”，稻田的地类界及稻田的填充符号就自动生成了。

（2）房屋提取。用鼠标单击“绘图处理（I）/直角纠正设置（A）”菜单项，弹出“房屋提取参数设置”对话框，在“直角纠正”单选框中选择“不进行直角纠正”，单击“确定”按钮回到工作窗口，此时进行房屋提取就不用进行直角纠正的设置。用鼠标选取“绘图处理（I）/房屋提取（H）”菜单项，此时命令行提示“**请输入房内一点：**”，用鼠标在光栅图中点取房屋内部空白的地方如图7-10所示。此时，在房屋的边缘出现矢量线（**注意**：房屋提取的操作结果与光栅图上构成房屋的像素有关，在房屋中间出现大块的像素时就会影响到房屋轮廓的提取，如房屋中层数与结构的标注都会影响到房屋提取的结果）。

9. 保存工作成果

（1）光栅图的保存。如图7-11所示，用鼠标单击“图像处理（I）/图像文件（F）/保存（S）”菜单，当确定了光栅图文件保存路径时，保存将自动进行。

（2）矢量图的保存。矢量图的保存与CAD的图形保存操作相同。

7.4　摄影测量简介

摄影测量是通过对所研究的物体进行摄影、测量和解译所获得的影像，获取所摄物体的几何信息和物理信息。摄影测量的内容包括：获取被摄物体的影像，研究影像的处理理论、

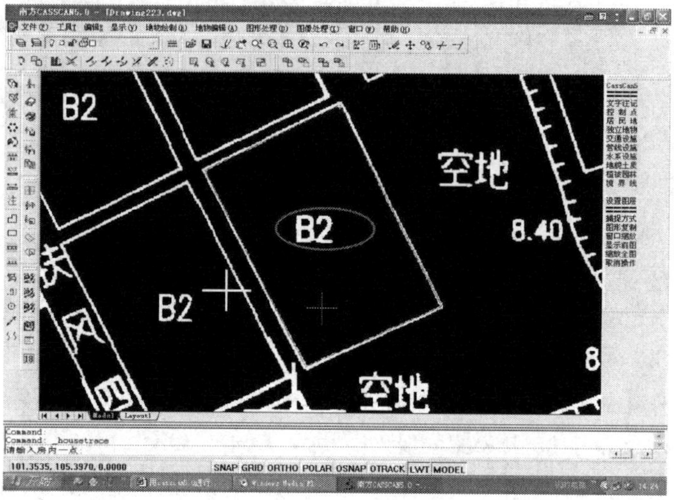

图 7-10　房屋提取示意图

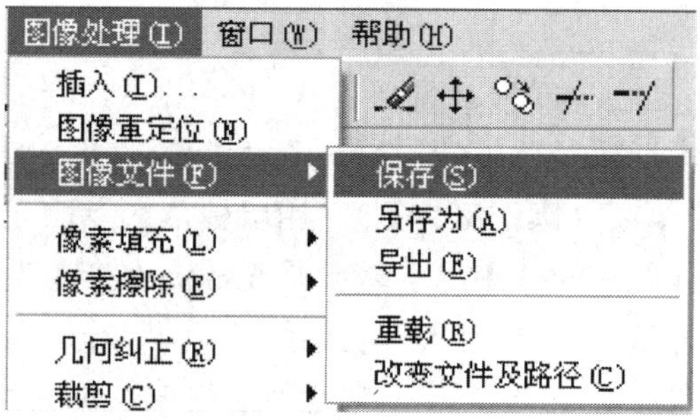

图 7-11　“图像文件（F）/保存（S）”菜单

技术和设备，以及将所处理和测量得到的结果以图解或数字的形式输出。

摄影测量要解决的两大问题是几何定位和影像解译。几何定位就是确定被摄物体的大小、形状和空间位置。几何定位的基本原理源于测量学的前方交会方法，它是根据两个已知的摄影站点和已知的摄影方向线，交会出构成这两条摄影光线的待定地面点的三维坐标。影像解译就是确定影像对应地物的性质。常规的影像解译方法是根据地物在像片上的构像规律，采取人工目视判读方法识别地物的属性。当前，利用计算机自动识别技术提取物理信息是摄影测量的主要研究方向之一。

根据摄影时摄影机所处的位置不同，摄影测量可分为地面摄影测量、航空摄影测量和航天摄影测量。地面摄影测量是将摄影机安置在地面上对目标进行摄影测量，用于小范围的地形测量和工程测量等。通常把用于非地形测量目的的地面摄影测量称为近景摄影测量。航空摄影测量是将摄影机安装在飞机上对地面进行摄影，主要用于地形测量，是国家基本图和大型工程勘察设计等用图的重要测量手段。航空摄影测量是摄影测量的最主要方式。航天测量又称遥感技术，它是把摄影机（这是称传感器）安装在人造卫星、航天器上，对地面遥感，用于资源调查、环境保护、农业、林业、气象和军事等领域。根据技术处理手段的不同，摄影测量又可分为模拟摄影测量、解析摄影测量和数字摄影测量。解析和数字摄影测量可以直接为各种数据库和地理信息系统提供基础地理信息，模拟摄影测量的直接结果为各种纸质图件（地形图、专题图等），它们必须经过数字化才能进入计算机中。

摄影测量的应用领域十分广泛，只要物体能够被摄成影像，就可以用摄影测量技术来解决某一方面的问题。这些被摄物体既可以是固体的、液体的，也可以是气体的；可以是静态的，也可以是动态的。这些灵活性使摄影测量成为可以多方面应用的一种测量手段和数据采集与分析的方法。

7.4.1 航空摄影测量

航空摄影测量利用航空飞行器上拍摄的航空像片进行的摄影测量。主要用于测绘 1∶1000～1∶100 000 各类比例尺的地形图。航摄像片是航空摄影测量的基本资料，是用画幅式航摄机按照严格的航摄要求摄得的。

1. 航空摄影测量原理

单张像片测图的基本原理是中心投影的透视变换，而摄影过程的几何反转则是立体测图的基本原理。图 7 - 12 就是用光学投影方法实现摄影几何反转的示意图。图中假设两张相邻的航摄像片覆盖了同一地面 $AMDC$，它们在左片 P_1 上的构像为 $a_1m_1d_1c_1$，右片 P_2 上的构像为 $a_2m_2d_2c_2$，两摄站点 s_1 和 s_2 间的距离为基线 B。如将这两张像片装回与摄影镜箱相同的投影器内，后面用聚光器照明，就会投射出同摄影时相似的投影光束。再把这两个投影光束安置在与摄影时相同的空间方位，并使两投影中心间的距离为 b（b 为按测图比例尺缩小的摄影基线），此时所有的同名投影光线都应成对相交，从而得出一个地面的立体模型 $A'M'D'C'$。这时，用一个空间的浮游测标（可作三维运动）去量测它，就可画得地形图。

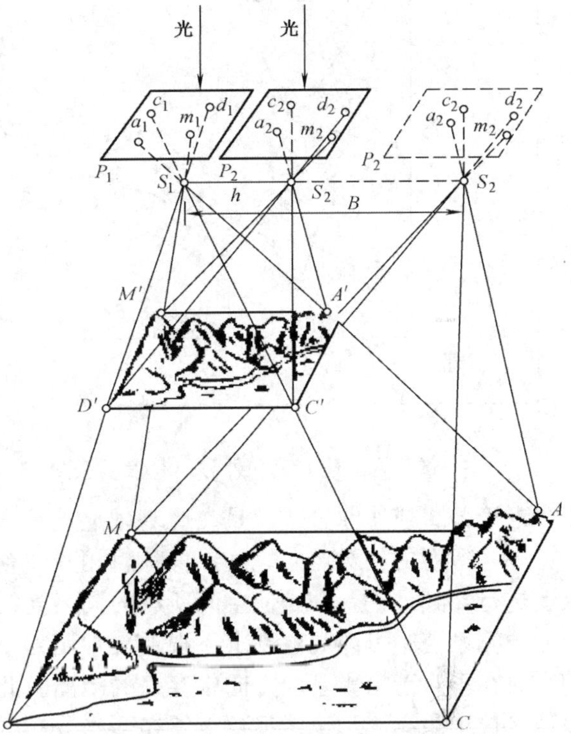

图 7 - 12　摄影过程的几何反转原理

2. 摄影测量理论

航空摄影测量的主题是将地面的中心投影（航摄像片）变换为正射投影（地形图）。这一问题可以采取许多途径来解决，如图解法、光学机械法（也称模拟法）和解析法等。在每一种方法中还可细分出许多具体方法，而每种具体方法又有其特有的理论。其中有些概念和理论是基础性的，带有某些共性，如像片的内方位元素和外方位元素、像点同地面点的坐标关系式、共线条件方程、像对的相对定向、模型的绝对定向和立体观测原理等。

（1）像片的内方位元素和外方位元素。内方位元素用以确定摄影物镜后节点（像方）同像片间的相对位置。利用它可以恢复摄影时的摄影光线束。内方位元素是指摄影机主距 f 和摄影机物镜后节点在像平面的正射投影位于框标坐标系中的坐标值（x_o，y_o）。这些数值通过对航摄机鉴定得出，故内方位元素总是已知的。外方位元素是确定摄影光线束在摄影瞬间的空间位置的数据。外方位元素有 6 个，包括摄影中心 S（图 7 - 13）在某一空间直角坐标系中的 3 个坐标值 X_S、Y_S、Z_S 和用来确定摄影光线束在空间方位的 3 个角定向元素，如 φ、ω、k 角。这些外方位元素都是针对着某一个模型坐标系 $O\text{-}XYZ$ 而定义的。模型坐标系的 X 坐标轴近似地位于摄影的基线方向，Z 坐标轴近似地与地面点的高程方向相符。在模型坐标系内所建立的立体模型必须在其后经绝对定向的过程才能取得立体模型的正确方位。

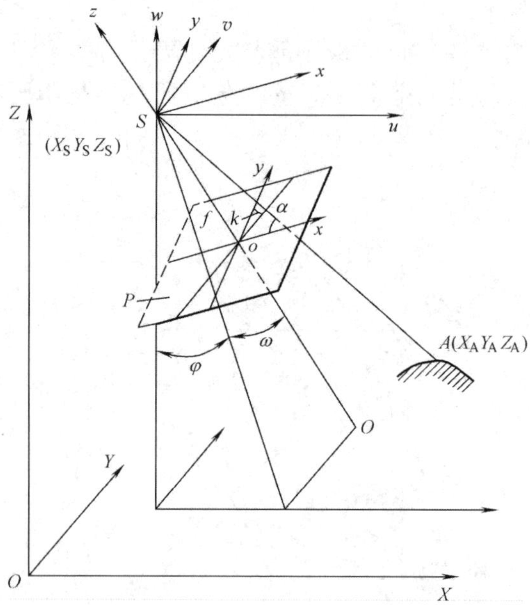

图 7-13　像片内方位元素和外方位元素示意图

（2）像点的坐标变换式。图 7-13 中，像点 a 在以摄影中心 S 为原点，摄影主光轴 z 坐标轴的像空间坐标系（S-xyz）中的坐标为 x_a，y_a，$z_a=-f$。此时以 S 为原点再建立一个辅助坐标系（S-uvw），其中 3 个坐标轴 u、v、w 分别与模型坐标的 3 个坐标轴 X、Y、Z 相平行。a 点在此辅助坐标系中的坐标设为 u_a、v_a、w_a，则其变换关系式为：

$$\begin{pmatrix} u_a \\ v_a \\ w_a \end{pmatrix} = R \begin{pmatrix} x_a \\ y_a \\ -f \end{pmatrix} \tag{7-5}$$

式中　R——旋转矩阵。

它是由像空间坐标系与辅助坐标系的相应坐标轴间夹角的余弦（称方向余弦）组成，而这些方向余弦都是像片的 3 个角定向元素的函数。这是一个重要的基本公式，因为有很多理论公式或作业公式就是在此基础上进一步演化得出的。

（3）像对的相对定向。确定像片对相互位置关系的过程。模拟法相对定向是在立体测图仪上进行，其理论基础是使空间所有的同名光线都成对相交。当同名光线不相交时，则在仪器的观测系统中可以观察到上下视差（常用 Q 表示）。上下视差就是两条同名光线在空间不相交时在垂直于摄影基线方向中存在的距离。此时将投影器作微小的直线移动或转动，就可以消除这个距离。理论上只要能够在适当分布的 5 个点处同时消除该点处的上下视差，就认为已经获得在这个立体像对内全部上下视差的消除，从而完成了相对定向，得出立体模型。解析法相对定向是在像片上量测各同名像点的像点坐标，例如对左像片为 x_1、y_1，对右像片为 x_2、y_2。根据同名光线共面条件的理论可以推导出这些量测值与相对定向元素的关系式。理论上测得 5 对同名像点的像点坐标值，就能够解算出该像片对的 5 个相对定向元素。同名像点在左右像片上的纵坐标差（y_1-y_2）习惯上也称之为上下视差，用符号 q 表示。

（4）模型的绝对定向。在摄影测量中，相对定向所建立的立体模型常处在暂时的或过渡性的模型坐标系中，而且比例尺也是任意的，因此必须把它变换至地面测量坐标系中，并使用符合规定的比例尺方可测图，这个变换过程称为模型的绝对定向。绝对定向的数学基础是三维线性相似变换，它的元素有 7 个——3 个坐标原点的平移值，3 个立体模型的转角值和 1 个比例尺缩放率。

（5）立体观测原理。立体观测的原理是建立人造立体视觉，即将像对上的视差反映为人眼的生理视差后得出的立体视觉（图 7-14）。得到人造立体视觉须具备 3 个条件：①由两个不同位置（一条基线的两端）拍摄同一景物的两张像片（称为立体像对或像对）；②两只眼睛分别观察像对中的一张像片；③观察时像对上各同名像点的连线要同人的眼睛基线大致平行，而且同名点间的距离一般要小于眼基线（或扩大后的眼基距）。若用两个相同标志分别置于左右像片的同名像点上，则立体观察时就可以看到在立体模型上加入了一个空间的测标。为便于立体观察，可借助于一些简单的工具，如桥式立体镜和反光立体镜。对于那种利用两个投影器把左右像片的影像同时叠合地投影在一个承影面上的情况，可采用互补色原理或偏振光原理进行立体观察，并用一个具有测标的测绘台量测。

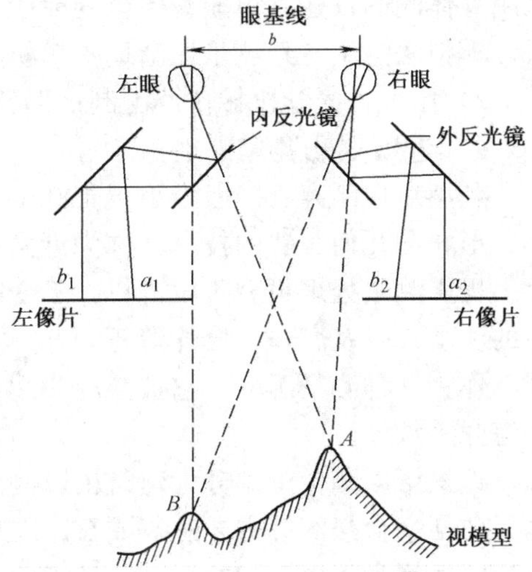

图 7-14 立体视觉示意图

3. 航空摄影测图方法

20 世纪 30 年代以来，航空摄影测量的测图方法主要有 3 种，即综合法、全能法和分工法（或称微分法）。

航空摄影测量的综合法是摄影测量和平板仪测量相结合的测图方法。地形图上地物、地貌的平面位置由像片纠正的方法得出像片图或线划图，地形点高程和等高线则用普通测量方法在野外测定。它适用于平坦地区的大比例尺测图。

航空摄影测量的全能法是根据摄影过程的几何反转原理，置立体像对于立体测图仪内，建立起所摄地面缩小的几何模型，借以测绘地形图的方法。在立体测图仪上安置像片时依据内方位元素，目的是使恢复后的投影光束同摄影光束相似（也可在一定条件下变换投影光束）。由于像对的相对定向过程中并未加入控制点，只利用了像对内在的几何特性，所以建立的几何模型的方位是任意的，模型的比例尺也是近似值，因此必须通过绝对定向才能据以测图。

航空摄影测量的分工法（微分法）是按照平面和高程分求的原则进行测图的一种方法。使用的主要仪器是立体量测仪。它是根据竖直摄影像对、量测左右视差较和在右方像片上勾绘等高线的一种仪器。一个地面点在左、右两张像片上构像点的横坐标 x 的差值称左右视差 p，而两个地面点的左右视差之差则称之为左右视差较 Δp，这个 Δp 是该两点的高程差所引起的。在量测左右视差较 Δp 的过程中，借助仪器上的改正机件，自动改正由摄影外方位元素带来的影响，使之等于理想像对的左右视差或左右视差较；而用高差公式计算高程差；然后用投影转绘仪把在像片上勾绘的等高线以及调绘的地物，进行分带投影转绘成地形图。中国设计制造的 X-2 型视差测图仪是在立体量测仪的基础上，另加平面改正机件改进后的仪器，在使用中可把分工法测图中的两个步骤一次解决，从而提高了作业效率。

航空摄影测量的成图方法和仪器正在向着半自动化和自动化方向发展，在这方面解析测图仪已经有了相当的成就。

（1）航空摄影测量的外业工作。

1）像片控制点联测。像片控制点一般是航摄前在地面上布设的标志点，也可选用像片上的明显地物点（如道路交叉点等），用普通测量方法测定其平面坐标和高程。

2）像片调绘。是图像判读、调查和绘注等工作的总称。在像片上通过判读，用规定的地形图符号绘注地物、地貌等要素；测绘没有影像的和新增的重要地物；注记通过调查所得的地名等。通过像片调绘所得到的像片称为调绘片。调绘工作可分为室内的、野外的和两者相结合的 3 种方法。

（2）航空摄影测量的内业工作。

1）控制点的加密。以前对于平坦地区一般采用辐射三角测量法，对于丘陵地和山地则采用立体测图仪建立单航线模拟的空中三角网，进行控制点的加密工作。20 世纪 60 年代以来，模拟法空中三角测量逐渐地被解析空中三角测量代替。

2）用各种光学机械仪器测制地形原图。

7.4.2 近景摄影测量

利用对近距离（一般指小于 100m）非地形目标拍摄的图像，经过加工处理，确定其大小、形状和几何位置的技术，称为近景摄影测量。它的优点是像片信息量高，而且摄影与像片的摄影测量处理可分阶段进行，不受时间的限制；适合于不规则物体的外形测量、动态目标的测量，以及燃烧、爆炸等不可接触物体的测量。随着计算机技术和数据处理技术的发展，作为一种测量手段，它被广泛应用于建筑工程、机械制造、生物学、地质、地理、考古和海洋等领域。

近景摄影测量可划分为建筑摄影测量、工业摄影测量和生物医学摄影测量等。建筑摄影测量包括亭台楼阁等古老建筑或石窟雕琢的等值线图、立面图、平面图的制作，可用于古迹遗址的发掘和历史文物的复制等。工业摄影测量可用于汽车外壳形状的测定、大型机械部件加工质量和装配质量的检查、水利工程模型的量测、爆破量的计算、爆破过程的演示、各类建筑物的变形观测等。生物医学摄影测量包括动物躯体的外形测量、生物发育过程的记录，以及对医学内科、外科、牙科、眼科、骨伤科、矫形科的临床诊断提供量测技术，配合 X 光立体摄影量测体内异物或病灶的位置等。

图 7-15　用近景摄影测量方法绘制的等值线图

近景摄影像片的处理方法分为模拟法和解析法。模拟法是借助立体测图仪测制被摄影物体的等值线图、立面图，其成果形式单一。解析法是主要的方法，能处理各类摄影机所摄的像片，提供较高精度的成果，而且借助计算机和绘图仪，可绘制等值线图（图 7-15）、断面图以及立体透视图，还可用数字形式或图解形式输出工程设计人员所需要的各类参数，如面积、体积、周长、曲率、半径、速度、加速度、轨迹和质量分布等。近景摄影像片可利用各类单像或立体坐标量测仪、解析测图仪以及某些立体测图仪进行处理，也有专用的近景摄影测量仪器。

近景摄影测量所使用的摄影机大体可分为专为量测用的摄影机和非量测用的摄影机两类。量测用的摄影机按结构又可分为单个使用的摄影机和具有定长基线的立体摄影机。其物镜畸变一般控制在数微米内，并能准确记载内方位元素。有些摄影机还备有外部定向设备、同步摄影设备以及连续摄影设备等。非量测用摄影机包括普通照相机、电影摄影机和一般高速摄影机等。这类摄影机一般成像质量不高，内方位元素未知，没有外部定向设备。用于测量目标时，定向、定位主要是依靠数量较多、分布较好的控制点，或视情况预先进行必要的鉴定。

20世纪特别是近几十年的科技知识的不断创新，为摄影测量的发展提供了强有力的支持。作为空间信息科学的重要组成部分，摄影测量要与GPS和GIS更好的集成，更好的发挥各自的优势。21世纪，摄影将是空间信息的主要载体，社会对摄影人才的需求将成倍增长，摄影测量必将在未来扮演十分重要的角色。

7.5 遥感技术简介

遥感（Remote Sensing），从广义上说是泛指从远处探测、感知物体或事物的技术。即不直接接触物体本身，从远处通过仪器（传感器）探测和接收来自目标物体的信息（如电场、磁场、电磁波、地震波等信息），经过信息的传输及其处理分析，识别物体的属性及其分布等特征的技术。通常遥感是指空对地的遥感，即从远离地面的不同工作平台上（如高塔、气球、飞机、火箭、人造地球卫星、宇宙飞船、航天飞机等）通过传感器，对地球表面的电磁波（辐射）信息进行探测，并经信息的传输、处理和判读分析，对地球的资源与环境进行探测和监测的综合性技术。

当前遥感形成了一个从地面到空中，乃至空间，从信息数据收集、处理到判读分析和应用，对全球进行探测和监测的多层次、多视角、多领域的观测体系，成为获取地球资源与环境信息的重要手段。

由于分类标志的不同，遥感的分类有多种。如按遥感工作平台（即运载工具）的不同，可分为地面遥感（或近地遥感）、航空遥感、航天遥感；按探测电磁波的工作波段分类，可分为可见光遥感、红外遥感、微波遥感等；按遥感应用目的不同，又可分为环境遥感、农业遥感、林业遥感、地质遥感、海洋遥感等。

7.5.1 遥感技术系统

遥感技术系统主要由遥感平台、传感器以及遥感信息的传输和处理系统3部分组成。

1. 遥感平台

遥感平台是指装载遥感器的运载工具，按高度大体可分为地面平台、空中平台和太空平台三大类。地面平台包括三脚架、遥感塔、遥感车（船）、建筑物的顶部等，高度在100m以下，主要用于在近距离测量地物波谱和摄取供试验研究用的地物细节影像；空中平台包括在大气层内飞行的各类飞机、飞艇、气球等，高度在30km以下，其中飞机是最有用、而且是最常用的空中遥感平台；太空平台包括大气层外的飞行器，如各种太空飞行器和探测火箭，高度在150km以上。在环境与资源遥感应用中，所用的航天遥感资料主要来自于人造卫星。在不同高度的遥感平台上，可以获得不同面积、不同分辨率的遥感图像数据，在遥感应用中，这三类平台可以互为补充、相互配合使用。

2. 传感器

传感器是指收集和记录地物电磁辐射（反射或发射）能量信息的装置，如航空摄影机、多光谱扫描仪等。它是信息获取的核心部件，在遥感平台上装载传感器，按照确定的飞行路线飞行或运转进行探测，即可获得所需的遥感信息。

3. 遥感信息的传输和处理系统

遥感信息是指在遥感平台上所获取的感光胶卷或磁带等。这些胶卷或磁带上记录的信息数据包含了被测目标物体的信息数据和运载工具上设备环境的数据等。

遥感信息向地面传输有直接回收和视频传输两种方式。直接回收是指传感器将目标物体反射或反射的电磁波信息记录在胶卷或磁带上，待运载工具返回地面后回收；视频传输是指传感器将接收的目标物体反射或发射的电磁波或发射的电磁波信息，经过光、点转换，通过无线电将数据送到地面接收站。

遥感信息处理是指通过各种技术手段对遥感探测所获得的信息进行的各种处理。为了确保遥感信息应用时的质量和精度，以及为了充分发挥遥感信息的应用潜力，遥感信息处理是必不可少的。例如，为了消除探测中各种干扰和影响，使其信息更准确可靠而进行的各种校正（辐射校正、几何校正等）处理，为了使所获遥感图像更清晰，以便于识别和判读、提取信息而进行的各种增强处理等。遥感数据处理系统主要包括以下几个方面的内容：

（1）资料和数据收集与转换。收集传感器所接收的遥感数据和运载工具设备上设备环境的数据、目标物体的光谱特性以及地面实况调查的资料和数据等，并将传感器接收和记录的原始数据转换为容易使用的数据。

（2）遥感数据的纠正。将遥感数据进行辐射纠正和几何纠正以消除图像方面的失真和干扰图像的几何变形。

（3）遥感数据的处理。将全部数据进行压缩、存储，使用户能快速检索所需要的数据及对图像进行判读和应用。

7.5.2 遥感图像处理

遥感图像处理主要包括图像的光学增强和数字图像处理两个部分。

遥感图像的光学增强是指借助光学技术对图像进行光学增强处理，图像更为清晰，目标物体的标志更为明显、更便于识别，从而改善图像判读的条件，提高图像的可辨性。目前常用的光学增强技术有多波段图像的彩色合成技术、等密度分割加色技术及图像的相关掩膜增强技术等。

彩色合成技术是遥感图像光学增强方法中最基本的、应用最广泛的方法。它以色彩的差异代替影像密度之间细微的差异，从而大大增强了人眼识别图像信息的能力。等密度分割加色技术又称电子光学技术，这种方法主要是通过光电变换将构成影像的密度划分为若干等级，分别以不同的颜色来表示不同的密度等级，从而得到加色彩等密度图像。相关掩膜增强技术是利用原图像通过不同曝光时间，获取一组称为模式或蒙片的正负拷贝片，依不同的组合方式及相互叠掩的办法，对遥感图像进行各种增强处理。光学处理具有精度高、反映目标地物更真实、图像目视效果好等优点。

遥感数字图像是以数字的形式表达的遥感影像。遥感数字图像最基本的单位是像素。像素是成像过程的采样点，也是计算机图像处理的最小单位。像素具有空间特征和属性特征。像素的空间特征是指每个像素含有特定的地理位置的信息，并表征一定的面积；像素的属性特征采用亮度值来表达。遥感数字图像以二维数组来表示，在数组中，每个元素代表一个像素，像素的坐标位置隐含，由这个元素在数组中的行列位置所决定。元素的值表示传感器探测到像素对应面积上目标地物电磁波辐射强度，采用这种办法，可以将地球表面一定区域范围内的目标地物信息记录在一个二维数组（二维矩阵）中。

遥感数字图像处理是指将数字化的图像输入计算机，由计算机进行各种处理。遥感数字图像处理的主要设备有：在通用计算机上运用的遥感图像处理系统、以中小型计算机为基础的专用图像处理系统和微机图像处理系统等。

7.5.3 遥感制图

遥感影像地图是一种以遥感影像和一定的地图符号来表现制图对象地理空间分布和环境状况的地图。与普通地图相比，影像地图具有丰富的地面信息，内容层次分明，图像清晰易读，充分表现出影像与地图的双重性。

影像地图按其表现内容分为普通影像地图和专题影像地图。普通遥感影像地图是在遥感影像中综合、均衡、全面地反映一定制图区域内的自然要素和社会经济内容，包括等高线、水系、地貌、植被、居民地、交通网等绘制对象。专题遥感影像地图是在遥感影像中突出而较完备地表示一种或几种自然要素或社会经济要素，如土地利用专题图、植被类型图等。下面以卫星专题遥感影像地图制作为例介绍一下专题影像地图的制作程序。

1. 遥感图像的选择

在遥感资料的专题制图中，正确选择图像信息是非常关键的一环。应根据制图的目的和对象，最大限度地从遥感图像中获取所需要的一切信息。为此，必须对制图对象及具体内容进行深入地分析研究，并且掌握作为专题内容、解释用的各种遥感图像的不同波段、不同时相的信息特征。

（1）波段的选择。地面不同物体在不同光谱段上有不同的吸收、反射特性，故同一类型的物体在不同波段的图像上，不仅影像灰度有较大差别，而且影像的形状也有差异。多光谱成像技术就是根据这个原理，使不同地物的反射光谱特性能够明显地表现在不同波段的图像上。因此，根据不同解译对象，选择不同的波谱图像，是区分和识别地物的有效手段。除考虑遥感图像的单波段的分析运用外，在多数情况下是通过合成影像进行判读分析。因此，如何确定不同波段的最佳组合方式，是获得理想判读结果的重要途径。

（2）时相的选择。遥感图像的成像季节直接影响专题内容的解译质量。若进行地质地貌专题内容的制图，应以选择秋末冬初或冬末春初的图像为最佳，因为这个时段的地面覆盖少，利于地质地貌内在规律和分布特征的显示。若进行土地利用和土地覆盖方面的制图，最好选择利于各种植被判读的最佳时相。例如，“三北”防护林的遥感调查与制图，以选择林木已经枝繁叶茂、但农作物及草本植被尚未覆盖地面的五月末的时相为最理想。总之，遥感图像的时相选择，既要根据地物本身的属性特点，同时也要考虑同一种地物的不同区域间的差异。因为遥感图像的影像特征有非常明显的地方性，因此在选择时相时必须二者兼顾。

2. 遥感图像的纠正

人造卫星在运行过程中，由于侧滚、仰俯飞行姿态和飞行航道、高度的变化，以及传感器光学系统本身的误差等因素的影响，常常引起卫星遥感图像的几何畸变。通常所使用的卫星遥感图像软片或计算机兼容磁带，事先已经过粗加工或精加工处理。

图像粗加工处理，是为消除传感器本身及外部因素影响所引起的各种系统误差而进行的处理步骤。它是将地面站接收的原始图像数据信息，根据事先存入计算机的相应条件而进行纠正，并通过专用的坐标计算程序加绘了图像的地理坐标，制成表现为正射投影性质的粗制产品——图像软片（1∶336万或1∶100万）和高密度磁带（HDDT）。

图像精加工处理的目的在于进一步提高卫星遥感图像的几何精度。其做法是利用地面控制点精确校正粗加工处理后的图像面积和几何位置误差，将图像拟合或转换成一种正规的地图投影形式，并制成精密软片（1∶100万）和高密度磁带。

对粗加工图像产品或精加工图像产品均可经专门处理，转换成计算机兼容磁带

(CCT)。假若在制图前由于技术设备等条件限制不能对粗制产品进行几何纠正，则可对解译后的专题界线以地形图上控制点作为控制，使用调焦转绘仪转绘，也可以采取先将地形图按粗制影像产品纠正，并转绘专题内容的界线，然后再按地形图重新校正回来。

3. 遥感图像的解译

遥感图像信息的解译方法通常可以归纳为目视解译与计算机自动识别两大类。目视解译方法是目前最普遍、最基本的方法，其特点是人用肉眼对卫星像片或胶片图像的灰度和色调进行专题内容的解译工作。为了提高目视解译的效果，通常根据解译专题内容的具体要求，对遥感图像进行必要的光学增强处理工作。

电子计算机自动识别方法是克服肉眼分辨能力局限性的一种快速准确的解译方法。但这种方法受各种条件的限制，目前尚不能普及。

遥感图像的目视解译方法和步骤如图7-16所示。

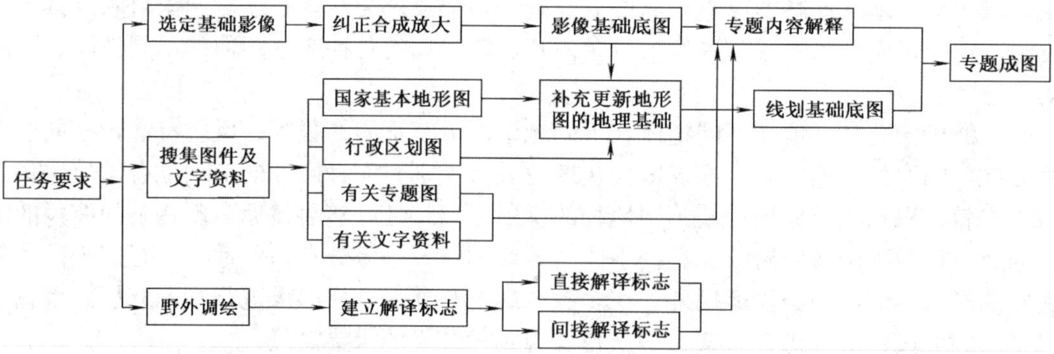

图7-16 遥感资料目视解译成图的工艺流程图

(1) 解译方法通常采用的有直接判定法、对比分析法和逻辑推理法。

1) 直接判定法。通过色调、形态、组合特征等直接解译标志来判定和识别地物，如水体、居民地等。

2) 对比分析法。采用不同波段、不同时期的卫星图像，各种地物波谱的测试数据及其他有关地面调查材料，进行对比分析，将原来不易区分开的地物区分开。

3) 逻辑推理法。由于卫星图像的比例尺小，地面分辨率较低，许多地面景物不能靠直接判定和对比分析解译出来，而主要靠解译人员的专业知识和实践经验，应用地学规律进行相关分析的逻辑推理方法进行解译。

(2) 解译步骤包括解译前的准备工作、建立解译标志、室内解译、野外验证等。

1) 解译前的准备工作。选定作为解译用的基础影像，并且搜集与图像解译内容有关的各种图件资料和文字资料，熟悉解译地区的基本情况，并制订解译工作计划。

2) 建立解译标志。首先在室内通过对卫星图像的分析研究，确定野外考察的典型路线和典型地段，然后通过卫星图像的野外实地对照、验证，从而建立各种地物目标在图像上的解译标志。卫星图像的目视解译标志，主要有图像的色调、形态、组合特征等。

3) 室内解译。首先对具体解译区域进行宏观分析，建立总的概念，然后再根据解译标志，进行专题内容的识别与分析。

4) 野外验证。在解译工作完成之后，为保证解译结果的准确性，必须通过野外抽样调查，对解译中的疑点作进一步核实，并对解译完成的专题影像草图加以修改和完善。

4. 基础底图的编制

利用遥感影像资料解译编制各种专题地图，其最终成果是将影像图转化为线划图。因此，基础底图的编制工作是关系到专题制图质量的重要前提。用于遥感影像资料制图的底图，必须有合乎要求的数学基础和地理基础，只有这样才能为转绘影像图上专题内容提供明显而足够的定性、定量、定位的控制依据，以便提高各种专题要素描绘的科学性和准确性，并有助于各种要素间的统一协调。

根据上述要求，基础底图的编制必须解决两方面问题：一是底图的数学基础，必须解决由影像图转化为线划图对数学基础的要求；二是底图的地理基础，必须使国家基本地形图的地理基础和影像相吻合。

具体制作工艺，要根据制图的目的、对象、比例尺、影像资料情况而定。下面简要介绍一下应用 TM（Thematic Mapper，专题制图仪，可见光及红外波段）的精加工影像资料编制大比例尺专题图时，基础底图的制作工艺。

（1）制作影像基础底图由于 TM 可以提供同一地区的多幅影像，必须确定其中一幅为基础影像，以免因时相不同造成解译对象的位置和图形差异，给转绘带来困难。因此，首先应选定基础影像，然后进行精纠正、合成、放大，制成供编制基础底图和野外考察及室内解译用的影像基础底图，其比例尺可比成图比例尺大一些。野外考察用的影像基础底图，可以采取印刷合成，制印成胶版纸的影像基础底图，其优点是成本低，便于携带，适于填图。室内解释用的影像基础底图，可以采取光学合成，制成感光像纸的影像基础底图。

（2）制作线划基础底图精纠正的 TM 影像的数学基础和地形图的数学基础近似，可以满足影像图转化为线划图的精度要求。因此，选择制图区域范围内相应比例尺的地形图并进行展点、镶嵌、照相，制成线划地形基础底图薄膜片，然后将地形基础底图薄膜片蒙在影像基础底图上，根据影像基础底图上解译的地理基础，更新地形基础底图上的地理基础（主要是水系要素），并对地形图上原有的地理要素进行适当的取舍，最后制成供转绘专题影像图上专题内容界线的线划基础底图。通常这种线划基础底图有水系、居民点、道路、境界和地貌结构线等，其比例尺同影像基础底图。与此同时，进一步可编制出成图用的地理基础——出版底图。

5. 专题内容的转绘

（1）目估转绘法。当制图的比例尺比较小，要求的精度不太高，图斑界线又比较简单的情况下，可采用目估方法转绘。具体作法：将已经解译完并绘在聚酯薄膜片上的铅笔线划的专题图仍然蒙在基础影像上，以底图上的地理基础作控制，用目估方法将专题要素的图斑界线转绘到绘有等高线的基础底图上。

（2）蒙片转绘法。当解译完的铅笔线划图和转绘用的基础底图比例尺完全一致的情况下，才适宜采用这种转绘方法。具体作法：将供转绘用的基础底图蒙在解译后的绘有专题要素图斑界线的聚酯薄膜线划图上，以水系、居民点等基础要素作控制，按先中央后边缘的顺序，分块叠合蒙绘。如果解译用的基础影像是经过精纠正的，那么叠合蒙绘的精度会更高。

（3）仪器转绘法。当用于解译的基础影像与用于转绘的基础底图之间的数学基础不一致时，则必须采用仪器转绘。从图像到地图的转绘工作，最好通过卫星图像转绘仪进行。运用图像转绘仪转绘的基本原理是，通过目镜将图像放大到和地图的比例尺一致，并且通过地图上事先选好的控制点进一步纠正图像，使图像和地图严密吻合。这样就可以通过目镜把判读的内容直接转绘到地图上。目前国内常用的仪器是美国波士伦（Bausch&Lamb）公司的 ZT-4 型转绘仪（Zoom Transfer Scope）。大型航测纠正仪也可用于较精确的纠正转绘工作。

6. 整饰复制

对转绘完的地图图稿校核无误后，即可进行清绘、着色等一系列整饰工作，制成专题图。如果需印刷复制，则要绘成出版原图，再交付印刷。

普通卫星影像地图的制作分为常规制作方法和计算机制作方法两种。

利用常规方法制作影像地图的步骤是：搜集资料并制定具体工作方案；像片处理，包括几何纠正、控制放大与晒像；制作影像版，主要是像片镶嵌，关键要掌握好图像间的色彩或色调的平衡；影像判读与表示，将影像判读的结果表示在影像版上；常规制图处理，分别制作地物版、地貌版、线划版、注记版；特殊处理，主要是解决加绘坐标网线问题；最后是印刷。

计算机方法编制简单的卫星影像地图，只要把图像和地图资料、编图的基本数据，以及一些专用程序输入计算机，计算机便可以输出已编好的影像地图或分版图。编制内容复杂的卫星影像地图，计算机难以独立完成，需要人去帮助解决一些复杂的制图问题。

小　　结

地形图数字化的数据采集相对于外业，直接采集数据不仅所用时间短，而且工作强度和工作量也大大减小，是数字测图的发展方向。学习本章一定要结合数字化软件上机操作才能取得事半功倍的效果。

习　　题

1. 手扶跟踪数字化是如何作业的？为什么要进行地形图定位工作？
2. 简述地形图扫描屏幕数字化作业过程及地形图扫描屏幕数字化误差来源。
3. 什么叫摄影测量？它的分类有哪些？
4. 简述航空摄影测量的原理及内、外业工作。
5. 遥感的基本概念是什么？遥感探测系统包括哪几个部分？
6. 简述遥感影像地图的制作方法。

第8章　数字地形图的应用

随着计算机技术、地理信息技术、多媒体技术和现代通讯技术的发展，以及社会经济发展进程中人类活动空间的日益扩大和对信息反应速度需求的不断扩张，数字地形图正在发挥越来越重要的作用。本章对数字地形图的应用作了部分介绍，重点是数字地形图在工程中的应用。

8.1　概述

在国民经济建设和国防建设中，各项工程建设在规划、设计和施工阶段都需要应用工程建设区域的地形和环境条件等基础资料，以便使工程建（构）筑物在规划、设计和施工中的平面、高程布设和量算等工作更加符合建设区域的实际情况，而这些基础资料又都是以地形图的形式提供的。因此，地形图是制定规划、设计，进行工程建设的重要依据和基础资料。

传统地形图通常是绘制在图纸上的，它具有直观性强、使用方便等优点，但也存在不便保存、易损坏、难以更新等缺点。数字地形图是以数字形式存储在计算机存储介质上，用以表达地物、地貌特征点的空间集合形态。与传统的纸质地形图相比，数字地形图具有明显的优越性和广阔的发展前景，特别是随着计算机技术和数字化测绘技术的迅速发展及其向各个领域的渗透，数字地形图在国民经济建设、国防建设和科学研究的各个方面发挥着越来越大的作用，如在各种工程建设的规划与设计、交通工具的导航、环境监测和土地利用调查等方面都有广泛的应用。

现在，人们利用数字地形图能很好地完成过去用纸质地形图进行的各种量测工作，而且精度高，速度快。在AutoCAD软件环境下，利用数字地形图可以很容易地获取各种地形信息，如量测任意点的坐标、点与点之间的距离，量测直线的方位角、点的高程、两点间的坡度和在图上设计坡度线等。

利用数字地形图，可以建立数字地面模型（Digital Terrain Model，DTM）。利用DTM可以绘制不同比例尺的等高线地形图、地形立体透视图、地形断面图，确定汇水范围和计算面积，确定场地平整的填挖边界和计算土石方量。在公路与铁路设计中，可以绘制地形的三维轴视图和纵、横断面图，进行自动选线设计等。

数字地面模型是地理信息系统的基础资料，可用于土地利用现状分析、规划管理和灾情分析等；在军事上可用于导航和导弹制导。数字地图也可用于数字社区管理，在移动通信中数字地图也有广泛的应用。工业上，利用数字地形测量的原理建立工业品的数字表面模型，能详细地表示出表面结构复杂的工业品的形状，据此可进行计算机辅助设计和制造。

8.2　数字地形图在工程中的应用

数字地形图是以数字形式存储在计算机存储介质上，用以表示地物、地貌特征点的空间集合形态。随着计算机技术的迅速发展及向工程建设各个领域的渗透，数字地形图在工程建设中的应用也越来越广泛，如在 AutoCAD 软件环境下，利用数字地形图可以很方便地查询各种工程建设中需要的基本几何要素；应用工程建设中相关的专业软件可以非常方便地进行面积、土方量计算和地形三维轴视图以及纵、横断面图的绘制等。

传统纸质地形图在工程建设中的基本应用主要包括：量测图上点的空间坐标值、量测（算）两点间的距离、量测（算）直线的坐标方位角、确定两点间的坡度、按一定方向绘制断面图、面积量算、土方量计算、按限制坡度选线等。

目前，用于数字化成图的软件很多，而且大多数都具有在工程中应用的功能。本节针对工程建设对地形信息的需求及量测工作，以南方 CASS6.0 数字化成图软件中工程应用部分为例，从基本几何要素的查询、土方量计算、断面图绘制和面积应用等方面介绍数字地形图在工程建设中的应用，以方便读者了解数字地形图在工程建设中的应用功能。

8.2.1 基本几何要素的量测

地形图的基本几何要素主要包括点的坐标、两点间距离和方向、任一线段长度、实体面积和表面积等。

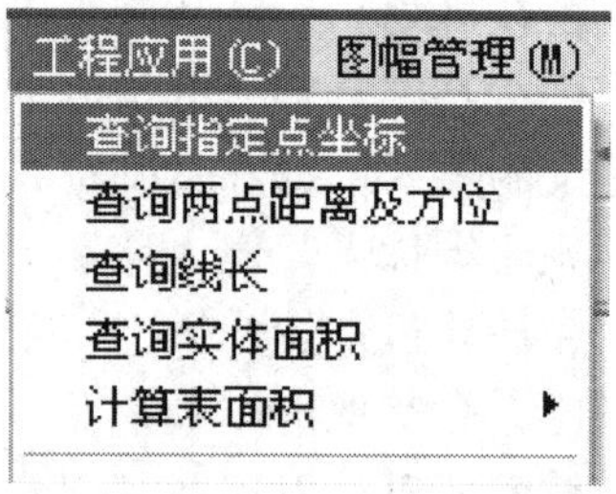

图 8-1 “工程应用（C）”菜单

1. 求图上任一点坐标

单击“工程应用（C）”菜单下的“查询指定坐标”选项，如图 8-1 所示，再单击指定的点位，即可求得该点坐标。

【注意】 系统左下角状态栏显示的坐标是迪卡尔坐标系中的坐标，与测量坐标系中的 x 和 y 的顺序相反，因此，功能查询时，系统命令行显示的测量坐标：**“X＝31194.120 米；Y＝53167.880 米；H＝495.800 米”** 是测量坐标。

我们也可以利用右侧屏幕菜单标记某一点的坐标。具体操作如下：左击屏幕菜单“文字注记”的“坐标注记”选项，单击“确定”后指定要注记的点，捕捉到要注记的点后，拉出来，如图 8-2 所示，即可以确定和标记该点的坐标。

2. 求两点间距离与方向

单击“工程应用（C）”菜单下的“查询两点距离及方位”项，如图 8-1 所示，此时，命令区提示第一点，输入（或者点击）第一点后，命令区就会提示第二点，输入（或者点击）第二点后，命令区即显示出两点的距离和方位角。

3. 求一曲线长

单击“工程应用（C）”菜单下的“查询线长”，再点取图上要查询的曲线即可得出该曲线的长度。

4. 求面积

单击“工程应用（C）”菜单下的“查询实体面积”，再单击闭合的边界线命令区即可显示该区域的面积。应注意的是实体应该是闭合的，边界线一定要是复合线。

5. 计算表面积

对于不规则地貌，其表面积很难通过常规的方法来计算，在这里可以通过建模的方法来计算，系

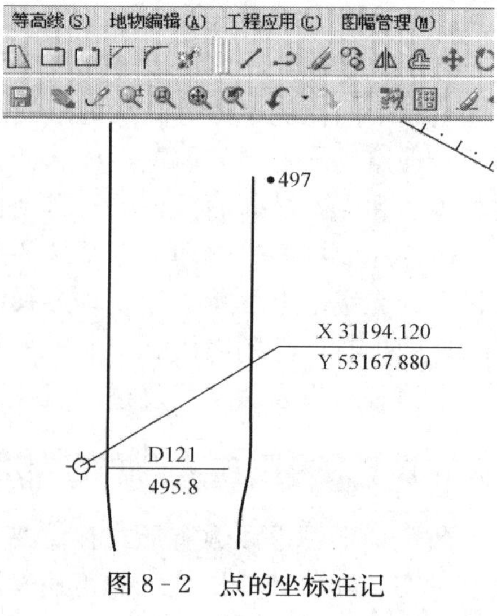

图 8-2 点的坐标注记

统通过 DTM 建模，在三维空间内将高程点连接为带坡度的三角形，再通过每个三角形面积累加得到整个范围内不规则地貌的面积。图 8 - 3 即是一计算矩形范围内地貌的表面积的事例。其操作过程介绍如下。

单击“工程应用（C）\计算表面积\根据图上高程点”。命令区提示：

“请选择：①根据坐标数据文件②根据图上高程点：” 选 2 回车；

“选择土方边界线” 用拾取框选择图上的复合线边界；

“请输入边界插值间隔（米）：<20>” 输入在边界上插点的密度后回车，默认 20m；

“表面积＝24095.038 平方米，详见 surface.log 文件” 前面显示的是表面积计算结果。每个三角形的详细成果自动保存在“CASS60\SYSTEM”目录下面的 surface.log 文件里。

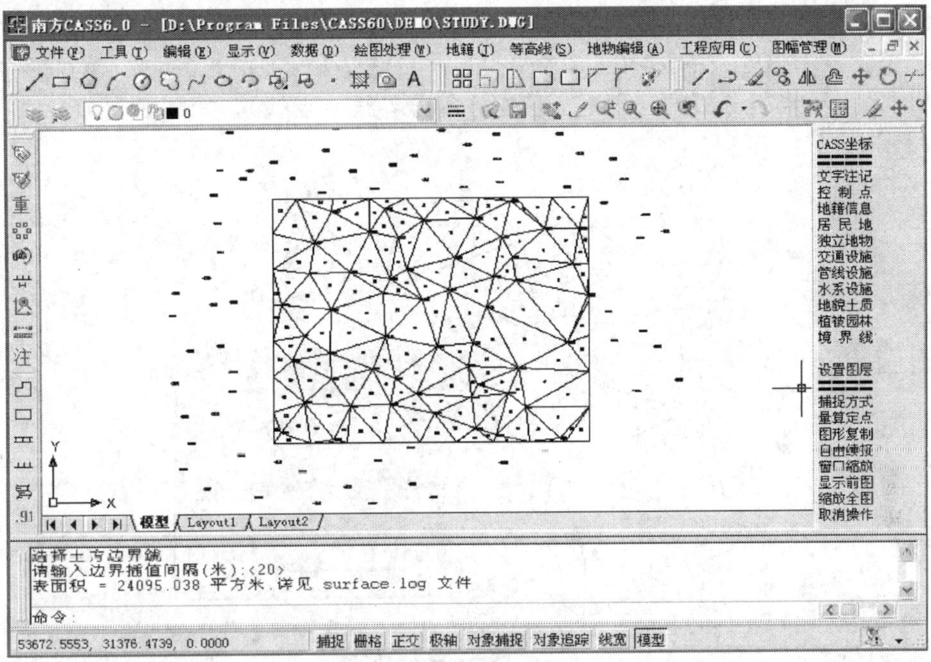

图 8 - 3　计算表面积

另外，计算表面积还可以根据坐标文件来进行，操作的步骤相同，但计算的结果会有差异。因为由坐标文件计算时，边界上内插点的高程由全部的高程点参与计算得到，而由图上高程点来计算时，边界上内插点只与被选中的点有关，故边界上点的高程会影响到表面积的结果。到底由哪种方法计算更合理，这与边界线周边的地形变化条件有关，地形变化越大，选择由图上高程点来计算更加合理些。

8.2.2　计算土方量

计算土石方量的方法很多，有 DTM 法、断面法、方格网法、等高线法等。

1. 由 DTM 计算土方量

由 DTM 模型来计算土方量是根据实地测定的地面点坐标（z，y，z）和设计高程，通过生成三角网，计算每一个三棱锥的填挖量，最后累计得到指定范围内填方和挖方的土方量，并绘出填挖方分界线。

DTM 法计算土石方量又可分为根据坐标文件计算、根据图上高程点计算和依图上三角网计算 3 种，下面分述 3 种方法的操作过程。

（1）根据坐标文件计算。

1）用复合线画出所要计算土方的区域，一定要闭合，但是尽量不要拟合。因为拟合过的曲线在进行土方计算时会用折线迭代，影响计算结果的精度。

2）用鼠标单击“工程应用（C）”菜单下的“DTM 法土方计算”子菜单中的“根据坐标文件”。

3）提示：**“选择边界线”**用鼠标点取所画的闭合复合线。**“请输入边界插值间隔（米）：”**边界插值间隔设定的默认值为 20m。

4）屏幕上将弹出选择高程坐标文件的对话框，在对话框中选择所需坐标文件。

5）提示：**“平场面积＝XXXX 平方米”**（**注意**：该值为复合线围成的多边形的水平投影面积）**“平场标高（米）：”**输入设计高程后回车。

6）屏幕上显示填挖方的提示框，命令行显示：**“挖方量＝9412.8 立方米，填方量＝13197.6 立方米。”**同时图上绘出所分析的三角网、填挖方的分界线（点线），如图 8－4 所示。

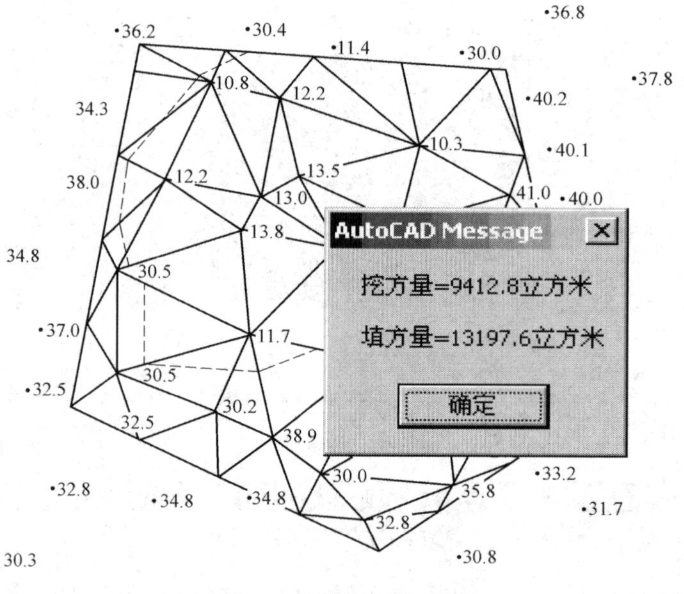

图 8－4 “填挖方”提示框

7）关闭对话框后系统提示：**“请指定表格左下角位置：<直接回车不绘表格>”**用鼠标在图上适当位置单击，CASS 6.0 会在该处绘出一个表格，包含平场面积、最大高程、最小高程、平场标高、填方量、挖方量和图形，如图 8－5 所示。

（2）根据图上高程点计算。

1）首先要展绘高程点，然后用复合线画出所要计算土方的区域，要求同 DTM 法。

2）用鼠标单击“工程应用（C）”菜单下“DTM 法土方计算”子菜单中的“根据图上高程点计算”。

3）提示：**“选择边界线用鼠标点取所画的闭合复合线”“请输入边界插值间隔（米）：<20>”**边界插值间隔设定的默认值为 20m。

4）提示：**“选择高程点或控制点”**此时可逐个选取要参与计算的高程点或控制点，也可拖框选择。如果键入“ALL”回车，将选取图上所有已经绘出的高程点或控制点。

5）提示：**"平场面积＝XXXX 平方米""平场标高（米）："**键入设计高程后回车。

6）屏幕上显示填挖方的提示框，命令行显示：**"挖方量＝9412.8 立方米，填方量＝13197.6 立方米"**同时图上绘出所分析的三角网、填挖方的分界线（点线），如图 8-4 所示。

7）关闭对话框后系统提示：**"请指定表格左下角位置：＜直接回车不绘表格＞"**用鼠标在图上适当位置点击，CASS6.0 会在该处绘出一个表格，包含平场面积、最大高程、最小高程、平场标高、填方量、挖方量和图形，如图 8-5 所示。

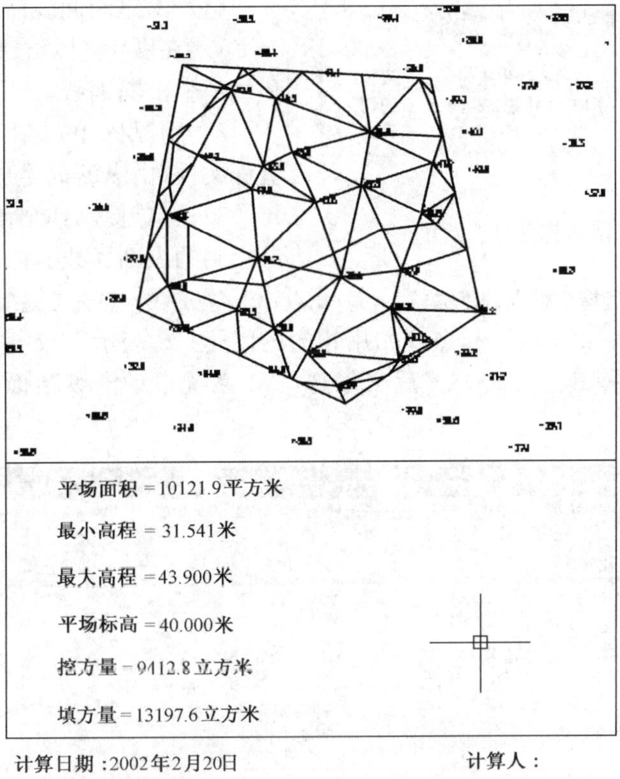

图 8-5　填挖方量计算结果表格

（3）根据图上的三角形计算。

1）对用上面的完全计算功能生成的三角网进行必要的添加和删除，使结果符合实际地形。

2）用鼠标单击"工程应用"菜单下"DTM 法土方计算"子菜单中的"依图上三角网计算"。

3）提示：**"平场标高（米）："**输入平整的目标高程；**"请在图上选取三角网："**用鼠标在图上选取三角形，可以逐个选取，也可拉框批量选取。回车后屏幕上显示填挖方的提示框，同时图上绘出所分析的三角网、填挖方的分界线（白色点线条表示）。

【注意】　用此方法计算土方量时不要求给定区域边界，因为系统会分析所有被选取的三角形，因此在选择三角形时一定要注意不要漏选或多选，否则计算结果有误，且很难检查出问题所在。

2. 用断面法进行土方量计算

断面法土方计算主要用在公路土方计算和区域土方计算。即道路断面法土方计算和场地断面法土方计算。二者的计算方法有较大差异。这里仅介绍道路的断面法土方计算。

第一步：生成里程文件。

里程文件用离散的方法描述了实际地形。接下来的所有工作都是在分析里程文件里的数据后才能完成的。

要生成里程文件首先需单击菜单“工程应用（C）”，在弹出的菜单里选“生成里程文件”，CASS 6.0 提供了4种生成里程文件的方法，如图8-6所示。

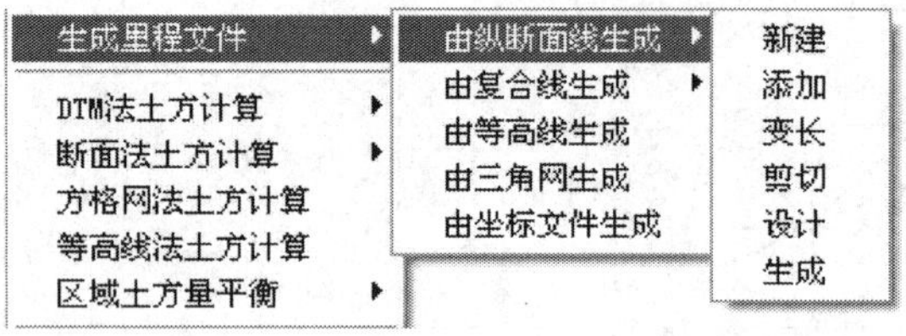

图8-6 “生成里程文件”菜单

（1）由纵断面线生成。

1）在图上用复合线绘出道路纵断面线和每一个横断面线。

2）用鼠标单击“工程应用（C）/生成里程文件/由纵断面生成/新建”。

3）屏幕提示：**“选择纵断面线”**用鼠标点击绘制的纵断面线。

4）屏幕提示：**“选择中桩点获取方式：(1) 结点 (2) 等分 (3) 等分且处理结点 <2>”** 1表示结点上要有横断面通过；2表示从起点开始用相同的间距；3表示不仅要用相同的间距而且要考虑所有结点。当选择其中一种方式后（如选2），系统自动沿纵断面线生成横断面线，如图8-7所示。

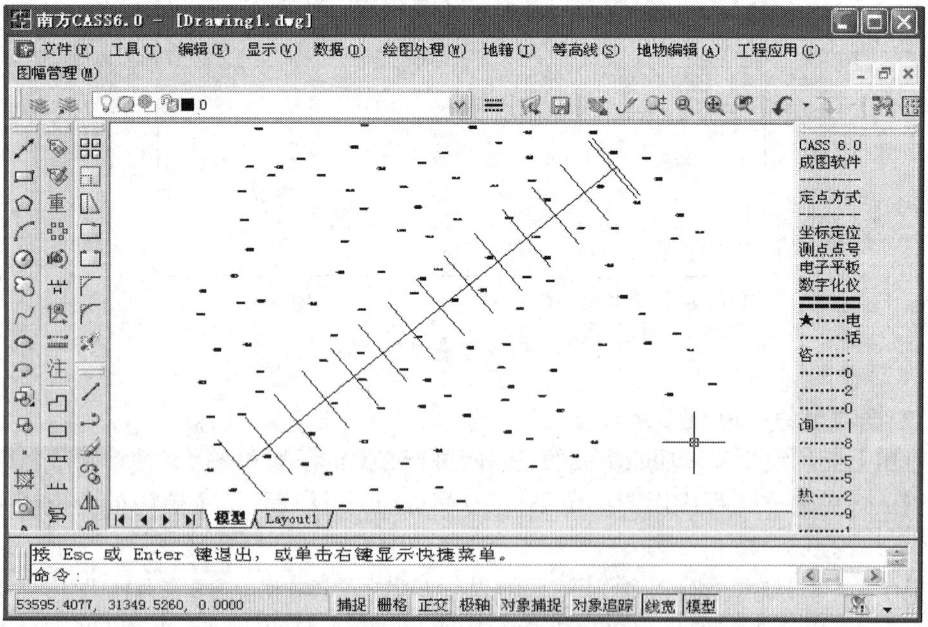

图8-7 由纵断面线生成横断面

5）屏幕提示：**“输入横断面间距：(米) <20.0>”**输入每两个横断面的间距。

6）**“输入横断面左边长度：(米)”**输入大于0的实际需要的长度值。

7）**“输入横断面右边长度：(米)”**根据实际需要输入。

8）也可以利用其他如“添加、变长、剪切、设计”的编辑功能对断面线进行修饰，然后点击“生成”，即可生成里程文件。

(2) 由等高线生成。这种方法只能用来生成纵断面的里程文件。它从断面线的起点开始，处理断面线与等高线的所有交点，依次记下每一交点在纵断面线上离起点的距离和所在等高线的高程。

1) 在图上绘出等高线，再用轻量复合线绘制纵断面线（可用 PL 命令绘制）。

2) 用鼠标单击“工程应用（C）”菜单下的“生成里程文件”子菜单中的“由等高线生成”。

3) 屏幕提示：**“请选取断面线：”**用鼠标点取所绘纵断面线。

4) 屏幕上弹出“输入断面里程数据文件名”的对话框，来选择断面里程数据文件。这个文件将保存要生成的里程数据。

5) 屏幕提示：**“输入断面起始里程：<0.0>”**输入断面的起始里程。如果断面线起始里程是 0，直接回车，则里程文件生成完毕。

(3) 由三角网生成。由三角网只能生成纵断面的里程文件，其操作过程与由等高线生成基本相同，这里就不再赘述。

(4) 由坐标文件生成。

1) 用鼠标单击“工程应用（C）”菜单下的“生成里程文件”子菜单中的“由坐标文件生成”。

2) 屏幕上弹出“输入简码数据文件名”的对话框。所选择的这个文件编码必须按以下方法定义（具体例子见“DEMO”子目录下的“ZHD.DAT”文件）：

总点数
点号，$M1$，X 坐标，Y 坐标，高程
点号，1，X 坐标，Y 坐标，高程
……
点号，$M2$，X 坐标，Y 坐标，高程
点号，2，X 坐标，Y 坐标，高程
……
点号，Mi，X 坐标，Y 坐标，高程
点号，i，　X 坐标，Y 坐标，高程
……

【注意】 $M1$、$M2$、$M3$ 各点应按实际的道路中线点顺序，而同一横断面的各点可不按顺序。

3) 屏幕上弹出“输入断面里程数据文件名”的对话框，来选择断面里程数据文件。这个文件将保存要生成的里程数据。

命令行出现提示：**“输入断面序号：<直接回车处理所有断面>”**，如果输入断面序号，则只转换坐标文件中该断面的数据；如果直接回车，则处理坐标文件中所有断面的数据。

第二步：选择土方计算类型。

(1) 用鼠标单击“工程应用（C）”菜单下的“断面法土方计算”子菜单中的“道路断面”，如图 8-8 所示。

(2) 单击后弹出对话框，道路的所有参数都是在这个对话框中进行设置的，如图 8-9 所示。

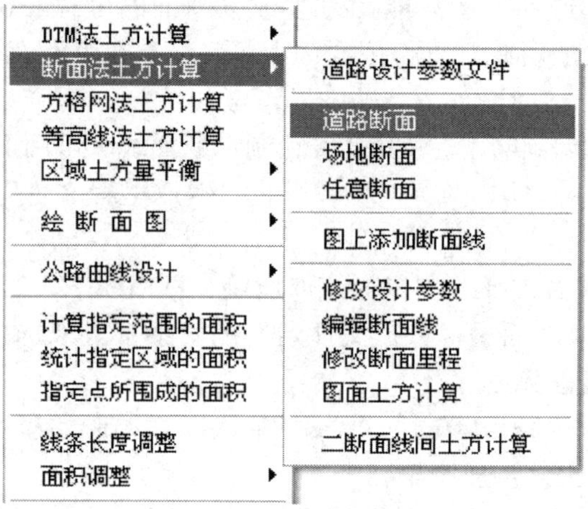

图8-8 “道路断面”计算子菜单

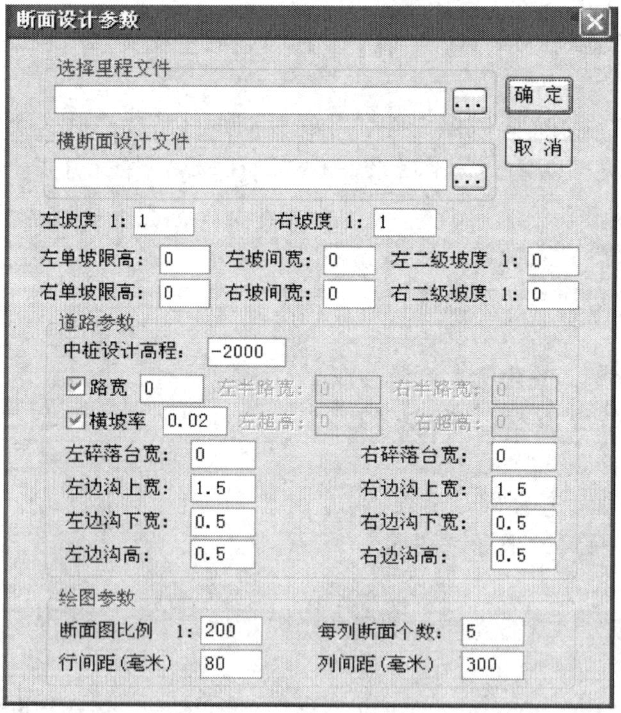

图8-9 “断面设计参数”输入对话框

第三步：给定计算参数。

接下来就是在上一步弹出的对话框中输入道路的各种参数，以达所需。

(1) 选择里程文件。单击“确定”左边的按钮（上面有三点的），出现“选择里程文件名”的对话框。选定第一步生成的里程文件。

(2) 把实际设计参数填入各相应的位置。单位均为m。

(3) 单击“确定”按钮后，弹出对话框，如图8-10所示。

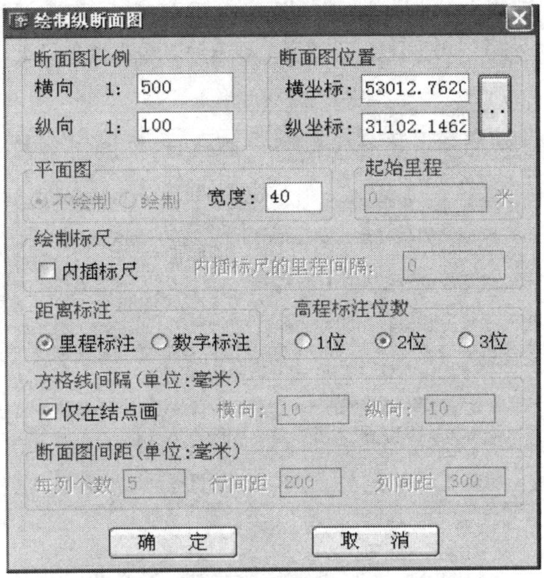

图 8-10　“绘制纵断面图”对话框

(4) 输入绘制断面图的横向比例、纵向比例，设置是否绘制内插标尺，指定绘制断面图的位置。这时系统将根据以上给定的比例尺，在图上绘出道路的纵断面图以及每一个横断面图，如图 8-11 所示，并将土石方计算表绘制在指定的位置。

【注意】 如果道路设计时该区段的中桩高程全部一样，就不需要下一步的编辑工作了。但实际上，有些断面的设计高程可能和其他的不一样，这样就需要手工编辑这些断面。

(5) 如果生成的部分断面参数需要修改，用鼠标单击“工程应用（C）”菜单下的“断面法土方计算”子菜单中的“修改设计参数”，如图 8-12 所示。屏幕提示：**“选择断面线”**这时可用鼠标点取图上需要编辑的断面线，选设计线或地面线均可。选中后弹出如图 8-9 所示对话框，可以非常直观地修改相应参数。修改完毕后单击“确定”按钮，系统取得各个参数，自动对断面图进行修正，这一步骤不需要用户干预。实现了“所改即所得”。

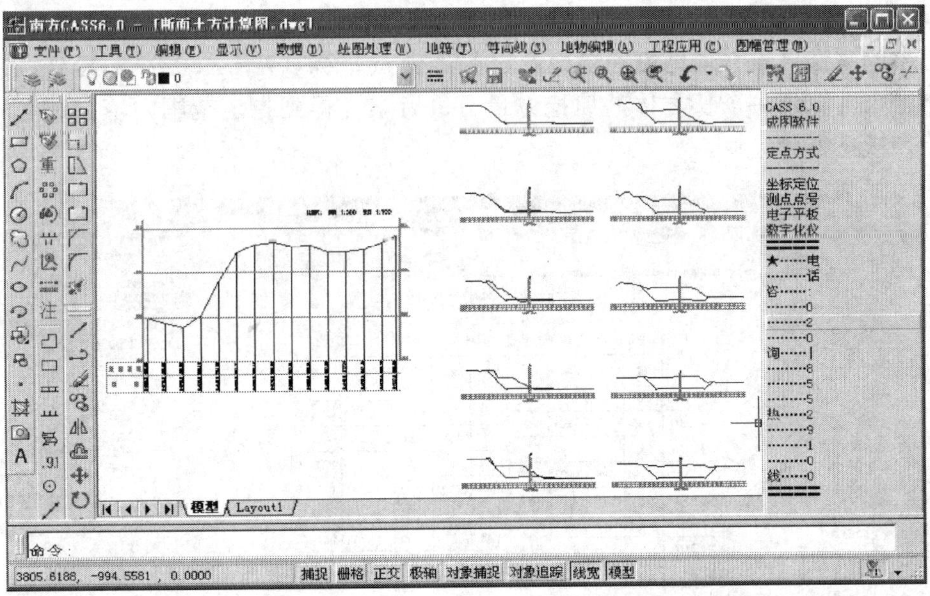

图 8-11　纵横断面图成果示意图

将所有的断面编辑完后，就可进入第四步。

第四步：计算工程量。

(1) 用鼠标单击“工程应用（C）”菜单下的“断面法土方计算”子菜单中的“图面土

方计算”，如图 8－13 所示。命令行提示：**“选择要计算土方的断面图:”** 拖框选择所有参与计算的道路横断面图；**“指定土石方计算表左上角位置:”** 在适当位置单击鼠标左键。

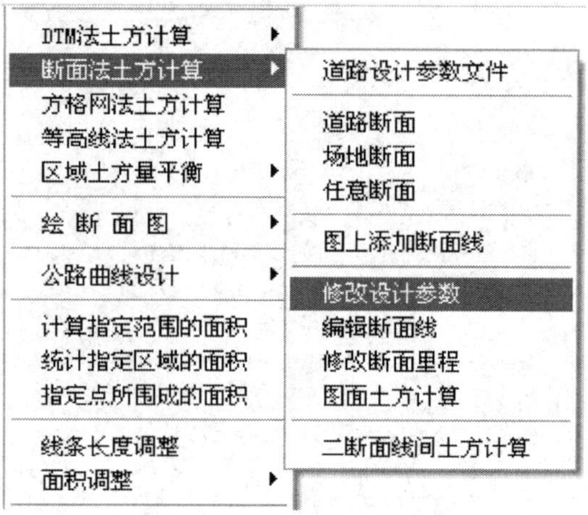

图 8－12 “修改设计参数”子菜单

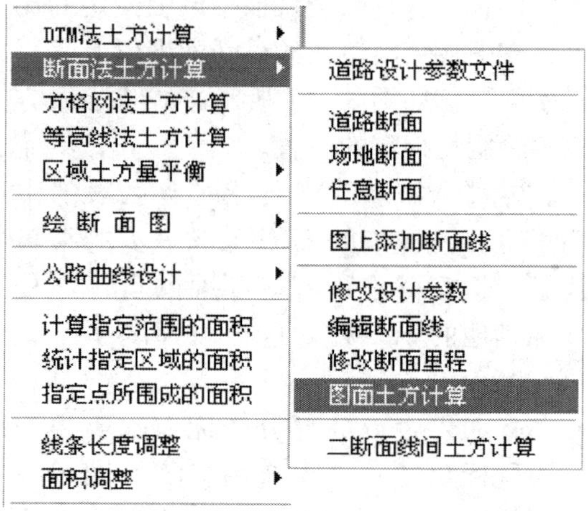

图 8－13 “图面土方计算”子菜单

（2）系统自动在图上绘出土石方计算表，如图 8－14 所示，并在命令行提示：**“总挖方＝XXXX 立方米，总填方＝XXXX 立方米。”**

（3）至此，该区段的道路填挖方量已经计算完成，可以将道路纵横断面图和土石方计算表打印出来，作为工程量的计算结果。

3. 由方格网法计算土方量

由方格网来计算土方量是根据实地测定的地面点坐标（X，Y，Z）和设计高程，通过生成方格网来计算每一个长方体的填挖方量，最后累计得到指定范围内填方和挖方的土方量，并绘出填挖方分界线。

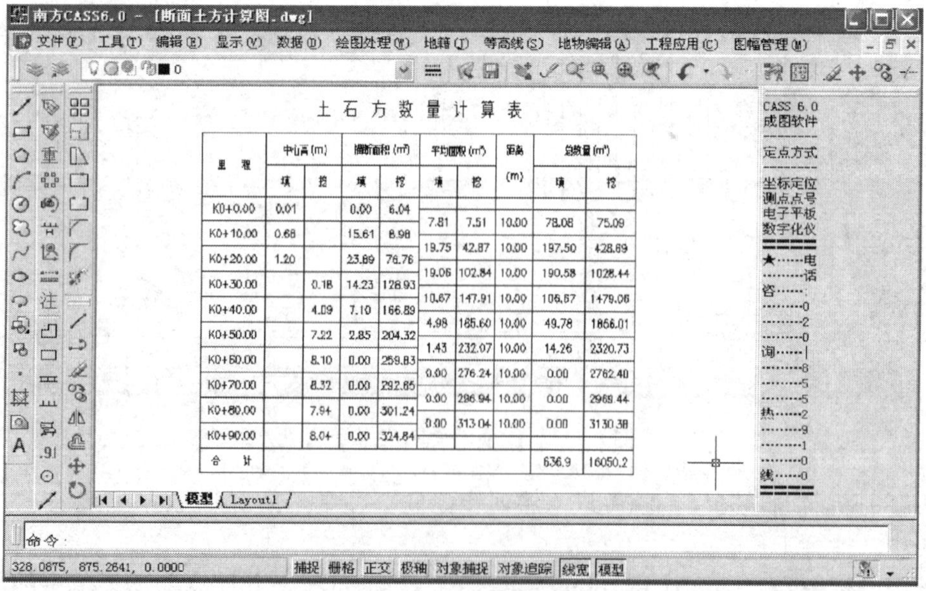

图 8－14 土石方计算表

系统首先将方格的 4 个角上的高程相加（如果角上没有高程点，通过周围高程点内插得出其高程），取平均值与设计高程相减。然后通过指定的方格边长得到每个方格的面积，再用长方体的体积计算公式得到填挖方量。因此，用这种方法算出来的土石方量与用其他方法得出的结果会有较大的差异，一般说来，这种方法得出的结果精度不太高，这是由于这种方法“先天不足”——算法的局限性，但是方格网法简便直观，加上土方的计算本身对精度要求不是很高，因此这一方法在实际工作中还是非常实用的。

用方格网法算土方量，设计面可以是水平的，也可以是倾斜的。

（1）设计面是水平时操作步骤如下：

1）用复合线画出所要计算土方的区域。复合线一定要闭合，但尽量不要拟合。因为拟合过的曲线在进行土方计算时会用折线迭代，影响计算结果的精度。

2）用鼠标单击“工程应用（C）”菜单下的“方格网法土方计算”。屏幕上将弹出选择高程坐标文件的对话框，在对话框中选择所需坐标文件，确定。

3）提示：**“选择土方计算边界线”**用鼠标点取所要计算土方区域的闭合线。**“输入方格宽度：（米）＜20＞”**就是输入每个方格的边长，默认值为 20m。由原理可知，方格的宽度越小，计算精度越高。但如果给的值太小，超过了野外采集的点的密度，也是没有实际意义的。

4）提示：**“最小高程＝24.368，最大高程＝43.900”“（1）平面（2）斜面（3）三角网文件＜1＞”**默认是选平面。

5）屏幕提示：**“输入目标高程：（米）”**输入设计高程后回车。

6）命令行显示：**“挖方量＝XXXX 立方米，填方量＝XXXX 立方米。”**同时图上绘出所分析的方格网、填挖方的分界线（白色点线），并给出每个方格的填挖方、每行的挖方和每列的填方。结果如图 8-15 所示。

（2）设计面是斜面时的操作步骤如下：

1）用复合线画出所要计算土方的区域，一定要闭合，但是尽量不要拟合。因为拟合过的曲线在进行土方计算时会用折线迭代，影响计算结果的精度。

2）用鼠标单击“工程应用（C）”菜单下的“方格网法土方计算”。

3）屏幕上将弹出选择高程坐标文件的对话框，在对话框中选择所需坐标文件。

4）提示：**“选择土方计算边界线”**用鼠标点取所画的闭合复合线。**“输入方格宽度：（米）＜20＞”**这是每个方格的边长，默认值为 20m。

5）提示：**“最小高程＝24.368，最大高程＝43.900”“（1）平面（2）斜面（3）三角网文件＜1＞”**选 2。

6）提示：**“点取设计面基准点：”**在斜面的基准处点鼠标左键。**“输入基准点设计高程：（米）”**输入基准高程。

7）提示：**“指定斜坡设计面向下的方向：”**以基准点为起点，沿斜面向坡下方向任意点击一点。

8）提示：**“斜面的坡度为百分之：”**输入斜面设计的坡度后回车，命令行显示：**“挖方量＝XXXX 立方米，填方量＝XXXX 立方米”**，同时图上绘出所分析的方格网、每个方格顶点的地面高程和计算得到的设计高程、填挖方的分界线（白色点线），并给出每个方格的填方量（$T=\times\times\times$）、挖方量（$W=\times\times\times$），以及每行的挖方和每列的填方，如图 8-16 所示。

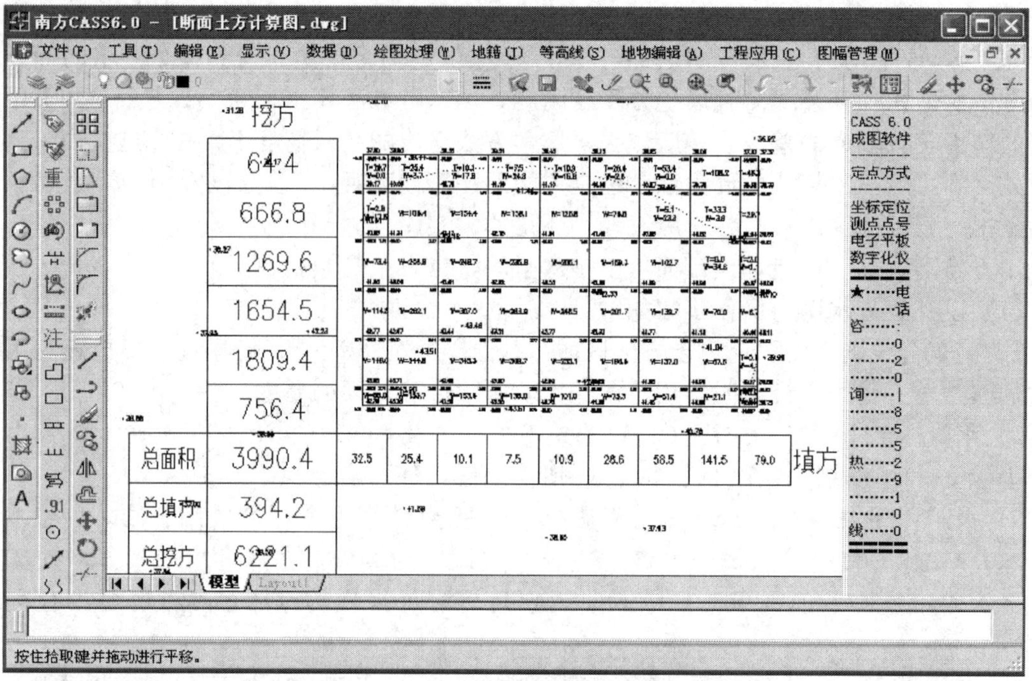

图 8-15　设计面水平时土石方计算成果图

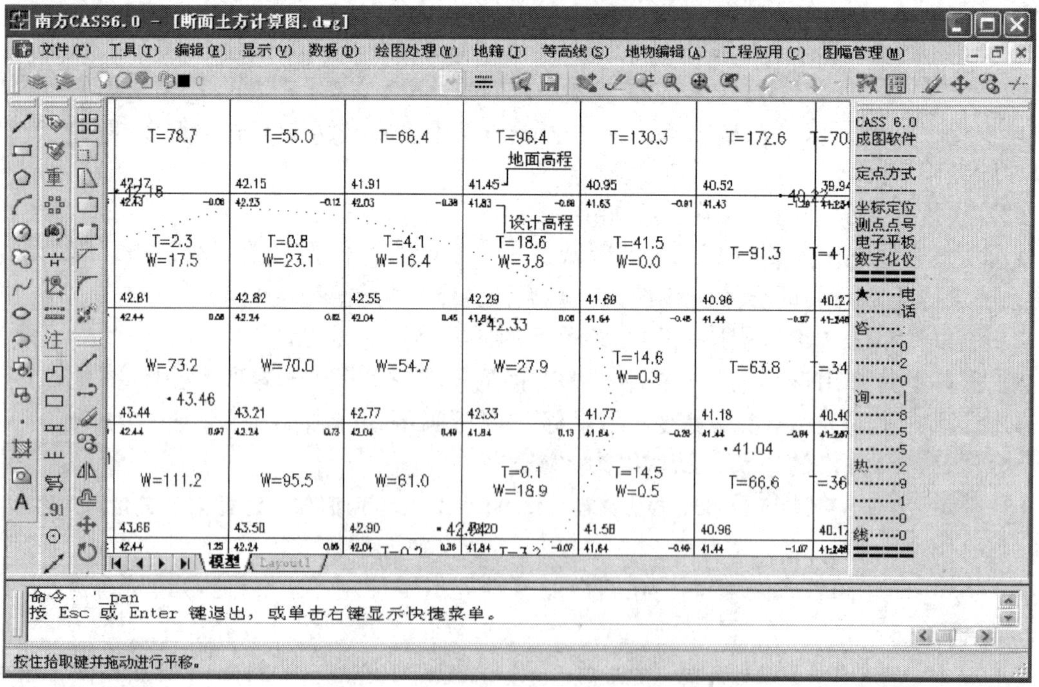

图 8-16　设计面倾斜时土石方计算成果图

4. 等高线法土石方计算

用户将白纸图扫描矢量化后可以得到数字地形图。但这样的图都没有高程数据文件，所以无法用前面的几种方法计算土方量。

一般来说，这些图上都会有等高线，所以，CASS6.0 开发了由等高线计算土方量的功能，专为这类用户设计。

用此功能可计算任两条等高线之间的土方量，但所选等高线必须闭合。由于两条等高线所围面积可求，两条等高线之间的高差已知，可求出这两条等高线之间的土方量。

（1）单击“工程应用（C）”下的“等高线法土方计算”。

（2）屏幕提示：**“选择参与计算的封闭等高线”**可逐个点取参与计算的等高线，也可按住鼠标左键拖框选取。但是只有封闭的等高线才有效。

（3）回车后屏幕提示：**“输入最高点高程：<直接回车不考虑最高点>”。**

（4）回车后屏幕提示：**“请指定表格左上角位置：<直接回车不绘制表格>”**在图上空白区域单击鼠标右键，系统将在该点绘出计算成果图表，如图 8-17 所示。

计算日期:2007年2月14日　　　　计算人：

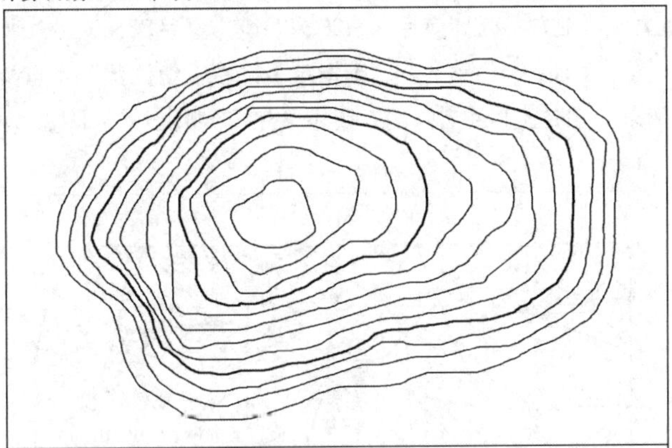

计算公式：$V=(A1+A2+\sqrt{A1*A2})*(h2-h1)/3$

A1(平方米)	h2（米）	A2(平方米)	h1（米）	V(立方米)
27512.20	32.000	24257.24	33.000	25867.6
24257.24	33.000	21359.50	34.000	22793.0
21359.50	34.000	18614.64	35.000	19971.3
18614.84	35.000	16023.95	36.000	17303.1
16023.95	36.000	13354.96	37.000	14669.2
13354.96	37.000	10602.21	38.000	11952.1
10602.21	38.000	8105.83	39.000	9326.1
8105.03	39.000	5922.66	40.000	6985.8
5922.66	40.000	3958.81	41.000	4907.9
3958.81	41.000	2219.57	42.000	3047.6
2219.57	42.000	734.15	43.000	1410.1
合计				138233.9

图 8-17　等高线法计算土方成果图

从成果图表中可看到每条等高线围成的面积以及每两条相邻等高线之间的土方量。另外，还注明了两条相邻等高线之间的土方量计算公式和土方量合计。需说明的是，表头的 $h1$ 和 $h2$ 位置出错，出图时要注意改过。

5. 土方量平衡计算

土方平衡的功能常在平田整地或场地平整时使用。当一个场地需要平整时，常常要进行土方平衡，即挖掉的土方刚好等于需要的填方量。以填挖方边界线为界，从较高处挖得的土

图 8-18　土方量平衡

方直接填到区域内较低的地方，就可完成场地平整。这样可以大幅度减少运输费用，减少工程造价。

单击“工程应用（C）/区域土方平衡”子菜单，其下有两个选择：根据坐标文件和根据图上高程点。如果要分析整个坐标数据文件，选根据坐标文件；如果没有坐标数据文件，而只有图上的高程点，则选根据图上高程点。若选第二项，则命令行提示：**“选择土方边界线”**点所要平整场地的边界线。（**注意**：边界线一定要是闭合复合线。）

提示：**“输入边界插值间隔（米）：＜20＞”**这个值将决定边界上的取样密度，如果密度太大，超过了高程点的密度，实际意义并不大。一般用默认值即可。回车后弹出如图 8-18 所示的对话框。

同时命令行出现提示：**“土方平衡高度＝34.326 米，挖方量＝33565 立方米，填方量＝33566 立方米”**单击对话框的“确定”按钮，命令行提示：**“请指定表格左下角位置：＜直接回车不绘制表格＞”**在图上空白区域单击鼠标左键，则图上绘出计算结果表格，如图 8-19 所示。

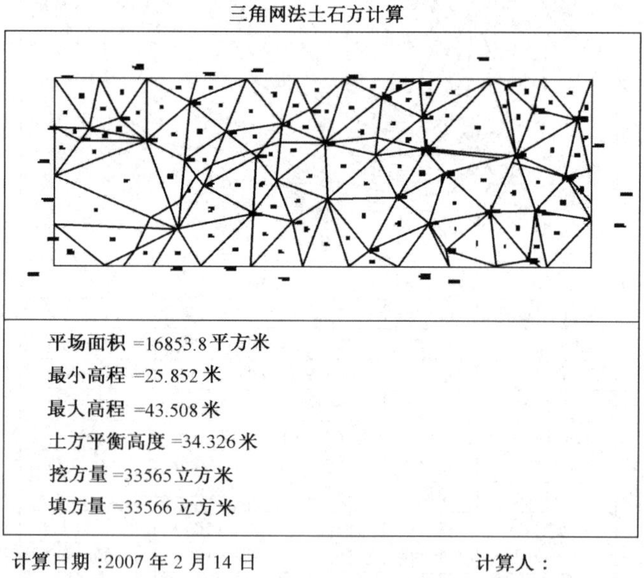

图 8-19　区域土方量平衡

8.2.3　绘制断面图

绘制断面图有两种方法：一种是由图面生成，另一种是由里程文件生成（主要用于公路纵横断面设计）。以下介绍由图面生成断面图的方法和步骤。

（1）先用复合线绘出所要生成断面的断面线。

（2）单击“工程应用（C）”下的“绘断面图”下的“根据等高线”。

（3）提示：**“选择断面线：”**单击所绘断面线，弹出如图 8-20 所示的“绘制纵断面图”对话框。按要求填入参数后，单击“确定”按钮。

（4）屏幕上出现选择断面线的纵断面图，如图 8-21 所示。

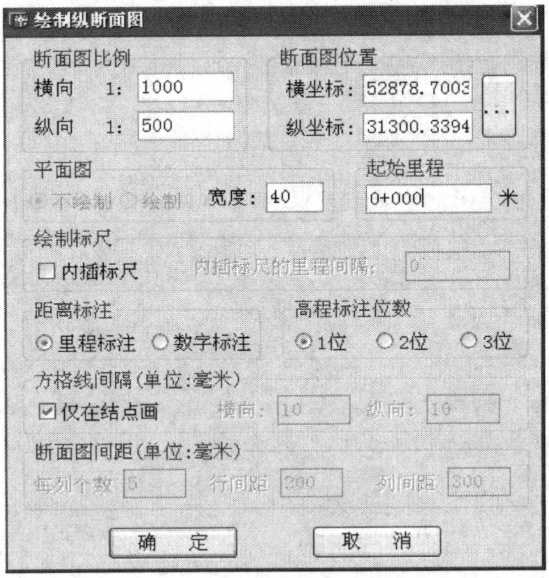

图 8-20 “绘制纵断面图”对话框

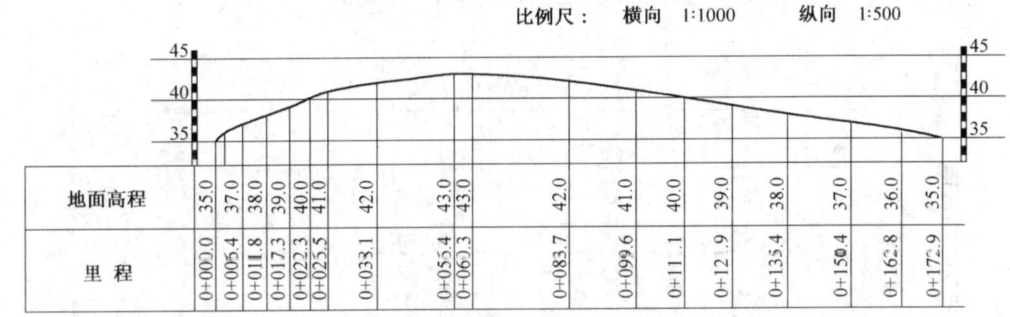

图 8-21 纵断面图

8.2.4 公路曲线设计与测设

当设计人员给出圆曲线或者缓和曲线的基本要素，系统就可以根据基本要素算出测设曲线的放样参数，并绘出曲线以及注记曲线的特征点。下面以单个交点为例说明圆曲线的设计、测设参数计算和圆曲线的绘制。

鼠标单击“工程应用（C）/公路曲线设计/单个交点”，屏幕上弹出“公路曲线计算”的对话框，如图 8-22 所示。输入起点坐标、交点坐标、交点或者起点里程桩号，再输入圆曲线的设计参数和输出采样点的存储文件，单击“开始”，屏幕上会显示公路曲线和平曲线要素表，并绘出圆曲线如图 8-23 所示。

8.2.5 面积的计算与调整

面积的计算在工程中运用非常广泛，是地形图在工程建设中应用的一个重要环节。以往的面积计算常用求积仪、网格法、图解法等。这些方法工作量都比较大，同时受人为因素干扰较多。在数字地形图上量算面积非常简单，精度也较高。在量算面积时，还可以根据需要调整面积大小，也可以根据面积去调整边界线或边界点，为征地提供了方便。当然，这些应

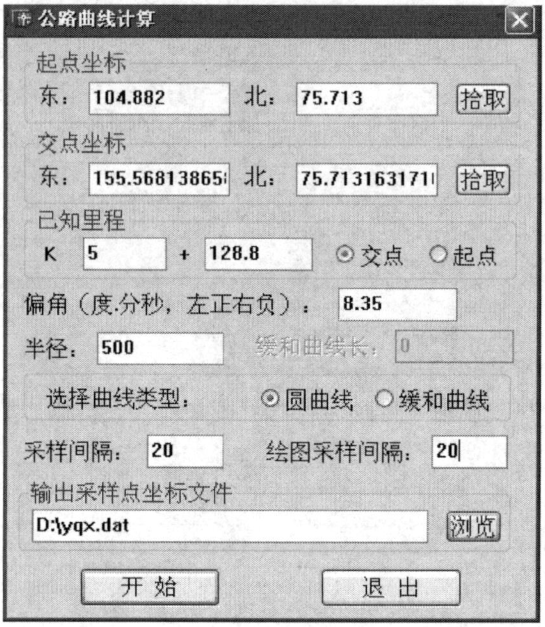

图 8-22 “公路曲线计算”对话框

平曲线要素表

JD		偏角		R	T	L	E	ZY	QZ	YZ
		左偏	右偏							
1	K5+128.80	8°34′60′		500.00	37.52	74.90	1.41	K5+091.28	K5+128.73	K5+166.18

里程	X	Y
K5+078.11	75.713	104.882
K5+080.00	75.713	106.768
K5+091.28	75.713	118.046
K5+100.00	75.789	126.768
K5+120.00	76.538	146.752
K5+128.73	77.115	155.463
K5+140.00	78.085	166.691
K5+160.00	80.428	186.552
K5+166.18	81.313	192.670

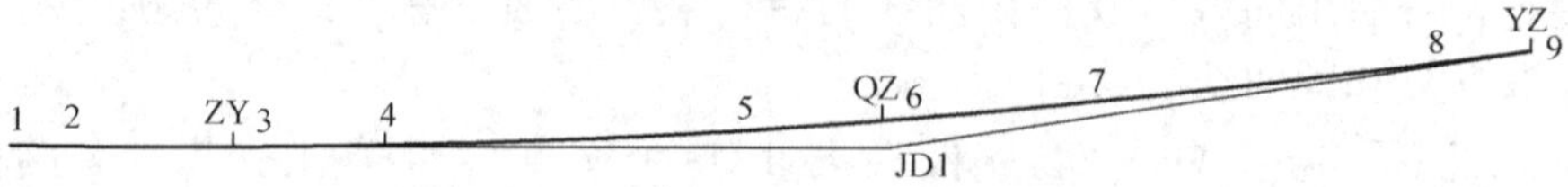

图 8-23 公路曲线和平曲线要素表

用功能与专业软件密切相关，这里仅介绍 CASS6.0 在工程建设中常用的面积应用方法。

1. 计算并注记实体面积

(1) 鼠标单击“工程应用（C）”菜单中“计算并注记实地面积”目录下的“指定范围内的面积”。

(2) 提示：“**1. 选目标/2. 选图层/3. 选指定图层的目标<1>**”选 1，即要求用鼠标指定需计算面积的地物，可用窗选、点选等方式，计算结果注记在地物重心上；选 2，系统提示输入图层名，结果把该图层的封闭复合线地物面积全部计算出来并注记在重心上；选 3，则先选图层，再选择目标。特别要注意的是采用窗选时系统会自动过滤，只计算注记指定图层被选中的以复合线封闭的地物。系统默认选 1。

（3）提示：**“是否对统计区域加青色阴影线？<Y>”** 输入“Y”，加青色阴影线；输入“N”，不加。

2. 统计指定区域的面积

该功能用来将上面注记在图上的面积累加起来。

（1）用鼠标单击“工程应用（C）”菜单下的“统计指定区域的面积”。

（2）提示：**“面积统计 -- 可用：窗口（W. C）/多边形窗口（WP. CP）/... 等多种方式选择已计算过面积的区域”** 用鼠标拉一个窗口选所要统计的区域。

（3）回车后命令区显示：**“总面积＝XXX 平方米”。**

3. 计算指定点所围成的面积

（1）用鼠标单击“工程应用（C）”菜单下的“指定点所围成的面积”。

（2）提示：**“输入点：”** 用鼠标指定想要计算的区域的第一点，底行将一直提示输入下一点，直到按鼠标的右键或回车键确认指定区域封闭（结束点和起始点并不是同一个点，系统将自动地封闭结束点和起始点）。

（3）提示：**“总面积＝XXX 平方米”。**

4. 面积调整

通过调整封闭复合线的一点或一边，把该复合线面积调整成所要求的目标面积。复合线要求是未经拟合的。

如果选择调整一点，复合线被调整顶点将随鼠标的移动而移动，整个复合线的形状也会跟着发生变化，同时可以看到屏幕左下角实时显示变化着的复合线面积，待该面积达到所要求数值，单击鼠标左键确定被调整点的位置。如果面积数变化太快，可将图形局部放大再使用本功能。

如果选择调整一边，复合线被调整边将会平行向内或向外移动以达到所要求的面积值。如图 8 - 24（a）所示，图形原面积是 $375.89m^2$，要求的面积是 $300.00m^2$。调整 CD 边后变成 $C'D'$。

如果选择在一边调整一点，该边会根据目标面积而缩短或延长，另一顶点固定不动。原来连到此点的其他边会自动重新连接。如图 8 - 24（b）所示，调整 CD 边的 C 点后变成 C' 点。

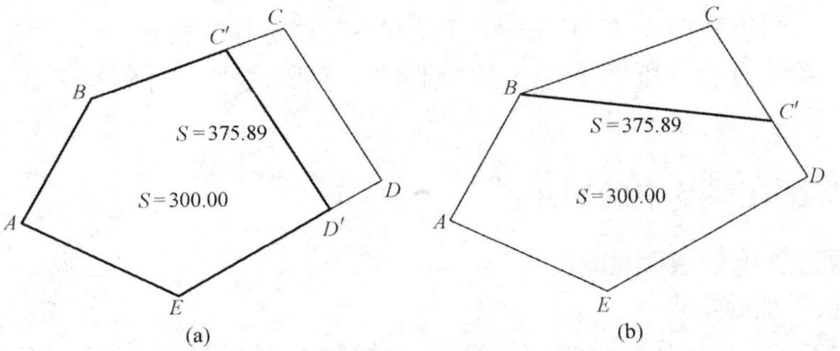

图 8 - 24　面积调整

8.2.6 由图形生成数据文件

1. 指定点生成数据文件

用鼠标单击“工程应用（C）/指定点生成数据文件”。屏幕上弹出需要“输入数据文件名”的对话框，来保存数据文件。同时命令区提示：**“指定点:”**用鼠标单击需要生成数据的指定点；命令区继续提示：**“地物代码:”**输入地物代码，如房屋为F0等。提示：**“高程<0.000>:”**输入指定点的高程。**“测量坐标系：X=94.274m Y=99.219m Z=0.000m Code:”**此提示为输入高程后，系统自动给出。

“请输入点号：<9>”默认的点号是由系统自动追加，也可以自己输入。这时，一个点的数据文件已生成。也可以继续上述操作，使图上更多的点生成数据文件。

2. 高程点生成数据文件

用鼠标单击“工程应用（C）/高程点生成数据文件/有编码高程点（无编码高程点）”。屏幕上弹出“输入数据文件名”的对话框，来保存数据文件。

（1）选择有编码高程点，命令区提示：**“请选择：（1）选取区域边界；（2）直接选取高程点或控制点<1>”**在选择获得高程点的方法时，系统的默认设置为直接选取高程点或控制点。

1）若不作选择（即选择了1），命令区提示：**“请选取建模区域边界:”**用鼠标点取区域的边界。**“OK!”**即生成了数据文件。

2）当选择了（2），命令区提示：**“选择对象:”**用鼠标点取要选取的点后。**“选择对象：指定对角点：找到X个。”**表示数据文件生成。

（2）选择无编码高程点。首先要保证高程点和高程注记必须在同一层中，执行该命令后，命令行提示：**“请输入高程点所在层:”**输入高程点所在的层名。**“请输入高程注记所在层：<直接回车取高程点实体Z值>输入高程注记所在的层名。共读入X个高程点”**有此提示时表示成功生成了数据文件。

3. 控制点生成数据文件

用鼠标单击“工程应用（C）”菜单下的“控制点生成数据文件”。

屏幕上弹出“输入数据文件名”的对话框，来保存数据文件。

提示：**“共读入XXX个控制点。”**

4. 等高线生成数据文件

用鼠标单击“工程应用（C）”菜单下的“等高线生成数据文件”。

屏幕上弹出“输入数据文件名”的对话框，来保存数据文件。

提示：**“（1）处理全部等高线结点，（2）处理滤波后等高线结点<1>”。**

等高线滤波后结点数会少很多，这样可以缩小生成数据文件的大小。

执行完后，系统自动分析图上绘出的等高线，将所在结点的坐标记入第一步给定的文件中。

8.3 数字地形图在GIS中的应用

8.3.1 地理信息系统与数字地图

1. 地理信息系统的特点

地理信息系统（GIS）是一种特定而又十分重要的空间信息系统，它是以采集、贮存管理、分析和描述整个或部分地球表面（包括大气层在内）与空间和地理分布有关的数据和空间信息系统。作为一门介于信息科学、计算机科学、地理学、测绘学和管理科学之间的新兴边缘学科，既具有强大的图形数据的采集、空间数据的可视化和空间分析功能，又有数据更新快捷方便，分析结果准确及时，将各种信息与反映地理位置和有关的视图结合起来提供给用户的功能。其最大特点在于把社会经济和人们日常生活中各种信息与反映地理位置的图形信息有机地结合在一起，并可根据用户需要，对这些信息进行分析，绘制成各类专题电子地图（包括各类专项规划图），为各级政府和业务管理部门提供科学的决策依据。

2. 基于 GIS 的数字地图的优势

数字地图是在一定系统内具有确定坐标和属性的制图要素和离散数据在计算机可识别的存储介质上概括而有序的集合，具有计算机可识别性、可量算性、可分析性、可传输性及数字与模拟地图的互转性。

基于 GIS 的数字地图以 GIS 和数字制图系统为技术支撑，其功能和作用随着 GIS 技术和数字制图系统的不断进步而得以拓展和延伸。特别是计算机技术、GIS、GPS、RS、多媒体和虚拟技术的支持与交融，使得数字地图功能有了明显的增强，与传统地图相比主要优势在于：①数字地图可贮储海量的图、文、声并茂的信息，所以，信息资源非常丰富；②通过互联网、宽带网络、计算机局域网络使信息传递更快捷；③在遥感（RS）技术支持下，可随时增添、更新时空信息，使信息更新更好；④既可以放大、缩小，又可以动态比例尺显示分层信息查询，使查询信息更灵活方便；⑤数字地图中各种信息具有比普通纸质地图更强的定性、定位、定量的功能。

8.3.2 数字地图在 GIS 中的主要作用

1. 数字地图是“数字城市”的重要组成部分

“数字地球”是美国前副总统戈尔于 1998 年 1 月在加利福尼亚科学中心开幕典礼上发表的题为“数字地球——新世纪人类星球之认识”演说时，提出的一个与 GIS、网络、虚拟现实等高新技术密切相关的概念。在戈尔的文章内，他将数字地球看成是“对地球的三维多分辨率表示，它能够放入大量的地理数据”。中国学者特别是地学界的专家认识到“数字地球”战略将是推动我国信息化建设和社会经济、资源环境可持续发展的重要武器，并于 1999 年 11 月 29 日至 12 月 2 日在北京召开了首届国际“数字地球”大会。从这之后，与“数字地球”相关相似的概念层出不穷。“数字中国”、“数字省”、“数字城市”、“数字化行业”、“数字化社区”等名词充斥报端和杂志，成了当前最热门的话题之一。

“数字城市”是以计算机技术、多媒体技术和大规模存储技术为基础，以宽带网络为纽带，运用遥感、全球定位系统、地理信息系统、遥测、仿真—虚拟等技术，对城市进行多分辨率、多尺度、多时空和多种类的三维描述，即利用信息技术手段把城市的过去、现状和未来的全部内容在网络上进行数字化虚拟实现。

李德仁院士在中国地理信息系统协会第六届年会上演讲时对“数字城市”做了高度概括的论述，认为“数字城市大致分为三种：第一，以文本形式提供信息源，如平面图；第二，二维站点，它包括城市地图和风景画；第三，三维数字城市空间，以三维虚拟城市模型作为界面加载各种专题信息系统，提供各种信息服务。第三种形式是未来数字城市的基本表现形式，对于未来城市信息服务具有十分重要的意义。”由此我们不难看出，数字地图在“数字城市”中的重要地位。数字地图是“数字城市”必不可少的重要组成部分和基本表现形式，是城市信息（道路、水系、交通、旅游、电信、服务机构等）的有效传输和应用的基础。数字地图不仅为“数字城市”中 GIS 数据库的建立提供了数据源，而且在“数字城市”空间数据可视化中起着非常重要的作用。

2. 数字地图是资源环境 GIS 的重要表达工具

众所周知，85%以上的信息都与空间位置有关，而数字地图则是地理信息绝好的表达方式。如西部大开发离不开资源信息、环境信息的获取和管理。显然数字地图将成为实施西部大开发战略中地理环境信息的重要表达工具。同时，也可以将各级领导及管理部门的办公理念和依据置于基于 GIS 的数字地图或地理环境空间信息之上，优化管理部门办公自动化的工作基础和条件，实现文本数据、统计数据、图形数据和遥感数据的多种数据复合处理与应用。

3. 数字地图是诸多领域的 GIS 信息平台

由于地理信息是指与研究对象和空间地理分布有关的信息，它表示地表物体及环境要素固有的数量、质量、分布特征、联系和规律。诸多领域的 GIS 都要涉及自然资源、环境基础和社会经济等多种信息。数字地图不仅可以为显示各种信息构建良好的地理环境信息平台，而且最终可以成为表达诸多领域研究成果和规划成果的表现形式，为宣传研究成果和提高规划成果的使用效率发挥重要作用。

8.4 数字地形图在其他方面的应用

8.4.1 导航电子地图

如果你正驾车行驶在一个陌生的城市，身边又恰好没有地图怎么办？你只要打开手机或者车上安装的一个特殊屏幕，就能利用接收到的电子地图，顺利到达目的地。以往在科幻电影中才能见到的神奇一幕，已经悄然出现在中国普通百姓的生活中，这就是导航电子地图给人们出行带来的便利。导航电子地图是将电子地图与导航技术的综合运用，导航图可以任意放大或缩小，大到可以由地图确立交通工具在城市中的具体方位，小到可以通过电子地图寻找城市中的每一个交叉路口和每一个建筑物，电子地图技术及服务开始出现了精准的趋势。

在 2007 年上海国际导航产业与科技发展论坛上，国家测绘局地图管理司相关人员透露，目前我国导航电子地图覆盖范围非常广泛，已经覆盖 31 个省级区域，333 个地市级区域，2858个县市级区域，覆盖的公路里程总量达 170 多万千米，占全国公路总里程的 95%以上。导航电子地图的产业规模也在逐年增长，目前全国已有 11 家单位具有导航电子地图制作资质，从业人员近万人。

随着中国卫星导航产业的快速发展，导航电子地图已经越来越广泛地应用于车载移动目标监控、管理与服务系统，以及面向个人消费者的导航定位终端产品中。

8.4.2 多媒体电子地图

电子地图与多媒体技术的结合，产生了一个新型的地图类型——多媒体电子地图，集文本、图形、图表、图像、声音、动画和视频等多种媒体于一体，是电子地图的进一步发展。它除了具有电子地图的优点之外，增加了地图表达空间信息的媒体形式，以听觉、视觉等多种感知形式，直观、形象、生动地表达空间信息。它可以存贮于数字存储介质上，以只读光盘、网络等形式传播，以桌面计算机或触摸屏信息查询系统等形式供大众使用。

与传统地图相比，多媒体电子地图的空间信息可视化更为直观、生动，信息表现更为多样化，信息内容更丰富，信息更新快捷，使用方便。无论用户是否有使用计算机和地图经验，都可以从多媒体电子地图中得到所需要的信息。用户不仅可以查阅全图，也可将其缩小放大、漫游、测距、图层控制、模糊查询、保存地图、调出地图、下载地图和打印地图等操作，使人们感受到地图的奥妙。

8.4.3 网络电子地图和三维电子地图

随着网络技术的迅速发展，产生了基于 Internet/Intranet 技术的 WebGIS，于是地图被赋予先进的可视化信息技术及网络技术，可以通过网络高速传输地图数据，任地图在 Internet 或 Intranet 上自由驰骋。WebGIS 可广泛应用于土地和地籍管理、水资源管理、环境监测、数字天气预报、灾害监测与评估、智能交通管理、跟踪污染和疾病的传播区域、移动位置服务、现代物流、城市设施管理、数字城市、电子政务等诸多领域。

2007 年 11 月 23 日，由北京奥组委、国家测绘局、北京市政府联合主办的奥运官方网站观众服务地理信息系统正式开通，提供动态电子地图观众服务。观众服务地理信息系统充分利用卫星影像、数字地图等地理信息和相关技术，在北京奥组委提供的奥运比赛场馆、奥运特许商品专卖店等信息基础上，集成整合了北京市旅游景点、宾馆饭店、医疗卫生机构、科研院校等各个方面的地理信息，为世界各国运动员和游客提供方便、快捷、直观的，涉及衣食住行娱等多方面的信息服务。这是网络电子地图服务 2008 年北京奥运会的良好应用。

三维数字地图是采用先进的数字高程模型（DEM）技术，将地貌信息立体化，非常直观、真实、准确地反映地貌状况，并可查询任意点的平面坐标、经纬度和高程值。在地物信息方面，除了提供效果良好的空间数据外，还可根据用户的要求提供丰富的属性数据。三维数字地图由于可以直观地观察某一区域的概貌和细节，快速搜索各种地物的具体位置，因此，在土地利用和覆盖调查、农业生产、区域规划、居民生活等诸多方面具有很高的应用价值。目前三维数字地图已经开始出现在网络上，有卫星实景三维地图和人工虚拟三维地图。

8.4.4 数字地图在现代战争中的应用

数字地图是高技术测绘产品，具有信息量大、动态显示，便于数据处理、修改、补充、更新等特点，在现代战争中具有广泛的运用。

（1）数字地图是指挥自动化系统的一个重要支撑。现代战争战场广阔、武器装备先进、战场情况瞬息万变，要取得战争胜利，必须实施集中统一、高效灵敏的指挥，以提高部队的快速反应能力。20 世纪 90 年代以来，美、俄、英、法、德、日等发达国家争相研制各自的 C31 系统，使作战指挥、控制、通信、情报融为一体。数字地图以及由此派生的其他高技术测绘产品，如地理（地形）分析系统、电子沙盘等是军队指挥自动化系统的重要组成部分。有了数字地图等高技术测绘产品，指挥员再不必去翻阅一大堆地图就能指挥部队作战。只要坐在荧光屏前观察屏幕上显示的电子地图，就可开窗放大分析研究某一部分，实现自动标绘军标，制定作战计划，并可在屏幕上观察战局的变化，实现距离、面积、角度及高程等的自动量测计算，实现实时指挥。因此，有人把电子地图称作“指挥员的得力助手”。

（2）数字地图是精确制导武器的“眼睛”。精确制导武器具有射程远、速度快、精度高等特点，是现代高技术战争的“杀手锏”。海湾战争中，美军发射的战斧巡航导弹 200 多枚，至少有 90%命中了目标。精确制导武器之所以能高精度命中目标，关键在于数字地图。在惯性导航系统中，地图仅为导弹发射提供点位坐标等初始导向参数，其导航精度主要取决于初始对准误差、陀螺和加速度机械误差、重力场匹配模型误差以及坐标系的系统误差等。为了提高导航精度，不仅仅要限制各个误差的范围，而且在导弹飞行中必须随时测定或推算出不断变化着的位置误差的速率，利用地形传感或数字地形匹配制导技术是最有效的途径之一。精确制导武器正是采用了这一当代最新的制导技术，才大大提高了打击精度。

（3）数字地图是部队机动的向导。数字地图可与全球定位系统结合使用，实现快速定位。在未来高技术战争中，部队必须快速定位，才能保证高速机动和大范围的协调，在飞机、坦克、汽车、军舰上安装电子地图并与卫星定位系统联网，即可随时确定其位置，并在电子地图上显示出来，进而分析、选择前进路线及打击目标等。单兵携带和利用微型电子地图，在炮火弥漫的战场，可以准确地分析地形、判明方向，保持与上级的联系。

（4）数字地图是作战训练模拟的重要工具。过去军事指挥员进行作战模拟一般是利用地图、沙盘等传统工具。随着高技术武器的运用，要求在很短的时间内完成大量数据周密细致的计算，分析各种因素对作战进程的影响，预测各种作战方案实施的后果。传统的方法已不能满足其要求，必须借助于电子计算机系统和作战模型对作战对抗的全部或部分过程进行仿真实验，才能选出最佳方案，定下决心，使战略、战役、战术决策更加具有科学性。利用数字地图和虚拟现实技术在计算机上可以生成一个身临其境的地理环境。在这样的环境中，作战训练效果更佳，指挥员和参谋人员能得到更多的锻炼和提高。这是一种适应数字化战场需要的全新的数字地图的应用形式，是各兵种 21 世纪作战和训练的工具。

8.4.5 电子地图在数字社区中的应用

随着人们对居住条件要求的不断提高，打造数字化社区已逐步被开发商所重视。所谓数字社区就是利用多种网络技术、计算机及微处理器技术、多媒体地理信息系统技术等建立社区建设、管理、服务数字化综合信息共享平台，并与城市建设、管理、服务数字化的综合信息共享平台互联互通，能为社区管理和社区用户提供方便、快捷、高效、形象、丰富的数字服务。数字社区很重要的是要求有完善的数字社区的管理系统，以满足对这些对象有关图形、属性信息的各种查询、分析、统计与检索，以及信息录入、编辑、更新、修改等工作要求，为物业的科学管理提供现代化技术手段。通过电子地图技术，将社区中与空间地理位置相关的信息和数字社区的管理系统结合起来，从而建立一个综合、实用、安全、可靠的数字社区管理系统。

数字化社区是数字化城市的基础之一。通过数字化社区管理信息系统的建立，可以有效地提高社区管理的现代化水平，提高基层管理工作效率和准确性，实现办公自动化的科学管理，有利于多种数据的统一和共享。数字社区管理信息系统的开发，是适应当前信息社会中数字社区管理计算机化的需要，也是建设“数字城市”的基础工作。

8.4.6 数字地图在移动通信中的应用

当今世界随着移动通信用户数量的增多，其技术越来越成熟。我国移动通信产业飞速发展，已经从第一代模拟移动通信向第二代数字移动通信转变，目前正在进行第三代移动通信的研究和开发。用户地域分布面积的扩展也随着移动通信网业务的高速发展出现了许多问题和挑战。移动通信网络规划与优化部门要进行准确的场强覆盖预测，不考虑地理环境对无线电信号传播的影响因素，就无法保证预测结果的准确性。因此，在这种条件下，要做移动通信系统的小区规划和网络优化，就必须采用专业的无线小区规划软件（包括与之配套的数字地图），才能够得出可信的结果。

借助于数字地图，规划软件可以模拟网络的实际覆盖与干扰情况，工程设计人员可以根据软件对现有网络进行模拟计算，分析存在的问题，调整网络参数，使其良好运行，提高网络的容量与服务质量。在新建网络或新增基站前，也可以先利用软件进行预测，为站址选择、参数设定等提供参考，从而节省不必要的投资，带来巨大的经济效益。

移动通信用数字地图应当包括地形高度、地面用途种类等对移动通信电波传播有影响的地理信息，以下内容是规划软件进行覆盖预测、干扰分析以及频率规划的重要基础数据。

（1）数字高程模型（DEM 数据）：是按规定分辨率等间隔表示的地面高程数据，采用栅格数据结构。

（2）地面覆盖模型（DOM 数据）：是按规定分辨率等间隔表示的地面覆盖类型，采用栅格数据结构。

（3）线状地物模型（ LDM 数据）：是以弧段坐标表示的线状地物平面位置，采用矢量数据结构。

（4）建筑群空间分布模型（BDM 数据）：描述建筑物的平面位置和高度数据，采用栅格数据结构或矢量数据结构。

移动通信中无线场强预测结果的准确与否取决于传播模型和数字地图。只有在传播模型对影响电波传播的各种因素有充分的考虑、数字地图又有足够精度的情况下，才有可能达到较高的预测精度。而如何把数字地图合理、高效地使用到移动通信的场强预测中，必须结合移动通信的具体特点。

1. 根据网络的话务密度来确定数字地图的应用

在市中心这一类基站较密的地区，其话务密度较高，突出的矛盾是提高容量与提高服务质量。因此对无线预测要求较准确，从而对数字地图的要求也就比较高。一般要求用 50m 精度甚至 20m 精度的数字地图。而在话务密度较低的地区，主要是解决覆盖问题，允许一定的无线预测偏差，对数字地图的要求就比较低，一般精度只需要 100m 左右。

另外，数字地图中的线状地物模型（LDM 数据）也和话务密度有紧密的关系。做频率规划时，需要将话务量分配到每个地区，而各个地区中的话务量并不是平均分布的。即使是同一块区域内的不同线状地物模型的话务量分布也是各不相同的。通常市区内的一些主干道和主要商业街集中了较高的话务量，郊区中的高等级公路和国道比一般开阔地带的话务量也要高，因此需要针对不同的 LDM 数据，对话务量的分配进行一定的加权。这就要求数字地图中必须包含有详细的 LDM 数据信息，一般典型的 LDM 数据包括以下线状地物类型：

（1）道路宽度超过 40m 的高等级公路。

（2）国家命名的干线公路。

（3）城镇以外各方向上有两个以上的主要道路。

（4）城镇内的主要街道 1（宽度在 15m 以上的街道）。

（5）城镇内的主要街道 2（宽度在 10～15m 的街道）。

（6）城镇内一般街道 1（道路宽度 6～10m 的道路）。

（7）城镇内一般街道 2（道路宽度 3～6m 的道路）。

（8）高架路。

（9）铁路。

（10）河岸线（双线），湖、海岸线。

（11）城市的行政区划界线。

（12）地铁、地下人行通道口，隧道口（以点方式表示）。

2. 根据传播环境来确定数字地图的应用

对于移动通信来说，传播环境越复杂，对数字地图的要求就越高；反之，传播环境越简单，对数字地图的要求就越低。以对地貌的划分为例，一般的中小城市及郊区分为7～9种，大城市市区建筑物密度大、高层建筑多，电波传播多以绕射与反射为主，地貌可分为12～15种，而对于一些建筑物特别密集的地区，传播环境更为复杂，对地貌的划分可以更多。

由上述可以看出，对于不同的地区和环境，要因地制宜地采取相应的分类和精度的数字地图，不能一概而论制定统一标准。按照实际情况建议如下：

（1）市区数字地图的选择参见表8-1。

表8-1　数字地图的选择（市区）

基站密度	高	中	低
传播环境复杂	R：20m M：13～15种	R：50m M：13～15种	R：50m M：10～12种
传播环境一般	R：20m M：10～12种	R：50m M：10～12种	R：50m M：7～9种
传播环境简单	R：50m M：10～12种	R：50m M：7～9种	R：100m M：7～9种

注：1. R表示采样间隔；M表示地貌种类。

2. 在市区，传播环境复杂程度主要决定于建筑物的高度及分布情况，建筑物高度参差不齐、高层建筑多、分布密集则传播环境复杂，反之则传播环境简单。

3. 市区基站密度高表示平均基站站距小于1km；基站密度中表示平均基站站距大于1km，小于2km；基站密度低表示平均基站站距大于2km。

（2）郊区数字地图的选择参见表8-2。

表8-2　数字地图的选择（郊区）

基站密度	高	低
传播环境复杂	R：50m M：10～12种	R：100m M：10～12种
传播环境简单	R：50m M：7～9种	R：100m M：7～9种

注：1. R表示采样间隔；M表示地貌种类。

2. 在郊区，传播环境复杂程度取决于地面覆盖类型的多少，地面覆盖类型多则传播环境复杂，反之则简单。

3. 郊区基站密度高表示平均基站站距小于8km；基站密度低表示平均基站站距大于8km。

（3）农村及偏远地区数字地图的采样间隔为100m，地貌种类有7种。

3. 根据使用地图的软件特性来确定数字地图的应用

使用数字地图除了要结合无线网络和传输的特性外，还要考虑到网络规划与优化软件的特性。由于不同的模型所要求的地形参数不同，所以软件使用不同的传播模型，对数字地图中包含的分类要求就不同。

以最通用的 Okumura 模型来说，它的主要思路是先计算出准平滑地区条件下空间传输中值损耗，然后对其做修正，其修正系数中包含的地图信息成分有：①有效基站天线高度；②地面不规则修正系数；③地面倾度修正系数；④海面修正系数；⑤市郊地区修正系数；⑥开阔地地区修正系数；⑦单刃形修正系数；⑧多刃形修正系数；⑨道路修正系数。

由此可以看出，数字地图的地形分类必须要适应所用的模型，才能够按模型计算出准确的预测。对于地面覆盖模型（DOM 数据）的分类，各个厂家稍有区别，现给出一种典型的分类：

（1）内陆水域：包括河流、人工运河、湖泊、水库及河口等。

（2）海洋：包括海洋、海湾、海港等。

（3）湿地：为水面与植被混杂覆盖的区域，包括季节性河流与湖泊、沼泽地、池塘与滩涂等。

（4）乡村开阔地：为植被稀少或荒芜的地区。

（5）市内公园：市区范围内的草地公园、高尔夫球场等。

（6）市区开阔地：市区范围内地表无建筑物的开阔地区，包括大型广场、大型停车场、宽阔道路、飞机场等。

（7）绿地：低矮混杂植被所覆盖的区域，包括农田、草地、城市绿地公园等。

（8）林地：林木覆盖的区域（林木覆盖率大于 60%）。

（9）高层建筑群：30m 以上的建筑物。

（10）一般建筑群：高度在 15～30m 的普通楼群。

（11）低矮建筑群：高度在 15m 以下的普通楼群。

（12）郊区村庄：为农村居住集中的区域（地表建筑物密度较低）。

另外，使用何种精度的数字地图应与模型的精细程度相对应，只有两者结合起来才能充分而有效地发挥作用。一般来讲，对于宏蜂窝预测来说，地图精度达到 20m 已经足够满足需要，进一步提高精度对预测结果的准确性影响不大，所以考虑到地图的制作成本，没有必要一味追求过高的精度。

4. 根据网络的变化情况确定数字地图的应用

数字地图的使用还要考虑到能满足一定时期内网络的变化情况。传播环境的变化一般来说比较缓慢，但移动通信网的发展可能会很快，因此在应用数字地图时，要有发展的眼光，不仅要看到网络的现状，还要考虑网络的发展潜力。有些地区虽然目前网络规模并不大，但其发展潜力很大，如果按照仅仅满足现状的要求来制作数字地图，很可能用不了多久就不再适应网络规划与优化工作的需要，还要投入资金对其进行更新，造成不必要的浪费。

为避免这种情况的发生，运营部门必须对近期网络的发展情况做到心中有数，使所制作的数字地图在其更新周期内基本满足网络发展的需要。数字地图的更新周期一般为：

（1）DEM 数据一般不变化，只有当精度要求变化时才需要更新。

（2）DOM 数据更新周期为 2～3 年。

（3）LDM 数据更新周期为 2～3 年。

(4) BDM数据更新周期为2年。

根据移动通信这几年的发展势头，基本上是每年扩容一次，甚至有时不到一年就扩容一次，所以在应用数字地图时，要有提前的考虑。对于变化较大的城市地区，一般采用DOM、LDM、BDM数据更新周期为一年的地图；对于郊区和农村地带，可以使用更新周期为两年的数字地图。

5. 微蜂窝模型下的数字地图的应用

特别值得提出的是室外微蜂窝的无线预测使用数字地图的情况，现有的预测模型可以分为统计模式和确定性模式两种类型。

统计模式是以大量的实测数据为基础总结出来的经验公式，而确定性模式则考虑收发之间所有可能的传播路径以计算传播损耗。统计模式的优点是对数字地图的要求较低，计算速度快；确定性模式虽然预测精度略高于统计模式，但对数字地图要求非常高，计算时间也很长。这两类模型都有二维和三维之分：二维模型只需要街道与建筑物的水平二维空间数据，而三维模型还需要建筑物的高度信息。因此，微蜂窝的地理数据也有基本标准与扩展标准之分。

目前室外微蜂窝的应用还处于初步应用阶段，数量不多，尚未连成网，其频率安排一般采用借频的方法，待其安装后通过测试来调整。但是，当微蜂窝大量使用后，必须要做频率重新规划，并结合实测调整。在微蜂窝数量较多的地区，数字地图应该具有满足微蜂窝要求的地理数据。

目前的各种微蜂窝传播模型还不像宏蜂窝模型那样成熟，如果有实测作为保障，地理数据完全可以采用基本标准，这样可以避免在数字地图上投入过大，且能够满足一定时期的需要。等到微蜂窝的传播模型应用成熟后，如果确有需要，可以考虑采用三维传播模型，并采用相应的扩展数据标准。

精确的数字地图、准确的传播预测模型、功能强大的规划软件、大型的工作平台及经验丰富的工程设计师是移动通信规划和优化的基础。只有达到协调统一才能设计出优良的移动通信网，以便更好地为网络建设者和用户服务。

小　　结

数字地图技术的发展迅速渗透到科学、技术与社会的各个领域，社会对数字地图的需求已经十分迫切。数字地图是未来信息社会一种极其重要的空间信息产品，硬件、软件和数据基础建设正在形成一个数字地图综合应用体系。这个体系为社会所提供的服务将是全方位的、实时的、动态的。发展数字地图产业，构建数字中国地理空间基础框架是测绘行业光荣而艰巨的任务。作为新世纪的测绘青年更应该努力学习和掌握新技术，接受新观念，把握信息技术和测绘技术的发展趋势，为构建未来信息社会基础设施多作贡献。

习　　题

1. 如何在数字地形图上确定直线的距离、方位角和坡度？

2. 结合CASS6.0成图软件，试述面积计算和调整的方法。试举例说明面积调整的应用。

3. 结合 CASS6.0 数字化成图软件，说明利用数字地图计算土方量的操作方法。
4. 如何应用数字地形图绘制断面图？
5. CASS6.0 中图形与数据的交互形式有几种？各有何特点？
6. 数字地图在 GIS 中的主要作用有哪些？
7. 试举例说说身边数字地图的应用。

附录A 数字测图综合实训指导书

一、综合实训的意义和目的

数字测图综合实训是《数字测图》课程教学的重要组成部分，是巩固和深化课程所学知识的必要的环节，通过综合实训培养学生理论联系实际、分析问题和解决问题的能力以及实际动手操作能力，使学生具有严肃认真的科学态度、实事求是的工作作风、吃苦耐劳的劳动态度以及团结协作的集体观念。同时，也使学生在业务组织能力和实际工作能力方面得到锻炼，为今后从事测绘工作打下良好基础。

通过综合实训，要求学生掌握以下技能：图根导线的图上设计、实地选点、外业测量，图根导线加密测量，图根导线成果处理，四等水准测量外业及成果处理，标准图形分幅，图幅整饰，数字化外业测图及内业绘图等。

二、综合实训的主要工作任务

（1）图根控制测量。

（2）四等水准测量。

（3）1∶500大比例尺数字测图。

三、综合实训的作业依据

（1）《城市测量规范》（GJJ 8—1999）。

（2）《国家三、四等水准测量规范》（GB 12897—1991）。

（3）《1∶500　1∶1000　1∶2000地形图图式》（GB/T 20257.1—2007）。

（4）《1∶500　1∶1000　1∶2000外业数字测图技术规程》（GB/T 14912—2005）。

（5）数字测图综合实训指导书。

四、综合实训的作业方法与技术要求

（一）平面控制测量

鉴于综合实训主要在校园内完成，根据各院校校园情况，首级平面控制测量宜采用一级、二级或三级导线布设，在此基础上，布设图根导线，以形成分布均匀、密度适当的图根控制点。导线布设形式为单一附合导线或闭合导线。

1. 选点、埋石

（1）相邻点之间应通视良好，每个点至少要求有两个点通视，以便以后定向和检查。为便于测图，点位周围尽量避开一些小障碍物，如小树、电杆、路灯等；点与点的视线方向上要超越障碍物的距离宜在0.5m以上。

（2）点位应该选在土质坚实的地方或坚固稳定的高建筑物顶面上，便于造标、埋石和观测，并能永久保存，为了便于查找，在各导线点旁边墙上做标志。

（3）宜充分利用原有控制点和国家控制点的点位。

（4）选择合适的点位密度。图根点的密度应根据测图类型、比例尺和地形条件而定。数字测图，以附表A.1来确定图根点的密度。

（5）埋石工作在踏勘选点时同时进行，可以采用校园现有的标石，也可采用水泥钉，在水泥钉上用红色油漆作标志，并予以编号和制作点之记。

附表 A.1 一般地区解析图根点的个数

测图比例尺	图幅尺寸/(cm×cm)	解析图根点（个数）	
		全站仪测图	GPS（RTK）测图
1∶500	50×50	2	1
1∶1000	50×50	3	1～2
1∶2000	50×50	4	2

2. 距离测量

距离测量采用电磁波测距的方法进行，要求在测站记录中记录平距，精度指标见附表A.2。

附表 A.2 光电测距导线的主要技术指标

等级	闭合导线或附合导线长度/km	平均边长/m	测距中误差/mm	测角中误差/(″)	导线全长相对闭合差
三等	15	3000	≤±18	≤±1.5	≤1/60 000
四等	10	1600	≤±18	≤±2.5	≤1/40 000
一级	3.6	300	≤±15	≤±5	≤1/14 000
二级	2.4	200	≤±15	≤±8	≤1/10 000
三级	1.5	120	≤±15	≤±12	≤1/6000

测距时需注意以下问题：

（1）测线宜高出地面和离开障碍物1m以上，以减小折光影响。

（2）测线避免通过发热体（如散热塔、烟窗等）和较宽水面上空。

（3）测站应避开受电、磁场干扰的地方，应离开高压线5m以外。

（4）测距时避免背景部分有反光物体。

（5）在大气稳定和成像清晰的条件下观测，雾、雨、雪天气不宜观测。

（6）避免暴晒、淋湿仪器，严禁镜头对向太阳。

（7）测站、镜站不准离人；手机、对讲机应远离测线使用。

（8）仪器高和棱镜高的量取位置一定要正确。仪器高是标面至测距仪示高点的高度；棱镜高是标面与棱镜中心（镜框上有标志线）的高度，不是测垂直角（或天顶距）照准的觇牌标志线的高度。

3. 水平角观测

由于是单一导线，每站只有两个方向，因此，水平角观测采用测回法。如果是附合导线，水平角观测左角；如果是闭合导线，则要观测内角和连接角。导线测量水平角观测的技术要求见附表A.3。

4. 导线测量记录规定

（1）一切原始观测值和记事项目，应在现场用铅笔记录在规定格式的外业手簿中，字迹应清楚、整齐、美观，不得涂改、擦改、转抄，外业手簿或记录纸应进行编号。

附表 A.3　　导线测量水平角观测的技术要求

等级	测角中误差/(″)	测回数			方位角闭合差/(″)
		DJ_1	DJ_2	DJ_6	
三等	≤±1.5	8	12	—	$\leqslant\pm3\sqrt{n}$
四等	≤±2.5	4	6	—	$\leqslant\pm5\sqrt{n}$
一级	≤±5	—	2	4	$\leqslant\pm10\sqrt{n}$
二级	≤±8	—	1	3	$\leqslant\pm16\sqrt{n}$
三级	≤±12	—	1	2	$\leqslant\pm24\sqrt{n}$

注：n 为测站数。

(2) 手簿各记事项目，每一测站或每一观测时间段的首末页都应记录清楚，填写齐全。水平角观测手簿中照准点一栏，全组合测角法观测时，每测回只记录方向号数、照准标的；方向观测时，每站第一测回应记录所观测的方向号数、点名和照准标的，其余测回仅记录方向号即可。

(3) 水平角观测，秒值读记错误应重新观测，度、分值读记错误可在现场更正，但同一方向盘左、盘右不得同时更改相关数字。垂直角观测中分值的读数，在各测回中不得连环更改。

(4) 距离测量和轴杆头水准测量中，厘米及以下数值不得更改，米和分米的读记错误，在同一距离、同一高差的往、返测或两次测量的相关数字不得连环更改。

(5) 更正错误，均应将错误数字、文字整齐划去，在上方另记正确数字和文字。划改的数字和超限划去的成果，均应注明原因和重测结果的所在页数。

(6) 观测工作结束后，应及时整理和检查外业观测手簿。检查手簿中所有计算是否正确，观测成果是否满足各项限差要求。确认观测成果全部符合本规范规定后，方可进行计算。

5. 数据处理

本次综合实训的导线数据的处理采用两种方法同时进行。

(1) 每个小组对导线外业观测数据进行手工平差计算。

(2) 利用平差软件进行计算，可以选用下列软件进行计算。

（二）四等水准测量

进行四等水准测量目的是为了准确测得导线内待定导线点的高程，因此观测过程中每相邻两个导线点之间都是一个测段。结合导线布设特点，可以布设成单一符合水准路线或单一闭合水准路线。

1. 仪器检验校正

实训中所用水准测量仪器为 DS_3 水准仪，按要求，进行检验校正的项目有很多，但这些项目的检定需要专门质量检验部门进行，本次实习主要进行 i 角的检验校正。按照规范要求，i 角应小于 20″，超过该限差的，应该对仪器进行校正。

2. 设站要求与观测方法

四等水准测量采用中丝读数法进行单程观测，每个测段无论距离远近，均应设置成偶数站。四等水准测量采用尺垫作转点尺承。观测应在标尺分划线成像清晰稳定时进行，若成像欠佳，应酌情缩短视线长度。测站的视线长度、视线高度等按附表A.4的规定执行。

附表A.4　四等水准观测视线长度、前后视距差、视线高度的要求　(m)

等级 \ 项目	标尺类型	视线长度		前后视距差	每站前后视距累积差	视线高度
		仪器类型	视距			
四等	双面	DS_3	≤100	≤3.0	≤10.0	三丝能读数
	因瓦	DS_1	≤150			

四等水准测量每测站照准标尺分划顺序为后、后、前、前，一测站观测程序为：

(1) 首先安置仪器整平。

(2) 将望远镜对准后视标尺黑面，用微倾螺旋使符合水准气泡准确居中，按视距丝和中丝精确读定标尺读数（四等观测可不读上、下丝读数，直接读距离）。

(3) 照准后视标尺红面，只读中丝读数。

(4) 照准前视标尺黑面，按第(2)款操作。

(5) 照准前视标尺红面，按第(3)款操作。

观测结果记录在《四等水准观测手簿》上。

3. 测站限差

测站限差按附表A.5规定执行。

附表A.5　四等水准测量测站限差要求　(mm)

等级 \ 项目	基辅分划或黑红面读数的差	基辅分划或黑红面所测高差的差	双转点法观测左右路线转点差	检测间歇点高差的差
四等	3.0	5.0	4.0	5.0

4. 水准测量记录规定

(1) 外业手簿应按统一的格式装订成册，每册页码应予编号，由项目负责人签字后发给作业员，已编号的各页不得撕去，记录中间不得留下空页。

(2) 一切外业原始观测值和记事项目，必须在现场直接记录于手簿中，严禁转抄数据。

(3) 在每一测段的始末，工作间歇的前后及中间气候变化时，须记录观测日期、时间、天气、呈像、前后视标尺号数。

(4) 一切外业原始观测值和记事项目的文字与数字，应力求清晰端正，不得潦草。

(5) 手簿中任何原始记录不得擦去或涂改。对原始记录有错误的数字（仅限于米、分米的读数）与文字，应仔细核对后单线划去，在其上方写出正确数字与文字，并在备考栏中注明原因。同一测站内不得有两个相关原始数字的连环更改。

(6) 对作废的观测记录，应以单线划去，并注明重测原因及重测结果记于何处，重测记录须加注“重测”二字。

5. 成果计算

(1) 本次实训水准测量数据的处理可采用手工计算或平差软件计算。

(2) 限差要求：平原 $f_{h容}=\pm 20\sqrt{L}$，山区 $f_{h容}=\pm 25\sqrt{L}$（L 为线路长度，单位为km）。

6. 注意事项

（1）观测时，须用白色测伞遮蔽阳光，迁站时，应罩以白色仪器罩。

（2）对具有倾斜螺旋的水准仪，观测前应测出倾斜螺旋的置平零点，并作标记，随着气温变化，应随时调整零点位置；对于自动安平水准仪的水准器，观测前须严格置平。

（3）在连续各测站上安置水准仪的三脚架时，应使其中两脚与水准路线的方向平行，第三脚轮换置于路线的左侧与右侧。

（4）除路线转弯处外，每一测站上仪器和前后标尺三个位置，尽量接近一条直线。

（5）同一测站上观测时，一般不得两次调焦。仅当视线长度小于 10m 时，且前后视距差小于 1m 时，可在观测前后标尺时调整焦距。

（6）每一测段的往测与返测，其测站数均应为偶数，由往测转返测时，两标尺须互换位置，并重新整置仪器。

（7）立尺员应认真将水准尺立直，注意不要将尺立倒。并用步测的方法，使各测站的前、后视距离基本相等，并保证前后视距累积差不超限。

（8）正确使用尺垫，尺垫只能放在转点处，已知高程点和待求高程点上均不能放置尺垫。

（9）同一测站，只能粗平一次（测站重测，需重新粗平仪器）；但每次读数前，均应检查水准管符合气泡是否居中，并注意消除视差。

（10）仪器未搬迁时，前、后视点上尺垫均不能移动。仪器搬迁了，后视尺立尺员才能携尺和尺垫前进，但前视点上尺垫仍不能移动。若前视尺垫移动了，则需从起点开始重测。

（11）施测中每一站均需现场进行测站计算和校核，确认测站各项指标均合格后才能迁站。水准路线测量完成后，应计算水准路线高差闭合差，高差闭合差小于允许值方可收测，否则，应查明原因，返工重测。

（12）实训中严禁专门化作业。小组成员的工种应进行轮换，保证每人都能胜任每一工种的工作。

（三）数字测图

1. 数字测图作业流程（附图 A.1）

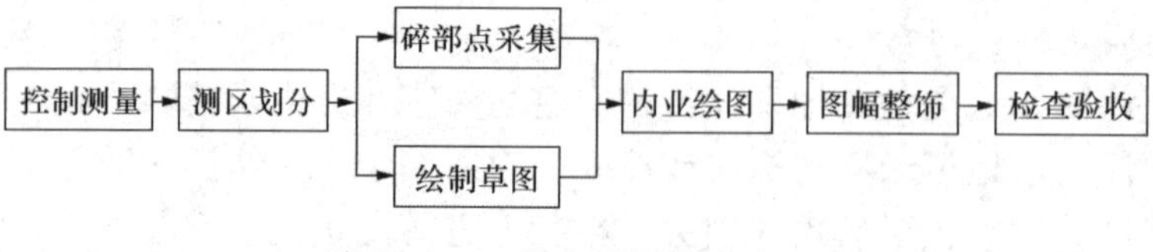

附图 A.1　数字测图作业流程

2. 测区划分

外业数字测图一般以所测区域（测区）为单位统一组织作业和组织数据。当测区较大或有条件时，可在测区内按自然带状地物（如街道线、河沿线等）为边界线构成分区界限，分成若干相对独立的分区。各分区的数据组织、数据处理和作业应相对独立，分区内及各分区之间在数据采集和处理时不应存在矛盾，避免造成数据重叠或漏测。当有地物跨越不同分区时，该地物应完整的在某一分区内采集完成。

3. 等高距和地形点间距

本次实习测量地形图，要在碎部点采集过程中同时采集地形点（一般高程点）。然后由这些地形点参与生成等高线，不同比例尺数字地形图，其等高距和地形点的密度的确定见附表A.6和附表A.7。

附表A.6　　地形图基本等高距　　(m)

比例尺	地形类别			
	平地	丘陵地	山地	高山地
1∶500	0.5	1.0 (0.5)	1.0	1.0
1∶1000	0.5 (1.0)	1.0	1.0	1.0
1∶2000	1.0 (0.5)	1.0	2.0	2.0

注：括号内的等高距依用途需要选用。

附表A.7　　地形点间距　　(m)

比例尺	1∶500	1∶1000	1∶2000
地形点平均间距	25	50	100

4. 测距长度

在野外数字测图过程中，每个控制点的最大测距长度要符合附表A.8规定，不能用一个或几个图根点控制大范围测图，如果遇到在图根点上测不到的地物时，而该地物周围又没有其他图根点，这时允许支导线（支点）进行测量，但最多只能支2站，不能没有限制地随便向前延伸导线支点。

附表A.8　　碎部点测距长度　　(m)

比例尺	1∶500	1∶1000	1∶2000
最大测距长度	200	350	500

5. 建站定向

在每个测站建站时都要精确量取仪器高，并且输入测站点和后视点的平面坐标和高程值。建站定向后必须进行三个方向的定向检查，确定建站定向是否有误，建站定向的一般要求：

(1) 仪器对中偏差，一般要小于5mm。

(2) 定向完成后先测量一下后视点坐标，测量值与已知坐标进行比较，一般要小于5cm，否则应检查测站点和后视点坐标（方向）输入是否有误，重新定向。

(3) 检查后视点或其他已知第三个控制点的高程，与其已知高程值比较，较差要小于等高距的1/6，否则需要检查高程值、仪器高和觇标高数据输入是否有误，重新定向。

(4) 从一个测站搬至下一个测站时，重复测量上一个测站上测过的典型碎部点，如电杆、路灯等，用以检核前站和本站碎部点测量的正确性。

(5) 碎部点采集过程中，若更换电池或关机，再次测量时需重新建站定向。也可以在距离本站较远地方寻找一固定清晰目标，测量其方位角，重新定向时，用方位角法定向。

6. 碎部点采集

（1）一般原则。本次实训采用草图法进行数字测图，因此在进行碎部点采集的同时必须绘制草图。草图要能正确反映实际地物内部及地物间的关系，草图上碎部点编号要严格与全站仪上数据编号一致，因此在碎部点采集过程中绘草图人员和观测人员要经常核对点号，防止出现连环错位。

绘图时的基本原则：就高不就低，即当高等级边界与低等级边界重合时，一般要舍弃低等级的边界，绘制高等级边界，因此在测和绘的过程中不能出现同一边界重复绘制的现象。

测碎部点的时候，每到一片区域，跑尺人员要有大局观念，眼睛扫过测区，大致把当前区域根据地物地性不同，分为几个小区域，然后一个接一个地进行这些小区域测量，在小区域内部，首先测边界，然后测内部更细致的碎部点（熟练后可同时测量），做到不重不漏，最后按照就高不就低原则处理小区域间的碎部点采集工作。

（2）测绘内容。

1）测量控制点。测量控制点是测绘地形图和工程测量施工放样的主要依据，在图上应精确表示。

各等级平面控制点、导线点、图根点、水准点，应以展点或测点位置为符号的几何中心位置，按图式规定符号表示。

2）居民地和垣栅。

① 居民地的各类建筑物、构筑物及主要附属设施应准确测绘实地外围轮廓和如实反映建筑结构特征。

② 房屋的轮廓应以墙基外角为准，并按建筑材料和性质分类，注记层数。临时性房屋可舍去。

③ 建筑物和围墙轮廓凸凹在图上小于0.4mm，简单房屋小于0.6mm时，可用直线连接。1∶500比例尺测图，房屋内部天井宜区分表示。

④ 测绘垣栅应类别清楚，取舍得当。城墙按城基轮廓依比例尺表示；围墙、栅栏、栏杆等可根据其永久性、规整性、重要性等综合考虑取舍。

⑤ 台阶和室外楼梯长度大于图上3mm，宽度大于图上1mm的应在图中表示。

⑥ 永久性门墩、支柱大于图上1mm的依比例实测，小于图上1mm的测量其中心位置，用符号表示。重要的墩柱无法测量中心位置时，要量取并记录偏心距和偏离方向。

⑦ 建筑物上突出的悬空部分应测量最外范围的投影位置，主要的支柱也要实测。

3）交通及附属设施。

① 交通及附属设施的测绘，图上应准确反映陆地道路的类别和等级，附属设施的结构和关系；正确处理道路的相交关系及与其他要素的关系；正确表示水运和海运的航行标志，河流和通航情况及各级道路的通过关系。

② 公路与其他双线道路在图上均应按实际宽度依比例尺表示。公路应在图上每隔15～20mm注出公路技术等级代码，国道应注出国道路线编号。公路、街道按其铺面材料分为水泥、沥青、砾石、条石或石板、硬砖、碎石和土路等，应分别以砼、沥、砾、石、砖、碴、土等注记于图中路面上，铺面材料改变处应用点线分开。

③ 路堤、路堑应按实地宽度绘出边界，并应在其坡顶、坡脚适当测注高程。

④ 道路通过居民地不宜中断，应按真实位置绘出。高速公路应绘出两侧围建的栅栏（或墙）和出入口，注明公路名称。中央分隔带视用图需要表示。市区街道应将车行道、过街天桥、过街地道的出入口、分隔带、环岛、街心花园、人行道与绿化带绘出。

⑤ 桥梁应实测桥头、桥身和桥墩位置，加注建筑结构。

⑥大车路、乡村路、内部道路按比例实测，宽度小于图上 1mm 时只测路中线，以小路符号表示。

4）管线。

① 永久性的电力线、电信线均应准确表示，电杆、铁塔位置应实测。当多种线路在同一杆架上时，只表示主要的。城市建筑区内电力线、电信线可不连线，但应在杆架处绘出线路方向。各种线路应做到线类分明，走向连贯。

② 架空的、地面上的、有管堤的管道均应实测，分别用相应符号表示。并注明传输物质的名称。当架空管道直线部分的支架密集时，可适当取舍。地下管线检修井宜测绘表示。

③ 污水篦子、消防栓、阀门、水龙头、电线箱、电话亭、路灯、检修井均应实测中心位置，以符号表示，必要时标注用途。

5）水系。

① 江、河、湖、水库、池塘、泉、井等及其他水利设施，均应准确测绘表示，有名称的加注名称。根据需要可测注水深，也可用等深线或水下等高线表示。

② 河流、溪流、湖泊、水库等水涯线，按测图时的水位测定，当水涯线与陡坎线在图上投影距离小于 1mm 时以陡坎线符号表示。河流在地图上宽度小于 0.5mm、沟渠在图上宽度小于 1mm（1∶2000 在地形图上小于 0.5mm）的用单线表示。

③ 水位高及施测日期视需要测注。水渠应测注渠顶边和渠底高程；时令河应测注河床高程；堤、坝应测注顶部及坡脚高程；池塘应测注塘顶边及塘底高程；泉、井应测注泉的出水口与井台高程，并根据需要注记井台至水面的深度。

6）地貌和土质。

① 地貌和土质的测绘，图上应正确表示其形态、类别和分布特征。

② 自然形态的地貌宜用等高线表示，崩塌残蚀地貌、坡、坎和其他特殊地貌应用相应符号或用等高线配合符号表示。

③ 各种天然形成和人工修筑的坡、坎，其坡度在 70°以上时表示为陡坎，70°以下时表示为斜坡。斜坡在图上投影宽度小于 2mm，以陡坎符号表示。当坡、坎比高小于 1/2 基本等高距或在图上长度小于 5mm 时，可不表示，坡、坎密集时，可以适当取舍。

④ 梯田坎坡顶及坡脚宽度在图上大于 2mm 时，应实测坡脚。当 1∶2000 比例尺测图梯田坎过密，两坎间距在图上小于 5mm 时，可适当取舍。梯田坎比较缓且范围较大时，可用等高线表示。

⑤ 坡度在 70°以下的石山和天然斜坡，可用等高线或用等高线配合符号表示。独立石、土堆、坑穴、陡坡、斜坡、梯田坎、露岩地等应在上下方分别测注高程或测注上（或下）方高程及量注比高。

⑥ 各种土质按图式规定的相应符号表示，大面积沙地应用等高线加注记表示。

7）植被。

① 地形图上应正确反映出植被的类别特征和范围分布。对耕地、园地应实测范围，配置相应的符号表示。大面积分布的植被在能表达清楚的情况下，可采用注记说明。同一地段生长有多种植物时，可按经济价值和数量适当取舍，符号配制不得超过三种（连同土质符号）。

② 旱地包括种植小麦、杂粮、棉花、烟草、大豆、花生和油菜等的田地，经济作物、油料作物应加注品种名称。有节水灌溉设备的旱地应加注“喷灌”、“滴灌”等。一年分几季种植不同作物的耕地，应以夏季主要作物为准配置符号表示。

③ 田埂宽度在图上大于1mm的应用双线表示，小于1mm的用单线表示。田块内应测注有代表性的高程。

8）注记。

① 要求对各种名称、说明注记和数字注记准确注出。图上所有居民地、道路、街巷、山岭、沟谷、河流等自然地理名称，以及主要单位等名称，均应调查核实，有法定名称的应以法定名称为准，并应正确注记。

② 地形图上高程注记点应分布均匀，丘陵地区高程注记点间距为图上2～3cm。

③ 山顶、鞍部、山脊、山脚、谷底、谷口、沟底、沟口、凹地、台地、河川湖池岸旁、水涯线上以及其他地面倾斜变换处，均应测高程注记点。

④ 基本等高距为0.5m时，高程注记点应注至厘米；基本等高距大于0.5m时可注至分米。

（3）地物、地貌的测量与取舍。测量过程中地物要素的取舍要取决于测图比例尺和《1∶500　1∶1000　1∶2000地形图图式》中相关规定，切不可自作主张，为图方便随便舍弃一些重要必测的地物。

1）点状要素（独立地物）能按比例表示时，应按实际形状采集，不能按比例表示时应精确测定其定位点或定线点。有方向性的点状要素应先采集其定位点，再采集其方向点（线）。

2）具有多种属性的线状要素（线状地物、面状地物公共边、线状地物与面状地物边界线的重合部分），只可采集一次，但应处理好多种属性之间的关系（就高不就低原则）。

3）线状地物采集时，应视其变化测定，适当增加地物点的密度，以保证曲线的准确拟合。

4）碎部点采集与控制测量同时进行时，碎部点坐标应以经平差后的控制点坐标计算得到，当控制测量成果检核超限时，测量控制点应重测，且重新计算碎部点坐标（一步测量法）。

5）各类建筑物、构筑物及主要附属设施数据均应采集。房屋以墙为主，临时性建筑物可舍去。对居民区可视测图比例尺大小或需要适当加以综合。建筑物、构筑物轮廓凸凹在图上小于0.5 mm时，可予以综合。

6）地上管线的转角点均应实测，管线直线部分的支架线杆和附属设施密集时，可适当取舍。

7）水系及附属物，应按实际形状采集。水渠应测记渠底高程，并标记渠深；堤、坝应测记顶部及坡脚高程；泉、井应测记泉的出水口及井台高程，并测记井台至水面深度。

8）地貌一般以等高线表示，特征明显的地貌不能用等高线表示时，应以符号表示。山顶、鞍部、凹地、山脊、谷底及倾斜变换处，应测记高程点。

9）露岩、独立石、梯田坎应测记比高，斜坡、陡坎比高小于 1/2 基本等高距或在图上长度小于 5 mm 时可舍去。当坡、坎较密时，可适当取舍。

10）一年分几季种植不同作物的耕地，以夏季主要作物为准。地类界与线状地物重合时，按线状地物采集，居民地、机关、学校、山岭、河流等有名称的应标注名称。

7. 数字地形图的绘制

内业成图软件有很多，本次实训采用南方测绘软件公司开发的南方 CASS7.1，主要包括传输数据、展点、画图、修饰等工作步骤，具体软件使用方法和处理原则根据上课所讲理论方法进行。

（1）数字地形图绘制的一般原则。

1）居民地。

① 街区与道路的衔接处，应留 0.2mm 间隔。

② 建筑在陡坎和斜坡上建筑物，按实际位置绘出，陡坎无法准确绘出时，可移位表示，并留 0.2mm 的间隔。

③ 悬空于水上的建筑物（如房屋）与水涯线重合时，建筑物照常绘出，间断水涯线。

2）点状地物。

① 两个点状地物相距很近，同时绘出有困难时，可将高大突出的准确表示，另一个移位表示，但应保持相互的位置关系。

② 点状地物与房屋、道路、水系等其他地物重合时，可中断其他地物符号，间隔 0.2mm，以保持独立符号的完整性。

3）交通。

① 双线道路与房屋、围墙等高出地面的建筑物边线重合时，可用建筑物边线代替道路边线。道路边线与建筑物的接头处，应间隔 0.2mm。

② 铁路与公路（或其他道路）水平相交时，铁路符号不中断，另一道路符号中断；不在同一水平相交时，道路的交叉处，应绘制相应的桥梁符号。

③ 公路路堤（堑）应分别绘出路边线与堤（堑）边线，两者重合时，可将其中之一移 0.2 mm 绘出。

4）管线。

① 城市建筑区内电力线、通信线可不连接，但应绘出连线方向。

② 同一杆架上架有多种线路时，表示其中主要的线路，但各种线路走向应连贯，线类应分明。

5）水系。

① 河流遇桥梁、水坝、水闸等应断开。

② 水涯线与陡坎重合时，可用陡坎边线代替水涯线；水涯线与斜坡脚重合时，仍应在坡脚将水涯线绘出。

6）等高线。

① 单色图上等高线遇到房屋及其他建筑物、双线道路、路堤、路堑、坑穴、陡坎、斜坡、湖泊、双线河、双线渠以及注记等均应中断。

② 多色图等高线遇双线河、渠、湖泊、水库、池塘应断开，遇其他地物可不中断。

③ 当等高线的坡向不能判别时，应加绘示坡线。

7）植被。

① 同一地类界范围内的植被，其符号可均匀配置；大面积分布的植被在能表达清楚的情况下，可采用注记说明。

② 地类界与地面上有实物的线状符号重合时，可省略不绘；与地面上无实物的线状符号重合时，地类界移位0.2mm绘出。

8）注记。

① 文字注记要使所表达的地物能明确判读，字头朝北，道路河流名称，可随线状弯曲的方向排列，各字底边平行于南、北图廓线。

② 注记文字之间最小间隔应为0.5mm，最大间隔不宜超过字大的8倍。注记时应避免遮盖主要地物和地形特征部分。

③ 高程注记一般注于点的右方，离点间隔0.5mm。

④ 等高线注记字头应指向山顶或高地，但字头不宜指向图纸的下方。地貌复杂的地方，应注意合理配置，以保持地貌的完整。

⑤ 图廓整饰注记按GB/T 7929—1995有关规定执行。

（2）图框整饰。图幅四周文字信息如图名、比例尺、接图表、测量员、绘图员、检查员等信息。

（3）图面绘图元素整饰。

1）各绘图要素符号表示是否正确，尺寸是否合乎规范要求。

2）各种线型是否连续光滑、清晰，粗细是否符合规定。

3）各个要素关系是否合理，是否有重叠、压盖现象。

4）各名称注记是否正确、位置是否合理，指向是否明确、字体、字大、字向是否符合规定；注记是否压盖重要地物或点状符号。

五、综合实训计划安排

（一）仪器、工具及资料准备

（1）水准仪每组一套，包括：水准尺一副、尺垫一对、水准仪一台、水准仪脚架一个。

（2）全站仪每组一套，包括主机、脚架三个、棱镜两个、对中杆一个、充电器一个、3m钢卷尺一个。

（3）木桩、铁钉、2H铅笔、单面刀片、铁锤、橡皮。

（4）导线测量、水准测量、碎部测量手簿。

（二）实训任务与时间安排（附表A.9）

附表A.9　　实训任务与时间安排

实训任务	完成时间/天	实习内容与成果	要求（准备）
实习动员 仪器领取 熟悉仪器	0.5	1. 召开实习动员会 2. 按组领取相关资料和仪器设备 3. 检查、检验仪器设备	1. 水平角观测手簿 2. 四等水准测量记录手簿 3. 测量成果计算表 4. 实习指导书（每人1本） 5. 实习日志（每人1本）

续表

实训任务	完成时间/天	实习内容与成果	要求（准备）
导线测量 四等水准测量	4	1. 导线测量成果 2. 四等水准测量成果 3. 成果包括原始记录、控制网图、点之记、平差计算表、控制点成果表	1. 每组完成自己图幅范围内的至少2条相应线路测量任务 2. 每人都要有观测、记录、立尺等不同工作记录；每人均须进行相关计算
1∶500数字地形图测绘	8	1. 全站仪和RTK数据采集 2. 数据传输、内业成图、图幅整饰 3. 1∶500数字地形图（电子版）	按相关规范和实训指导书上要求进行测图
技能考试	2	进行技能测试/实习理论考试	考核成绩记入个人实习成绩中
上交成果	0.5	1. 整理成果，按照个人、小组成果提交项目准备上交资料 2. 归还仪器	见上交资料清单

（三）实训注意事项

（1）实训中，学生应遵守仪器的正确使用和管理的有关规定。不得违反仪器的操作步骤或故意破坏仪器。

（2）实训期间，各实训小组组长应认真负责、合理安排小组工作，应使小组中各成员的各个工种都能参与进行，使每个组员都有机会练习。

（3）实训中，各实习小组间应该加强团结，组内成员应相互理解和尊重，团结协作，共同完成实训任务。不得有打架斗殴等现象发生。

（4）实训期间要特别注意人员和仪器的安全，各组要有专人看管仪器和工具，作业时不允许出现人离开仪器的情况，尤其是电子仪器设备，应有相应的保护措施，如防止太阳照射、雨水淋湿等。每天实训完成回来之前应对所带出的仪器进行清点，有问题应向指导教师如实汇报。

（5）观测期间应将仪器安置好，由于不正确的操作使得仪器有任何损坏，则由责任人负责赔偿，并按学院规定处理。注意行人和车辆对仪器的影响。出现问题应向指导教师汇报，不得私自拆卸仪器。

（6）所有的观测数据必须直接记录在规定的手簿中，不得将野外观测数据转抄，严禁涂改、擦拭和伪造数据，在完成一项测量工作之后，必须现场完成相应的计算和整理数据工作，妥善保管好原始的记录手簿和计算成果。

（7）个人要求记录实训日志，测量要满足相关规范要求，按实训计划完成各项实习任务。

（四）资料上交

1. 作业小组上交资料

（1）水准仪 i 角检验成果1份。

（2）水平角观测记录手簿（附封面装订成册）。

（3）四等水准测量记录手簿（附封面装订成册）。

（4）导线点之记（附封面装订成册）。

（5）控制成果表（导线计算表、水准测量计算表、控制网图等打印装订成册并附封面）。

（6）草图装订成册，并附封面。

2. 个人上交资料

（1）实训日志 1 本。

（2）技术总结报告 1 份。

（3）数字地形图（电子文件 dwg，通过优盘上交）。

六、实训成绩评定

1. 实训成绩按“五级制”评定

分为优、良、中、合格、不合格五个等级。

2. 评定成绩主要参考项

（1）实习表现：主要有出勤率，实习态度，是否守纪，仪器爱护情况等。

（2）操作技能：主要有仪器操作的熟练程度，作业程序是否符合规范等。

（3）成果质量：各种记录手簿是否完整，书写工整程度，数据计算成果，地形图质量等。

（4）技能考核：主要是现场提问、实际操作、计算、绘图考核。

（5）技术总结报告：编写格式和内容是否符合要求，文字水平，分析问题及解决问题的能力等。

附录B 数字测图技术设计书样例

××市××区 1：500
数字地形图测绘

技 术 设 计 书

编　　写：________________

审　　查：________________

审　　核：________________

审　　定：________________

审　　批：________________

××市城市规划勘测设计院

年　　月　　日

××市××区1∶500数字地形图测绘技术设计书

1 概述

1.1 任务情况

为满足××市BG的规划设计及建设需要，××年××月××日院生产科下达了××测区1∶500数字化地形图测绘任务给××分院测量队，要求于××年××月××日前完成全部测量工作，并提交成果资料。

1.2 作业区情况

××测区隶属于××市××区，南、北方向分别以××市坐标系纵坐标12 800、14 400坐标为界；西、东方向分别以GZ市坐标系横坐标51 000、54 000为界。测区属于丘陵地区、以菜地、果林和鱼塘居多；内有××、××、××、××、××等村镇，村庄房屋密集且比较零乱，占地面积约1.2km^2，给外业测绘工作带来不便。金山大道、金坑路沿东西向横穿测区，交通比较便利。

本次测区共分1∶500地形图96幅图，计4.8km^2。

测区范围的××坐标为：X　12 800～14 400m；Y　51 000～54 000m。

1.3 已有资料情况

经收集资料，测区内无控制测量成果，测区周边可利用的四等平面控制点有文边村委（位于测区南部）、歪头岗（位于测区西部部），可利用的GPS控制点有凌边小学（位于测区东部），可利用的一级导线点有南村IG50、南村IG66等。以上控制点经现场检测符合规范精度要求后可作为本测区的二级GPS网的平面起算点。

可利用的三等水准点有3个，分别是Ⅲ1650、Ⅲ1651、Ⅲ1652。以上控制点经现场检测符合规范精度要求后可作为本测区的四等水准网的高程起算点。

1.4 技术依据

(1)《城市测量规范》(CJJ 8—1999)。

(2)《全球定位系统城市测量技术规程》(CJJ 73—1997)。

(3)《1/500　1/1000　1/2000地形图图式》(1996年版，GZ市城市规划局)。

(4)《测量产品质量检查验收规定》(TMS/SV03—2002，市规勘院)。

(5)《测量产品质量、作业质量评定标准》(TMS/SV04—2002，市规勘院)。

(6)《数字测绘产品检查验收规定和质量评定》(GB/T 18316—2001)。

(7)《××市××区1∶500数字地形图测绘及入库技术设计书》。

(8)《测量任务通知书》。

2 技术设计方案

2.1 平面控制测量

2.1.1 平面控制布设方案

1. 概述

由于测区内无等级控制点，不能满足本工程控制测量要求，计划以文边村委、歪头岗、凌边小学、南村IG50、南村IG66 5个控制点为起算，在测区内共布设18个GPS点的Ⅱ级控制网。在1/2000地形图上进行Ⅱ级GPS网的设计与选点工作。Ⅱ级GPS网的主要技术指标见附表B.1。

以南村Ⅰ066、文边村委及本次布设的GPS点白G01—白G18为起算，在测区内布设Ⅲ级导线网。Ⅲ级导线网由15个闭合环、26个结点、共80个导线点构成。最大环节长800m，最短环节长100m，最大边长160m，最短边长80m，平均边长120m。在1/2000地形图上进行Ⅲ级导线网的设计与选点工作。Ⅲ级导线网的主要技术指标见附表B.2。

附表B.1　　二级GPS网的主要技术指标

序号	类别	项　目	指　标
1	网型结构	起算点等级及个数	一级以上，5个
2		新布二级点个数	18个
3		GPS网闭合环个数	4个
4		节点个数	5个
5		环节个数	11个
6		环节最大基线条数	4条
7		最大基线长度	1340m
8		最短基线长度	200m
9		平均基线长度	400m
10	精度指标	GPS测量方法	静态
11		同步GPS接收机台数	3台
12		GPS标称精度	$5mm+10^{-6}D$
13		最弱边相对中误差	不低于1/10 000（边长小于200m时边长中误差小于2cm）
14		最弱点点位中误差	小于5cm

附表B.2　　三级导线网的主要技术指标

序号	项目	指标	序号	项目	指标
1	方位角闭合差	$\leqslant 24''\sqrt{n}$	4	导线全长相对闭合差	不低于1/6000
2	测角中误差	$\leqslant 12''$	5	最弱点点位中误差	≤5cm
3	导线全长绝对闭合差	≤13cm			

2. 仪器设备的投入与检验

平面控制测量拟投入的设备有：3台美国产天宝5700 GPS接收机（标称精度$5mm+10^{-6}D$）；2台日本产NIKON DTM550高精度全站仪（标称精度$2''$，$3mm+2\times10^{-6}D$）；2台联想台式电脑，1台联想笔记本电脑；1台EPSON EX3彩色喷墨打印机。

投入本工程的仪器设备必须进行合法有效的鉴定与校验，合格后方可使用。

2.1.2　选点埋石

外业选点工作严格按照技术设计书的要求进行。在作业中确因地形条件变更设计方案时，须经工程技术主管人员审批。在选点中应注意以下几点：

(1) 控制点应位于土质坚固不易被破坏的地方，以便永久保存长期使用；严禁在施工区内或土质松软的地方布设等级控制点。

（2）方便使用，便于今后发展加密。

（3）每个 GPS 点至少应保证有两个通视方向。GPS 点应远离大功率的无线发射台和高压输电线；GPS 点周围障碍物的高度角应小于 15°。

（4）二级 GPS 点编号为白 G01—白 G18。三级导线点编号为白Ⅲ01—白Ⅲ80。位于固化地面的控制点埋设小铁盖标志，其他控制点埋设预制水泥桩。选点埋石后，要求在控制点临近地物的醒目位置用红油漆注明控制点的点号，以及至控制点的方向和距离。

（5）按照规定表格打印点之记，点之记文字说明要确切，把握重点，略图应认真描绘，明确方位，并尽可能有三个永久地物的栓距。

2.1.3 平面控制外业测量

1. GPS 外业观测技术要求（附表 B.3）

附表 B.3　　GPS 测量外业观测技术要求

GPS 机型号	GPS 机标称精度	同步接收机数	卫星高度角	有效观测卫星总数	平均重复设站数	观测时段长度	数据采样间隔	PDOP 值
Ashtech GPS 接收机	5mm＋$10^{-6}D$	≥4	≥15°	≥4	≥1.6	大于 45min	15-S	≤6

2. GPS 测量外业观测注意事项

（1）用专用钢尺量取接收机天线外边缘至桩面标志顶部距离（斜距）。量取斜距时，要分别在脚架空档互成 120°的位置各量一次，且三次斜距差不超过 2mm，取中数作为斜距。

（2）GPS 机接收信息期间，在天线上方严禁有人为的障碍物出现。

（3）作业员不能远离接收机，要时刻注意接收机卫星信号接收情况，当发现接收机接收的卫星数目少于规定数目或接收机停机时，应详细记录其起、止时间（准确至 1min），并立即通知其他接收机观测人员，以便采取措施，协调并统一观测时间。

（4）当天接收的数据应当天传输至微机中，并以年月日作为子目录建立观测数据库。

3. Ⅲ级导线外业测量技术要求（附表 B.4）

附表 B.4　　三级导线外业测量技术

序号	项目	技术指标	序号	项目	技术指标
1	NIKKON 全站仪	2″，3mm＋$2\times10^{-6}D$	5	边长测回数	单程一测回
2	水平角测回数	1	6	气温测量最小读数	0.5℃
3	半测回归零差	8″	7	气压测量最小读数	100Pa
4	一测回 2C 较差	13″	8	改边垂直角测回数	2

2.1.4 平面控制内业平差计算

1. GPS 网平差计算

GPS 测量采用美国 Ashtech 公司提供的随机软件 Solutions 进行平差计算。GPS 测量基线解算后，每条基线均应有固定解，其整周模糊度解 Ratio 大于 95。若个别基线的精度达不到要求，则应作残差分析，进行合理处理（剔除或返工重测），使各条基线精度满足要求。

完成基线解算后，应以一个点的 WGS—84 坐标系三维坐标作为起算数据，进行 GPS

网的无约束平差。基线向量的改正数（$v\Delta x$，$v\Delta y$，$v\Delta z$）绝对值应不大于 3δ。

GPS 网基线解算成果校核：

(1) 同步环闭合差的限差。坐标分量相对闭合差不低于 9×10^{-6}，环线全长相对闭合差不低于 15×10^{-6}。

(2) 独立环闭合差的限差。

$$W_x, W_y, W_z \leqslant 2\sqrt{n}\delta, \quad W \leqslant 2\sqrt{3n}\delta, \quad W=\sqrt{w_x^2+w_y^2+w_z^2}$$

式中 W_x、W_y、W_z——各坐标分量的闭合差；

δ——相应等级规定精度（按平均边长计算）。

(3) 重复边检核。

同一边任何两个时段的成果互差应小于接收机标称精度的 $2\sqrt{2}$倍，即 $ds\leqslant2\sqrt{2}\delta$。

当GPS网内部符合精度满足要求后，方可进行约束网平差计算。约束平差中，基线向量的改正数与剔除粗差后无约束平差结果的同名基线相应改正数的较差（$dv\Delta x$，$dv\Delta y$，$dv\Delta z$）应不大于 2δ。约束平差分步进行，先进行平面坐标平差，再进行高程平差。平差后，应输出每条基线的向量误差及各待定点的坐标误差。

2. 三级导线网平差计算

平差前，对三级导线网的边长观测值进行仪器加、乘常数、气象改正后，投影至5m高程面上。对导线网的角度闭合差、测角中误差、导线全长相对闭合差进行验算，符合规范要求后进行整体平差计算。

采用清华山维控制测量平差软件按照严密平差法对三级导线网进行整体平差计算，平差后，测角中误差应小于12″，最弱点的点位中误差应小于5cm。

2.1.5 GPS 点成果外业检测

应随机抽样进行外业检查，可采用测边或测角的方法进行。外业检测遵循《城市测量规范》的二级导线技术要求。外检工作量不少于GPS点观测的基线量个数的20%，精度应符合附表B.5的要求。

附表 B.5　　GPS 网的外检精度

等级	检测用的仪器型号	边长较差值限差/mm	角度较差值限差/(″)	高差较差值限差/m	备　注
二级	NIKON DTM550	2×20	2×5	0.07S	边长观测值应进行仪器常数、气象倾斜改正，并进行投影面改正。高差观测值应进行球气差改正

注：S为距离，单位km。

2.2 高程控制测量

本次布设位于平坦地区的GPS点及三级导线点施测四等水准，山地的三级导线点施测全站仪测距三角高程。四等水准以Ⅲ1650、Ⅲ1651、Ⅲ1652作为起算点，路线顺地理走向，布设成一个四等水准网。三角高程以四等水准为起算，布设成附合路线。

高程控制测量拟投入的设备有：1台德国产蔡司DINI12电子水准仪（标称精度0.3mm/km）；2根铝合金条码水准尺；1台日本产NIKON DTM550高精度全站仪（标称精度1″，2mm+$2\times10^{-6}D$）；1联想笔记本电脑，1台EPSON EX3彩色喷墨打印机。

投入本工程的仪器设备必须进行合法有效的鉴定与校验，合格后方可使用。

2.2.1　四等水准测量

四等水准采用德国产DINI 12型精密数字水准仪配合条码铟瓦水准标尺按后、后、前、前的顺序进行观测。测段间测站数应为偶数，以减少水准尺零点差对高差观测值的影响。

（1）四等水准测量主要技术指标（附表B.6）。

附表B.6　　四等水准测量的主要技术指标

水准等级	附合路线长度/km	环节长度/km	每公里高程全中误差/mm	高程闭合差/mm	最弱点高程中误差/mm
四等	15	10	±10	$\pm 20\sqrt{L}$	±20

（2）四等水准外业观测测站限差要求（附表B.7）。

附表B.7　　四等水准外业观测测站限差

视线长/m	前后视距差/m	前后视距累积差/m	基辅分划读数差/mm	基辅分划所测高差之差/mm	视线高/m
≤80	≤5.0	≤10.0	3.0	5.0	3丝能读数

（3）四等水准平差计算。

平差前对观测手簿进行全面检查，绘制平差计算略图，摘录观测数据和起算数据，标明线路观测方向，对高差观测值应进行尺长改正，对两起算点间高程闭合差和环形闭合差应进行计算。只有当概算各项技术指标全部达到规范要求后方可进行平差计算。

采用北京清华山维新技术开发公司研制的智能平差软件（Nasew）对水准网进行严密平差计算。计算成果输出要求带有点号，起算数据、观测数据、平差成果和各项精度评定指标。

平差后要进行高程闭合差，每千米高差全中误差，最弱点高程中误差及水准网总长，各环节线路长的统计工作。

2.2.2　三角高程测量

（1）对未施测四等水准的三级导线点施测三角高程，三角高程路线应起讫于四等水准高程点上。

（2）三角高程每边应对向观测。三角高程路线的边长不多于10条。

（3）垂直角用NIKON DTM550全站仪中丝法二测回测定，垂直角互差、指标差互差不大于15″。仪器高、觇标高量二次，互差不大于2mm，取中数作为观测值。边长取用相应导线边长。

（4）对向观测高差互差不大于0.1S（m）（S为边长，以km为单位），平差后最弱点高程中误差不超过±0.05m。

2.3　数字地形图测绘

2.3.1　图根控制测量

图根点是直接供测图使用的平面和高程的依据，宜采用全站仪导线（网）的方法或GPS RTK的测量方法进行加密。图根导线点一般以木桩（非铺装地面）或钢筋（铺装地面）作为标志。图根导线点编号从“T01”起按流水号往下编。

1. 图根导线测量

(1) 图根控制的线路走向应附合在就近的高一级控制点上，导线线路不得互为交叉，不得布设自闭导线，不得超过两次符合，第一次附合应尽量起到图根布设的主干作用。

(2) 图根导线布设宜以正线（第一次附合和第二次附合）为主，支导线点不得多于4条边，支导线长不超过附合导线规定长度1/3。每幅图的支导线点数占图根总点数不超过40%。

(3) 图根导线各项技术要求见附表B.8。

附表B.8　　图根导线各项技术要求

导线类型	附合长度/km	结点长度/km	平均边长/m	相对闭合差	测回数 J6	方位角闭合差/(″)
第一次附合	≤1.2	≤0.84	≤120	≤1/5000	1	$\leqslant\pm30\sqrt{n}$
第二次附合	≤0.9	≤0.63	≤120	≤1/4000	1	$\leqslant\pm40\sqrt{n}$

注：1. n为测站点。
2. 当导线长度小于上表规定的1/3时（第一次附合400m、第二次附合300m），其绝对闭合差不应大于图上0.3mm（1/500地形图为0.15m）。

(4) 图根导线采用经鉴定合格的NIKON DTM-350进行外业观测：水平角、垂直角、边长均为1测回，当方向数多于3个时应归零。

(5) 对边长观测值进行仪器常数和气象改正。

(6) 图根导线采用简易平差法进行平差计算，并按全测区的图根导线角度闭合差统计测角中误差。

2. GPS—RTK图根控制测量

GPS基站应选在拟测量区域的中心地段，其上空和周边地区应无遮挡物，并远离变电站、高压线、微波发射塔及大面积水域。

在求取转换参数时，应联测3个以上且覆盖面积大于测区、分布比较均匀的等级控制点，求得的转换参数比例因子须达到0.9999以上，确保转换参数的可靠性。

在确保流动站的参数设置后，施测前须对已知控制点进行检核，无误后方可进行作业。用流动站进行数据采集时，接收卫星数量应达到5颗以上，观测时间不低于3min，保证在有固定解的状态且数据稳定的前提下方可采集。流动站工作结束前，应对已知控制点进行检核。

GPS—RTK测量图根控制点的平面位置中误差应小于5cm，其高程值只供参考，控制点高程采用图根水准或图根三角高程的测量方法进行测定。

3. 图根高程测量

(1) 图根水准测量。以测区内四等水准高程为起算，对于平坦地区的图根控制点施测图根水准高程。图根水准采用经检校合格的WILD N2型水准仪及木质双面区格式水准尺进行观测，其前后视距应基本相等。图根水准采用简易平差法进行平差计算。图根水准测量的各项技术要求见附表B.9。

附表 B.9　　水准各项技术要求

等级	视距长度/m	总长度/km	闭合差/mm
图根	≤100	≤8	$\leqslant \pm 40\sqrt{L}$

注：L 为导线长度（km）。

（2）光电测距图根三角高程导线测量。对于山地的图根导线点施测图根光电测距三角高程，图根高程导线应起闭于高等级控制点上，垂直角、边长应对向观测，应进行气温、气压观测，仪器高和觇标高应量记至毫米，高差较差在限差内时，取中数组成路线与平面坐标进行统一平差。图根点高程测量应符合附表 B.10 的规定。

附表 B.10　　三角高程观测限差

中丝法测回数	指标差较差和垂直角较差	对向观测高差的较差/m	附合路线或环线闭合差/mm
1	≤25″	$\leqslant 0.4\times S$	$\leqslant \pm 40\sqrt{D}$

注：D 为测距边长度（km）；S 为斜距（km）。

2.3.2　数字地形图测绘

1. 一般规定

（1）采用全野外数字化成图方法，用全站仪或 GPS—RTK 采集数据，野外绘制草图在室内用笔记本电脑成图。采用南方 CASS6.1（市规勘院版）数字化地形图成图软件成图。

（2）地形图图上地物点点位中误差及地物间距中误差的要求见附表 B.11。

附表 B.11　　点位误差和间距中误差

地区分类	点位中误差（图上 mm）	间距中误差（图上 mm）
建筑区和平坦地区	±0.2	±0.3
一般地区	±0.4	±0.5

注：困难地区的点位精度可放宽 0.5 倍。

地形图高程精度要求：一般散点高程点相对于邻近图根点的高程中误差不得大于 ±15cm；山地等高线插求点高程中误差不大于 1/2 等高距。

（3）所投入的仪器设备均应进行鉴定且合格。

（4）外业测量中仪器对中误差不应大于 0.005m；测前应进行仪器指标差检查；以较远点定向进行测站固定角、坐标和高程检核，保证测站正确；迁站前应进行仪器归零检查。野外数据采集时测距的最大长度不得超过 150m；每幅图应测出图外 10mm，接边误差不大于中误差 $2\sqrt{2}$ 倍。

2. 野外数据采集要求

（1）居民地的各类建筑物、构筑物及主要附属设施应准确测绘实地外围轮廓和如实反映建筑结构特征；房屋的轮廓应以墙基外角为准，房屋应逐栋表示，并按建筑材料和性质分类，注记层数。

（2）建（构）筑物及其他设施依比例尺表示的，应实测其外部轮廓，并配置符号或按图式规定用依比例尺符号表示；不依比例尺表示的，应准确测定其定位点或定位线，用不依比例尺符号表示。

(3) 交通及附属设施的测绘，图上应准确反映陆地道路的类别和等级，附属设施的结构和关系；正确处理道路的相交关系及与其他要素的关系；公路与其他双线道路在图上均应按实宽依比例尺表示；公路应在图上每隔15～20cm注出公路技术等级代码，如G（107）；公路、街道按其铺面材料分为水泥、沥青、砾石、条石或石板、硬砖、碎石和土路等，应分别以砼、沥、砾、石、砖、碴、土等注记于图中路面上，铺面材料改变处应用点线分开；跨河或谷地等的桥梁，应实测桥头、桥身和桥墩位置，加注建筑结构。

(4) 永久性的电力线、电信线均应准确表示，电杆、铁塔位置应实测。当多种线路在同一杆架上或交叉时，只表示主要的，但应交接清楚。各种线路应做到线类分明，走向连贯。各种电杆均要连线；架空的、地面上的、有管堤的管道均应实测，分别用相应符号表示，并注记传输物质的名称。当架空管道直线部分的支架密集时，可适当取舍。

(5) 江、河、水库、池塘、沟渠、泉、井等及其他水利设施，均应准确测绘表示，有名称的加注名称；河流、溪流、水库等水涯线，按测图时的水位测定，注明日期，以分数表示高程和日期（分子和分母），当水涯线与陡坎线在图上投影距离小于1mm时以陡坎线符号表示。沟渠宽度小于0.5mm的用单线表示。双线水沟在坡度变换处应适当注记高程；水渠应测注渠顶高程；堤、坝应测注顶部及坡脚高程；泉、井应测注泉的井台高程。

(6) 自然形态的地貌宜用等高线表示，崩塌残蚀地貌、坡、坎和其他特殊地貌应用相应符号或用等高线配合符号表示；各种天然形成和人工修筑的坡、坎，其坡度在70°以上时表示为陡坎，70°以下时表示为斜坡。斜坡在图上投影宽度小于2mm，以陡坎符号表示。当丘陵、山坡上坡、坎密集时，可适当取舍。

(7) 梯田坎坡顶及坡脚宽度在图上大于2mm时，应实测坡脚，梯田坎高大于0.3m应绘坎线符号；坡度在70°以下的石山和天然斜坡，可用等高线或用等高线配合符号表示。独立石、土堆、坑穴、陡坎、斜坡、梯田坎、露岩等应在上下方分别测注高程或测注上（或下）方高程及量注比高；各种土质按图式规定的相应符号表示，大面积沙地、露岩地应用等高线加符号表示。

(8) 地形图上应正确反映出植被的类别特征和范围分布。对耕地、园地应实测范围、配置相应的符号表示。大面积分布的植被在能表达清楚的情况下，可采用注记说明。同一地段生长有多种植物时，可按经济价值和数量适当取舍，符号配置不得超过三种（连同土质符号），多年未耕旱地按荒地处理；田埂宽度在大于图上0.5mm的应用双线表示，小于0.5mm的用单线表示。每块田块内应测注有代表性的高程，每块水田的田埂均要测绘并连线。

(9) 图上所有居民地、道路（包括市镇的街、巷）、山岭、沟谷、水塘、河流等自然地理名称，以及主要单位等名称，均应进行调查核实，有法定名称的应以法定名称为准，并应正确注记。

3. 内业编辑

内业编辑成图软件为南方CASS6.1（市规勘院版）数字化地形图成图软件。内业编辑时，其面、线状属性、拓扑关系要求严格，各种线型、分层应按软件要求进行；字体注记应按图式要求进行。

内业编辑时，应保证房屋闭合、地形编码符合规勘院信息中心的要求，植被符号采用手工植入方式，符号间距为2cm×2cm。

内业编辑分块完成后，应进行合并与标准图幅的分幅裁剪，图边复杂线型的地物应进行线型规范化。电子数据文件为标准的dwg格式。

3 实施计划

3.1 测前准备

包括实地踏勘、资料搜集、仪器设备检验、工期、质量策划等，组织全队7个外业小组，投入GPS机6台（套）、全站仪6套、水准仪2台、计算机7台。

该测区按××市1∶500地形图分幅范围分成6个地块进行地形分组施测，1个小组负责首级控制测量。共投入高级工程师2人、工程师4人、助理工程师及技术员6人。

3.2 中间检查

检查员应在外业小组作业时到工地进行中间检查，了解小组对技术设计的执行情况。

3.3 成果检查验收

按照院2002年发布的《测量产品质量检查验收规定》进行检查验收。检查人员应经常到工地实行作业把关，在作业过程当中发现的问题力争在实地解决，在内业检查过程中，发现的问题必须督促作业人员进行修改，并进行跟踪，直到符合要求为止。

在队级检查过程中，认真填写好"地形测量工作检查验收记录表"以及"产品质量评分表"，发现不符合要求的资料和产品坚决退回作业小组进行修改，直到满足测绘产品的质量要求为止，否则不进行队级验收。

4 质量控制

4.1 作业组、队级检查

按照院2002年新发布的《测量产品质量检查验收规定》进行检查验收。检查员应经常到工地实行作业把关，力图在作业过程当中使作业人员的仪器操作技能、地物取舍等达到要求。

作业班组固定检查人员以便作业班组的自检。检查采用ISO2000版的要求灵活、机动、严格进行，以便保证资料100%正确性和完整性。

检查员应在外业小组作业时到工地进行中间检查，了解小组对技术设计的执行情况，了解工程进度。

外业完成后，作业人员应认真对图面进行修饰，作业组长应对小组内所有图幅进行室内图面检查，包括连线清楚，注记齐全，小组内、外接边是否遗漏，接边是否符合要求，发现问题必须立即解决。

检查员必须对各种资料、图面进行100%的检查，对图幅进行100%的外业巡视检查。对每幅图进行现场设站检测，每幅图检测点数不小于40个，覆盖面积不小于30%。

严格按照ISO 2000版质量体系文件进行测区过程控制，检查验收。

4.2 院级审查验收

地形图、成果资料经队级审查后，交到技术科。由技术科对地形图、成果资料进行外业、内业检查，发现问题及时提出修改意见退回作业部门进行修改。最后由技术科组织对本工程进行院级审查验收。

5 上交资料

（1）测量归档资料清单及综合资料。

（2）测区技术设计书。

(3) 测区技术总结。
(4) 测区等级导线网图(1∶10 000)。
(5) 测区四等水准网图(1∶10 000)。
(6) 仪器鉴定资料。
(7) 二级GPS点观测记录及平差计算资料。
(8) GPS外业检测资料。
(9) 四等水准观测记录。
(10) 四等水准平差计算资料。
(11) 二级GPS点、四等水准精度统计表。
(12) 二级GPS点点之记。
(13) 二级GPS点成果表。
(14) 图根导线平差计算资料。
(15) 图根水准记录及平差计算资料。
(16) 图根导线点成果表。
(17) 图根导线及三角高程精度统计表。
(18) 测区图幅联合表。
(19) 图根导线网图(1∶2000白纸图)。
(20) 1∶500地形图96幅及图历表。
(21) 1∶500黑墨薄膜地形图96幅。
(22) 1∶500地形图库电子文件(DWG文件)96幅。
(23) 图历表(含数字化制图质量评分表)6本。
(24) 综合资料(任务书、质量评定表、聘任书、制图过程控制表等)。

参 考 文 献

［1］杨晓明，王军德，时东玉．数字测图（内外业一体化）［M］．北京：测绘出版社，2001.
［2］李世平，王占利．数字化测图［M］．北京：教育科学出版社，2004.
［3］徐宇飞．数字测图技术［M］．郑州：黄河水利出版社，2005.
［4］潘正风．数字测图原理与方法［M］．武汉：武汉大学出版社，2004.
［5］宋伟东．数字测图原理与应用［M］．北京：教育科学出版社，2000.
［6］蒋辉，潘庆林，刘三枝．数字化测图技术及应用［M］．北京：国防工业出版社，2006.
［7］南方测绘仪器公司．CASS6.0用户手册．2004.
［8］林君建，苍桂花．摄影测量学［M］．北京：国防工业出版社，2006.
［9］冯纪武，潘菊婷．遥感制图［M］．北京：测绘出版社，1991.
［10］王佩军，徐亚明．摄影测量学［M］．武汉：武汉大学出版社，2005.